Docendo discitur

Francesco Menoncin

Misurare e gestire
il rischio finanziario

Francesco Menoncin
Dipartimento di Scienze Economiche
Università degli Studi di Brescia

ISBN 978-88-470-1146-5   Springer Milan Berlin Heidelberg New York
e-ISBN 978-88-470-1147-2 Springer Milan Berlin Heidelberg New York

Springer-Verlag fa parte di Springer Science+Business Media

springer.com

© Springer-Verlag Italia, Milano 2009

Quest'opera è protetta dalla legge sul diritto d'autore e la sua riproduzione è ammessa solo ed esclusivamente nei limiti stabiliti dalla stessa. Le fotocopie per uso personale possono essere effettuate nei limiti del 15% di ciascun volume dietro pagamento alla SIAE del compenso previsto dall'art. 68. Le riproduzioni per uso non personale e/o oltre il limite del 15% potranno avvenire solo a seguito di specifica autorizzazione rilasciata da AIDRO, Corso di Porta Romana n. 108, Milano 20122, e-mail segreteria@aidro.org e sito web www.aidro.org.

Tutti i diritti, in particolare quelli relativi alla traduzione, alla ristampa, all'utilizzo di illustrazioni e tabelle, alla citazione orale, alla trasmissione radiofonica o televisiva, alla registrazione su microfilm o in database, o alla riproduzione in qualsiasi altra forma (stampata o elettronica) rimangono riservati anche nel caso di utilizzo parziale. La violazione delle norme comporta le sanzioni previste dalla legge.

9 8 7 6 5 4 3 2 1

Impianti: PTP-Berlin, Protago TeX-Production GmbH, Germany (www.ptp-berlin.eu)
Progetto grafico della copertina: Francesca Tonon, Milano
Stampa: Signum Srl, Bollate (MI)
Stampato in Italia

Springer-Verlag Italia srl – Via Decembrio 28 –20137 Milano

Prefazione

Nonostante l'impressionante sviluppo della scienza e della tecnica, i moderni calcolatori elettronici hanno ancora un profondo difetto: fanno ciò che viene loro detto! In altre parole, non sono in grado di elaborare le nostre richieste e, tanto meno, di interpretarle. Laddove un essere umano capirebbe banalmente che cosa noi «volevamo dire», il computer fa solo ciò che «abbiamo detto». Quando diamo un comando a un calcolatore, dunque, dobbiamo essere certi che tale comando corrisponda esattamente alle nostre esigenze. Nel migliore dei casi, infatti, un computer può restituire un messaggio di errore mentre nel peggiore dei casi può eseguire qualcosa di diverso da quello che noi avevamo in mente e condurci, ovviamente, a interpretazioni fallaci dei risultati.

Il testo è pensato in modo da introdurre il lettore contemporaneamente ai principali comandi del *software* libero Scilab (www.scilab.org) e ai principali concetti finanziari necessari per studiare i mercati finanziari. In quest'ottica, ovviamente, è necessario effettuare una lettura «ordinata» del volume in modo da non saltare argomenti che sono necessari per i successivi sviluppi. Il fatto di presentare congiuntamente i comandi e la teoria finanziaria a cui essi si possono applicare, dovrebbe ridurre al minimo il rischio di errori come quelli poco sopra indicati. Il lettore, infatti, dovrebbe avere sempre bene presente ciò che sta facendo poiché guidato anche dall'intuizione finanziaria.

Nonostante questo lavoro abbia una sua autonomia, quasi tutta la teoria finanziaria che vi è esposta e messa in pratica si basa su quanto presentato nel mio volume «Mercati finanziari e gestione del rischio» (ISEDI).

All'interno del volume il capitolo «I tassi di interesse» riveste un ruolo del tutto autonomo e può anche essere tralasciato per una prima lettura. Anche il capitolo «La teoria dei valori estremi», che ha essenzialmente natura di approfondimento, può essere saltato.

Brescia, febbraio 2009 *Francesco Menoncin*

Indice

1 I *software* matematici 1
   1.1 Introduzione 1
   1.2 I principi dei programmi matematici 3
   1.3 Scaricare e installare Scilab 4

2 Introduzione a Scilab 7
   2.1 I calcoli 7
   2.2 Fare pulizia 10
   2.3 Salvare le variabili in memoria e richiamarle 11

3 Calcolo matriciale 15
   3.1 Operazioni tra matrici 15
   3.2 Operazioni sulle matrici 18
   3.3 Modifica di matrici 21
   3.4 L'operatore punto «.» tra vettori e matrici 27

4 Algebra simbolica con Scilab 33
   4.1 Definire le variabili 33
   4.2 Maneggiare variabili simboliche 35
   4.3 Semplici esercizi sul mercato a un periodo 38

5 Importare dati (finanziari) 41
   5.1 Importare matrici da Excel 41
   5.2 I rendimenti passati 43
   5.3 I prezzi futuri: la simulazione storica 44
   5.4 Il caso con più titoli 46
   5.5 Scaricare dati finanziari da internet 48
   5.6 Importare documenti ASCII 53
   5.7 Una prima funzione 57

6 I grafici ... 61
- 6.1 Rappresentare graficamente i valori di borsa ... 61
- 6.2 Le opzioni grafiche ... 62
- 6.3 Le medie mobili (il ciclo `for`) ... 66
- 6.4 Le bande di Bollinger ... 71
- 6.5 Il b percentuale ... 74

7 Statistiche finanziarie ... 77
- 7.1 Le variabili aleatorie ... 77
- 7.2 Simulazione di processi stocastici ... 78
- 7.3 Una generalizzazione della funzione `euler` ... 83
- 7.4 La varianza statistica e quella campionaria ... 85
- 7.5 Stima dei parametri di un modello stocastico (il metodo dei momenti) ... 87
- 7.6 Confronto tra soluzioni esatte e soluzioni numeriche ... 91
- 7.7 Uniformare i dati di più titoli ... 96
- 7.8 Stima dei parametri per un insieme di titoli ... 102
- 7.9 La matrice di diffusione (Σ) ... 106
- 7.10 La matrice di correlazione ... 107

8 Il rapporto di copertura (*hedge ratio*) ... 111
- 8.1 Introduzione ... 111
- 8.2 Come stimare il rapporto di copertura ... 112
- 8.3 Minimi quadrati ordinari (OLS) ... 113
- 8.4 Stima dell'elasticità per FIAT e un suo *warrant call* ... 116
- 8.5 Stima dell'elasticità per ENI e un suo *warrant put* ... 120

9 I tassi di interesse ... 123
- 9.1 Importare i dati ... 123
- 9.2 Il modello di Merton ... 126
- 9.3 Merton in un colpo solo ... 128
- 9.4 Il modello di Vasiček ... 129
- 9.5 Vasiček in un colpo solo ... 131
- 9.6 Il modello CIR ... 132
- 9.7 CIR in un colpo solo ... 136

10 Il portafoglio media-varianza ... 137
- 10.1 Introduzione ... 137
- 10.2 Il portafoglio tangente e le frontiere ... 139
- 10.3 Un portafoglio con rendimento atteso o varianza desiderati ... 143
- 10.4 Il problema delle vendite allo scoperto (una soluzione euristica) ... 145

11 Il portafoglio con vincoli di disuguaglianza (la funzione quapro) 149
- 11.1 Introduzione 149
- 11.2 Il caso del portafoglio 150
- 11.3 Il ruolo dei vincoli 153
- 11.4 Le frontiere media-varianza 154
- 11.5 Eseguire dei comandi condizionatamente (la funzione if) 156

12 Misurare il rischio 161
- 12.1 La simulazione storica 161
- 12.2 L'*Expected Shortfall* 162
- 12.3 L'*Expected Shortfall* e la varianza 169
- 12.4 Il VaR 171
- 12.5 ES e VaR a confronto sulla diversificazione 174
- 12.6 Il *backtesting* 180
- 12.7 Le soglie del *backtesting* 184
- 12.8 Le misure di rischio spettrali 189
- 12.9 Una misura di rischio con spettro lineare 190

13 La programmazione lineare 195
- 13.1 L'ES come risultato di un'ottimizzazione 195
- 13.2 Stima dell'ES 196
- 13.3 La programmazione lineare in Scilab 198
- 13.4 Un programma per il calcolo dell'ES e del VaR 200
- 13.5 Portafoglio a minimo ES 201
- 13.6 La frontiera media-ES 207
- 13.7 Il caso con titolo privo di rischio 210

14 La teoria dei valori estremi 219
- 14.1 Valori estremi 219
- 14.2 Funzione di Pareto generalizzata 220
- 14.3 VaR ed ES con la funzione di Pareto 221
- 14.4 La massima verosimiglianza 222
- 14.5 Sistemi di equazioni non lineari 224
- 14.6 L'ottimizzazione (né quadratica né lineare) 227
- 14.7 Massima verosimiglianza con `fsolve` 230
- 14.8 ES e VaR stimati con la teoria dei valori estremi 234
- 14.9 Determinazione della soglia 237

15 La formula di Black e Scholes 239
- 15.1 Introduzione 239
- 15.2 Black e Scholes in Scilab 240
- 15.3 La volatilità implicita 241
- 15.4 Il sorriso della volatilità 245

16 Prezzatura di titoli mediante simulazione ... 249
- 16.1 I limiti dell'algebra ... 249
- 16.2 Il cambiamento di numerario ... 250
- 16.3 Simulazione di traiettorie (Black e Scholes) ... 252
- 16.4 Economicità delle simulazioni (tecniche di riduzione della varianza) ... 254
- 16.5 Il metodo delle variabili antitetiche ... 257

17 Le greche ... 261
- 17.1 Introduzione ... 261
- 17.2 Approssimare le derivate ... 262
- 17.3 Valutazione per simulazione delle greche ... 263

18 Interpolazione della curva dei tassi di interesse ... 267
- 18.1 Introduzione ... 267
- 18.2 Il modello di Nelson-Siegel ... 268
- 18.3 Stima mediante ottimizzazione (la funzione `leastsq`) ... 268
- 18.4 Completamento e previsione dei tassi ... 272

19 Valutazione di un *Interest Rate Swap* ... 277
- 19.1 Il caso in tempo continuo ... 277
- 19.2 Tassi a termine e zero-coupon in tempo discreto ... 278
- 19.3 Le date in Scilab ed Excel ... 281
- 19.4 IRS con rilevamento anticipato ... 283
- 19.5 IRS con rilevamento posticipato ... 287
- 19.6 Un approccio unificato ... 289

Riferimenti bibliografici ... 291

Indice analitico ... 293

1
I *software* matematici

1.1 Introduzione

Poiché la matematica finanziaria è una branca della matematica, qualsiasi *software* matematico si presta, ovviamente, anche ad essere usato per la finanza. Le esigenze di chi si interessa di finanza e matematica finanziaria riguardano due ambiti specifici:

1. il **calcolo simbolico** (algebrico): questo è necessario per risolvere problemi di natura teorica legati alla soluzione di equazioni (che possono essere di diversa natura e grado comprendendo anche, e soprattutto, le equazioni differenziali);
2. il **calcolo numerico**: questo è necessario per effettuare stime di parametri finanziari (rendimenti e loro momenti) o simulazioni numeriche di modelli teorici.

In genere i *software* matematici non sono «bravi»[1] nella stessa misura in tutti e due questi tipi di calcolo (pur potendo essere utilizzati per entrambi). Ritengo, quindi, fondamentale per ognuno che si voglia interessare di finanza possedere, sul suo computer, almeno due programmi matematici. Nella Tabella 1.1 riporto un elenco (non esaustivo) di alcuni programmi matematici disponibili su internet senza nessun costo (cosiddetti *freeware*) oppure acquistabili (cosiddetti *shareware*[2]) a costi, a volte, anche piuttosto elevati.

La «filosofia» che sta alla base della libera distribuzione di programmi su internet è particolarmente interessante e merita un breve riferimento. Il sito su cui si possono trovare i programmi liberamente distribuiti per una vasta gamma di esigenze (non solo matematici, dunque) è il www.gnu.org (per una presentazione in italiano: www.gnu.org/home.it.html). Lì si fa anche riferimento al progetto di creazione di un sistema operativo completamente libero.

---

[1] Qui l'aggettivo si riferisce essenzialmente alla rapidità con cui vengono effettuati i calcoli.

[2] Il *software* sotto tale licenza può essere liberamente utilizzato per un periodo di prova (generalmente 30 giorni), dopodiché è necessario pagare.

Menoncin F.: Misurare e gestire il rischio finanziario.
© Springer-Verlag Italia, Milano 2009

1 I *software* matematici

Tabella 1.1. *Software* matematici

Programma	Calcolo	Licenza	Sito
Euler	Numerico	*Freeware*	euler.sourceforge.net
Freemat	Simbolico	*Freeware*	freemat.sourceforge.net
Gauss	Numerico	*Shareware*	www.aptech.com
Mathematica	Simbolico	*Shareware*	www.wolfram.com
Maxima	Simbolico	*Freeware*	maxima.sourceforge.net
Maple	Simbolico	*Shareware*	www.maplesoft.com
Matlab	Numerico	*Shareware*	www.mathworks.com
Mupad (light)	Simbolico	*Freeware*	www.sciface.com
Octave	Numerico	*Freeware*	www.gnu.org/software/octave/
Scilab	Numerico	*Freeware*	www.scilab.org

Il simbolo del progetto è proprio una testa di gnu (il mammifero artiodattilo ruminante dei Bovidi) come nella Figura 1.1. Il nome del progetto è un acronimo ricorsivo «*GNU's Not Unix*» [GNU Non è Unix], dove Unix è il nome di un altro sistema operativo.

Figura 1.1. Simbolo del progetto di creazione di un sistema operativo libero: GNU

Per le esigenze di chi vuole avere, senza pagare un centesimo, sia un *software* numerico sia uno algebrico, consiglio **Scilab** (per il calcolo numerico) e **Maxima** (per il calcolo algebrico). I motivi per cui ho scelto questi due programmi sono i seguenti:

1. per entrambi esistono ricchi manuali disponibili in linea per gli autodidatti;
2. Maxima, in particolare, ha un'interfaccia molto semplice perché consente di effettuare le principali operazioni algebriche senza conoscere la sintassi dei comandi (la quale viene, comunque, illustrata sulla riga dei comandi);
3. Maxima consente di esportare le formule in LaTeX che è un programma (*freeware*) per la gestione di testi scientifici;

4. Scilab ha una struttura di comandi e di programmazione molto simile a quella di Matlab che è un programma molto diffuso (anche se molto costoso) tra gli investitori istituzionali.

La scelta qui effettuata è stata molto influenzata dalla necessità didattica di questo lavoro. Invito, quindi, il lettore a provare tutti i programmi matematici citati (almeno quelli liberi) e cercare di capire quali gli si confacciano maggiormente.

1.2 I principi dei programmi matematici

Quasi tutti i programmi matematici si basano sui seguenti principi che costituiscono, anche, i principali punti su cui si basano le loro diversificazioni.

1. **Uso dei simboli matematici**: mentre non vi è, in genere, nessuna ambiguità nell'uso dei simboli +, −, ∗ (per la moltiplicazione) e / (per la divisione), le principali differenze possono riguardare il simbolo =. L'uguale, infatti, può avere significati diversi: a) può significare che si desidera attribuire a una variabile un certo valore, per esempio,

$$x = 2$$

   significa che la variabile x assume il valore 2, oppure b) può significare che a una variabile (dipendente) viene attribuita una certa forma funzionale, per esempio

$$y = 2x^2$$

   significa che la variabile y è funzione dalla variabile x. In Scilab il segno = indica l'attribuzione di un valore (non essendo un programma di algebra, infatti, non prende in esame il caso di poter definire così facilmente delle funzioni). La maggior parte dei programmi matematici accetta la moltiplicazione solo con il simbolo ∗ e non, semplicemente, «accostando» le variabili come si fa in algebra. Per un programma matematico, una volta definite le variabili x e y, la variabile xy è una terza variabile che si chiama «xy» e non il prodotto tra le prime due. Il prodotto, infatti, si indica con $x \ast y$.
2. **Uso della punteggiatura**: i comandi terminano generalmente con un simbolo di punteggiatura; si può trattare, come nella maggior parte dei casi, di una virgola o di un punto e virgola. Alcuni programmi supportano entrambe le punteggiature ma con significati diversi.
3. **Uso delle parentesi**: le parentesi sono estremamente importanti nei calcoli matematici poiché il loro uso non corretto può portare a risultati diversi da quelli desiderati. Occorre controllare sempre molto attentamente che ciò che si scrive sulla riga di comando sia proprio quello che si vuole

far calcolare al programma. Un esempio ci sarà di immediato conforto. La formula
$$\frac{2}{xy},$$
deve essere scritta come
$$2/(x*y),$$
poiché scrivendo
$$2/x*y,$$
invece, si farebbe riferimento alla formula
$$\frac{2}{x}y.$$

4. **Caratteri speciali**: in matematica esistono dei caratteri speciali come π (il rapporto tra la circonferenza e il diametro di un qualsiasi cerchio), i (la radice quadrata di -1), e (la base dei logaritmi naturali). Alcuni programmi, per consentire all'utilizzatore di sfruttare la lettera «e» anche come variabile a cui dare un valore qualsiasi, riservano alla base dei logaritmi naturali (e agli altri simboli speciali) una sintassi particolare. In Scilab, per esempio, la base dei numeri naturali si indica con %e (facendo precedere il simbolo e da una percentuale).

5. **Lettere greche**: i programmi matematici, nella maggior parte dei casi, lavorano solo con le lettere dell'alfabeto latino. Poiché in matematica ci si serve spesso di lettere greche, è prassi scrivere queste ultime attraverso la loro pronuncia. Per esempio:
$$\alpha = \text{alfa},$$
$$\beta = \text{beta},$$
e così via.

1.3 Scaricare e installare Scilab

La pagina internet di Scilab è

www.scilab.org

dalla quale si può scaricare l'ultima versione del programma. Questo volume è riferito alla versione 5.0.2.

Il programma è realizzato da un gruppo che fa capo a un istituto di ricerca francese: INRIA – *Institut National de Recherche en Informatique et en Automatique* [Istituto Nazionale di Ricerca in Informatica e in Automazione].

Scilab è particolarmente semplice da scaricare e installare, salvo per gli utilizzatori di Windows Vista che potrebbero avere qualche problema. Questi ultimi dovranno installare il programma con i privilegi dell'amministratore, altrimenti non saranno in grado di salvare i loro dati.

Scilab è disponibile per più sistemi operativi: Linux, Windows, HP-UX, Mac. Su Linux si possono scaricare i pacchetti da compilare oppure i file binari. Se si utilizza la distribuzione Ubuntu, Scilab è già disponibile su Synaptic. Per Windows, invece, si può scaricare il file eseguibile e ricorrere al famigerato «doppio click» (si tratta del file che dovrebbe essere marcato come *installer for binary*).

La procedura di installazione non dovrebbe richiedere particolari capacità informatiche o, per lo meno, capacità non maggiori di quelle richieste per installare qualsiasi altro programma.

Raccomando di controllare spesso il sito di Scilab per tenersi aggiornati sull'uscita di nuove distribuzioni del programma. Nella Figura 1.2 mostro l'immagine della mascotte di Scilab: il simpatico pulcinella di mare (*Fratercula arctica*).

Figura 1.2. La mascotte di Scilab: il pulcinella di mare

2
Introduzione a Scilab

2.1 I calcoli

Quando si accede al programma Scilab ci si trova di fronte ad uno schermo che riporta la seguente indicazione.

```
              scilab-5.0.2
          Consortium Scilab (DIGITEO)
         Copyright (c) 1989-2008 (INRIA)
         Copyright (c) 1989-2007 (ENPC)

Startup execution:
  loading initial environment
-->
```

La freccia stilizzata indica che il programma è pronto a ricevere una nuova linea di comando. Si è subito pronti per effettuare i primi calcoli. Proviamo una somma e, per iniziare con i casi semplici, calcoliamo

$$2+2.$$

```
-->2+2
  ans =
     4.
-->
```

Vediamo come interpretare il risultato ottenuto. Scilab dà la soluzione del calcolo introdotto attribuendo alla variabile **ans** (dall'inglese *answer* – risposta) il valore desiderato. Il numero è seguito da un punto senza nessuna cifra alla sua destra a indicare che non vi sono cifre decimali. Scilab utilizza la notazione anglosassone per cui il separatore dei decimali è il punto (e non la virgola).

In Scilab si può vedere il valore di una variabile scrivendone il nome sulla riga di comando.

```
-->ans
 ans =
    4.
-->
```

In questo caso viene confermato che la variabile **ans** ha valore 4. Si può utilizzare la stessa variabile in espressioni numeriche. Per calcolare il triplo di **ans**, per esempio, è sufficiente il comando che segue.

```
-->3*ans
 ans =
    12.
-->
```

Faccio notare che, una volta effettuata la moltiplicazione, il valore della variabile **ans** è cambiato. Prima il valore era 4 e, ora, è 12. Il valore precedente è stato cancellato dalla memoria di Scilab e sostituito con il nuovo.

L'attribuzione di un determinato valore a una variabile si effettua utilizzando il segno di uguale.

```
-->x=ans*2
 x =
    24.
-->
```

Da questo momento in avanti la variabile x avrà il valore 24 e, tutte le volte che la si utilizzerà, Scilab sostituirà ad essa il valore 24. Se, nel corso del programma, si attribuisce alla variabile x un altro valore questo viene sostituito al precedente e del precedente si perde ogni traccia. Assicurarsi bene, dunque, ogni volta che si attribuisce valore a una variabile, che a questa non si sia dato un valore utile per altri calcoli.

Faccio notare che Scilab distingue le variabili maiuscole da quelle minuscole (in inglese si direbbe che è *case sensitive*). Le variabili x e X sono, dunque, due variabili diverse. Basta provare a richiamare la variabile X (maiuscola).

```
-->X
 !--error 4
undefined variable : X
-->
```

Scilab afferma di non conoscere la variabile X.

Si è potuto notare che Scilab non richiede nessuna particolare punteggiatura alla fine della riga di comando. Tuttavia se si fa terminare la riga con un punto e virgola, Scilab non scrive sullo schermo e il risultato del calcolo è archiviato solo in memoria. Lo vediamo nel seguente esempio.

```
-->2+2;
-->ans*3
 ans  =
    12.
-->
```

Come si vede Scilab, dopo il comando di sommare 2 e 2 non restituisce nessun risultato e compare, di nuovo, la freccia in attesa di ulteriori comandi. L'operazione, comunque, è stata effettuata e, in memoria, è stato archiviato il risultato (4) come valore della variabile **ans**.

Proseguiamo con le operazioni. Per effettuare una divisione si usa il simbolo «/». Vediamo un esempio.

```
-->4/3
 ans  =
    1.3333333
-->
```

Scilab utilizza 8 cifre per rappresentare i numeri. Il numero di cifre decimali ad essere mostrate, dunque, dipende dalla lunghezza della parte intera. Vediamolo[1].

```
-->10000+4/3
 ans  =
    10001.333
-->
```

In memoria, tuttavia, i numeri vengono registrati con una quantità di cifre ben maggiore. Per accorgersene basta il seguente caso.

```
-->ans-10000
 ans  =
    1.3333333
-->
```

Quando il numero da rappresentare richiederebbe più di 8 cifre, Scilab fa ricorso alla notazione scientifica. Proviamo a calcolare il prodotto tra 25000 e 12450.

```
-->25000*12450
 ans  =
    3.112D+08
-->
```

---

[1] Si noti che non devono essere utilizzati separatori per le migliaia.

La notazione significa che il numero 3.112 deve essere moltiplicato per 10 (la D sta per «deca») elevato +8.

L'elevamento a potenza, in Scilab, si calcola utilizzando l'accento circonflesso «^».

```
-->12^2
 ans =
    144.
-->
```

Nonostante in Scilab esista la funzione sqrt(x) per calcolare la radice quadrata del numero x (dall'inglese *square-root*), lo stesso risultato si può ottenere elevando alla potenza $\frac{1}{2}$. Verifichiamolo nella seguente linea di comando.

```
-->12^(1/2)-sqrt(12)
 ans =
    0.
-->
```

Si noterà che, per elevare alla potenza $\frac{1}{2}$, ho racchiuso la frazione all'interno di due parentesi. Questo è necessario perché, nella gerarchia algebrica, la potenza deve essere svolta prima delle moltiplicazioni e divisioni. Senza parentesi, dunque, il comando 12^1/2 verrebbe inteso come l'elevamento alla potenza 1 del numero 12 e poi la divisione per 2 del risultato ottenuto. Lo si può verificare nella seguente linea di comando.

```
-->12^1/2
 ans =
    6.
-->
```

2.2 Fare pulizia

In Scilab si può effettuare «pulizia» in due modi. Quando si vuole ripulire lo schermo senza alterare le variabili che Scilab ha in memoria si utilizza il comando

clc

che è una contrazione dell'inglese «*CLear sCreen*».

Quando, invece, si vogliono cancellare dalla memoria del programma i valori di tutte le variabili, si usa il comando

clear

Quest'ultimo comando è pericoloso perché, senza chiedere alcuna conferma, cancella i valori attribuiti alle variabili. Vediamo un esempio.

```
-->x=10
 x =
   10.
-->clear
-->x
 !--error 4
undefined variable : x
-->
```

Dopo il comando `clear`, Scilab non riconosce più la variabile x poiché il suo valore di 10 è stato cancellato dalla memoria.

Si possono anche cancellare solo alcune variabili con il comando

```
clear var
```

dove `var` è il nome della variabile da cancellare. Vediamo un caso.

```
-->clear
-->a=0;b=1;c=100;
-->clear b
-->a
 a =
   0.
-->b
 !--error 4
undefined variable : b
-->c
 c =
   100.
-->
```

Con il primo comando `clear` si cancellano tutte le variabili. Poi si creano a, b e c. Dopo aver cancellato solo la variabile b si richiamano tutte e tre le variabili, ma Scilab non riconosce più la variabile b.

2.3 Salvare le variabili in memoria e richiamarle

Quando si lavora su numerosi dati è necessario poterli salvare in memoria e richiamarli in un momento successivo per riutilizzarli.

La prima cosa di cui bisogna accertarsi è su quale *directory* si vuole salvare le variabili a cui siamo interessati. Per sceglierla si può usare il comando «*Change current directory...*» dal menu «*File*». Una volta scelta la *directory*, le variabili si salveranno e si richiameranno sempre su tale *directory*.

All'interno della cartella di Scilab ho creato una sottocartella chiamata *lavori* nella quale salveremo tutto quello che ci interessa. Per selezionarla

2 Introduzione a Scilab

possiamo usare i comandi sopra citati, oppure il comando di Scilab `chdir` che deriva dalle parole inglesi «*CHange DIRectory*», il quale, una volta cambiata *directory*, restituisce il valore T che sta per «*true*» [vero].

```
-->chdir('C:\Programmi\scilab-5.0.2\lavori');
 ans =
     T
-->
```

Per verificare che la *directory* sia stata effettivamente modificata possiamo usare il comando «*Display current directory*» sotto «*File*» che deve restituire, sulla riga di comando, il percorso della *directory* corrente.

Adesso possiamo cancellare tutte le variabili che abbiamo precedentemente creato e crearne di nuove con i seguenti comandi.

```
-->clear
-->a=0; b=1; c=100;
-->
```

Per verificare quali variabili ci sono adesso in memoria si può utilizzare il comando «*Variable Editor*» dal menu «*Applications*» che si può anche richiamare dalla riga di comando utilizzando

```
browsevar
```

Si apre una finestra come quella della Figura 2.1 dove si vede che nella memoria di Scilab si trovano tre variabili. Ognuna è di dimensione «1 by 1» ovvero è uno scalare.

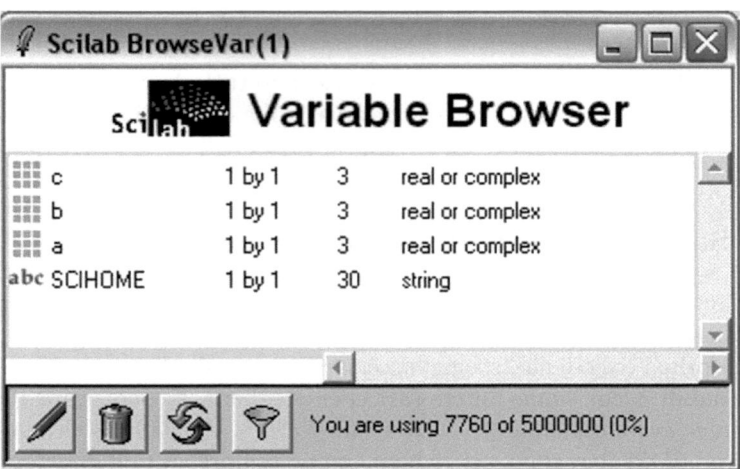

Figura 2.1. Finestra del *Variable Browser*

2.3 Salvare le variabili in memoria e richiamarle

Se si vogliono salvare le variabili in memoria ci affidiamo al comando

$$\text{save('nome.dat')}$$

dove «nome» è, appunto, un nome di nostra fantasia che vogliamo dare alle variabili salvate mentre l'estensione deve necessariamente essere «dat» (dall'inglese *data*).

Per caricare in memoria le variabili si usa, invece, il comando

$$\text{load('nome.dat')}$$

Vediamo come usare questi comandi nel seguente esempio dove: 1) salviamo le variabili, 2) cancelliamo la memoria e 3) richiamiamo le variabili.

```
-->save('variabili.dat')
-->clear
-->a
 !--error 4
undefined variable : a
-->load('variabili.dat')
-->a
 a =
  0.
-->
```

Come si nota, dopo aver cancellato le variabili dalla memoria (con il comando `clear`) Scilab non riconosce più la variabile *a*. Tuttavia, una volta caricati i dati, Scilab ha nuovamente in memoria il valore di *a* che era stato salvato.

È anche possibile salvare o caricare solo una o alcune delle variabili salvate. Per poter caricare solo alcune variabili è necessario conoscere quali variabili sono state salvate all'interno di un file. Per questo scopo esiste il comando

$$\text{listvarinfile('nome.dat')}$$

che ci permette di conoscere il contenuto del file chiamato `nome.dat`. Vediamo, nel nostro caso, che cosa restituisce questo comando.

```
-->listvarinfile('variabili.dat')
 Name              Type         Size        Bytes
 ---------------------------------------------------
  c                constant     1 by 1       24
  b                constant     1 by 1       24
  a                constant     1 by 1       24
   ans =
      []
-->
```

2 Introduzione a Scilab

Per richiamare solo alcune variabili tra quelle salvate si utilizza lo stesso comando `load` visto in precedenza ma specificando quali variabili si vogliono caricare. La forma generale del comando è la seguente:

load('nome.dat','var1','var2','var3')

dove `var1`, `var2`, `var3` e così via, sono i nomi delle variabili da caricare.

Nel nostro caso, se volessimo richiamare solo le variabili b e c, scriveremmo quanto segue.

```
-->clear
-->load('variabili.dat','b','c')
-->a
 !--error 4
undefined variable : a
-->b
 b =
 1.
-->c
 c =
 100.
-->
```

Osserviamo, così, che dopo aver cancellato la memoria e richiamato solo le variabili b e c, Scilab non riconosce la variabile a.

Quando desideriamo, invece, salvare solo alcune variabili che ci interessano, tra tutte quelle presenti in memoria, utilizziamo il comando `save` nella seguente forma generale

save('nome.dat',var1,var2,var3)

dove faccio notare che non si usano le virgolette (rispetto a quanto fatto nel caso del comando `load`).

Vediamo subito un esempio.

```
-->clear
-->a=0; b=1; c=100;
-->save('variabili.dat',a,b)
-->listvarinfile('variabili.dat')
 Name                Type            Size            Bytes
 ---------------------------------------------------------
  a                  constant        1 by 1          24
  b                  constant        1 by 1          24
   ans =
     []
-->
```

Dove osservo che la variabile c, nonostante fosse presente in memoria al momento del salvataggio, non è stata inserita nell'archivio `variabili.dat`.

3
Calcolo matriciale

3.1 Operazioni tra matrici

I vettori e le matrici sono delimitati da parentesi quadrate. Per inserire un vettore si può procedere in modi diversi. Per un vettore riga si scrivono gli elementi separati da uno spazio o da una virgola (è lo stesso) mentre per un vettore colonna si scrivono gli elementi andando a capo (con il tasto Enter) ad ogni elemento oppure separando gli elementi con un punto e virgola (e scrivendoli tutti sulla stessa riga).

Vediamo come creare, per esempio, i vettori

$$a = \begin{bmatrix} 1 & 2 & 3 \end{bmatrix}, \quad b = \begin{bmatrix} 1 \\ 2 \\ 3 \end{bmatrix}.$$

```
-->a=[1 2 3]
 a  =
    1. 2. 3.
-->a=[1,2,3]
 a  =
    1. 2. 3.
-->b=[1
-->2
-->3]
 b  =
    1.
    2.
    3.
-->b=[1;2;3]
 b  =
    1.
    2.
    3.
-->
```

3 Calcolo matriciale

Le matrici sono inserite in modo del tutto analogo (sfruttando gli spazi, le virgole e i punti e virgola). Vediamo, per esempio, come inserire la matrice

$$A = \begin{bmatrix} 1 & 2 & 3 \\ 4 & 2 & 1 \\ 1 & 1 & 1 \end{bmatrix}.$$

```
-->A=[1 2 3
-->4 2 1
-->1 1 1]
 A  =
    1.   2.   3.
    4.   2.   1.
    1.   1.   1.
-->A=[1 2 3; 4 2 1; 1 1 1]
 A  =
    1.   2.   3.
    4.   2.   1.
    1.   1.   1.
-->A=[1, 2, 3; 4, 2, 1; 1, 1, 1]
 A  =
    1.   2.   3.
    4.   2.   1.
    1.   1.   1.
```

La trasposizione di un vettore o di una matrice avviene facendone seguire il nome da un apice «'».

```
-->b'
 ans  =
    1.   2.   3.
-->A'
 ans  =
    1.   4.   1.
    2.   2.   1.
    3.   1.   1.
-->
```

Le operazioni tra matrici si effettuano utilizzando gli operatori +, − e ∗ (sulla divisione ritornerò). Attenzione: le dimensioni delle matrici devono essere quelle giuste! Scilab, nel caso questo non accada, dà un segnale di errore.

N.B. 3.1. Il prodotto tra due matrici (o vettori) è possibile solo se il numero di colonne della prima (la matrice a sinistra del segno di moltiplicazione) è uguale al numero di righe della seconda (la matrice a destra del segno di moltiplicazione). Il risultato è una matrice che ha tante righe quante sono le righe della prima matrice e tante colonne quante sono le colonne della seconda matrice.

Ricordo che, invece, per la somma e la sottrazione, vale una regola diversa.

N.B. 3.2. Si possono sommare o sottrarre tra loro solo matrici (o vettori) che hanno le stesse dimensioni, ovvero lo stesso numero di righe e di colonne.

Usando ancora i vettori a, b e la matrice A inseriti poco prima, mostro alcuni esempi di prodotti e somme.

```
-->a*b
 ans  =
    14.
-->b*a
 ans  =
    1. 2. 3.
    2. 4. 6.
    3. 6. 9.
-->a*a
 !--error 10
inconsistent multiplication
-->a*A
 ans  =
    12. 9. 8.
-->a+b
 !--error 8
inconsistent addition
-->a+b'
 ans  =
    2. 4. 6.
-->
```

Quando si tenta di moltiplicare tra loro due vettori non congruenti (il primo ha un numero di colonne diverso dal numero di righe del secondo) Scilab afferma: *inconsistent multiplication* [moltiplicazione incoerente]. Lo stesso messaggio si ha quando si tenta di sommare o sottrarre matrici o vettori con dimensioni diverse.

In Scilab esiste un'eccezione rispetto alla regola che riguarda somme e sottrazioni tra matrici (e vettori). Nonostante in algebra lineare la somma tra una matrice (o un vettore) e uno scalare non sia possibile, Scilab la interpreta come il nostro desiderio di sommare (o sottrarre) lo scalare a tutti i termini della matrice (o del vettore). Ecco, allora, che si ottengono i risultati seguenti.

```
-->b+5
 ans  =
    6.
    7.
    8.
-->A+2.5
 ans  =
    3.5    4.5    5.5
    6.5    4.5    3.5
    3.5    3.5    3.5
-->
```

Per quanto riguarda il prodotto o la divisione tra matrici (o vettori) e scalari valgono le usuali regole dell'algebra lineare.

N.B. 3.3. Una matrice (o un vettore) moltiplicata (o divisa) per uno scalare è uguale a una matrice di uguali dimensioni i cui elementi sono tutti moltiplicati (o divisi) per lo scalare.

```
-->A*2
 ans  =
    2.  4.  6.
    8.  4.  2.
    2.  2.  2.
-->A/2
 ans  =
    0.5    1.     1.5
    2.     1.     0.5
    0.5    0.5    0.5
-->
```

3.2 Operazioni sulle matrici

Gli operatori sulle matrici che ci interessano ai fini delle applicazioni finanziarie sono i seguenti:

1. la **trasposizione**: già vista nel paragrafo precedente e che, in Scilab, si calcola facendo seguire un vettore o una matrice da un apice «'»;
2. l'**inversione**: ricordo che una matrice è invertibile quando il suo determinante è diverso da zero (condizione necessaria, ma non sufficiente, perché una matrice sia invertibile è che essa sia quadrata);
3. il **determinante**: questo è un numero (scalare) che riassume in sé alcune proprietà di una matrice (per esempio, se il determinante è nullo, allora una matrice quadrata non è invertibile poiché almeno una delle righe o delle colonne è una combinazione lineare delle altre righe o colonne);

4. la **traccia**: è, per una matrice quadrata, la somma degli elementi sulla diagonale principale (quella che va dall'alto a sinistra fino in basso a destra);
5. il **rango**: è il numero di righe, o di colonne, che, in una matrice, sono tra loro linearmente indipendenti.

L'inversa di una matrice si calcola elevando alla potenza -1 la matrice stessa ovvero usando il comando inv. Uso, negli esempi che seguono, la matrice A che era già stata generata nel paragrafo precedente:

$$A = \begin{bmatrix} 1 & 2 & 3 \\ 4 & 2 & 1 \\ 1 & 1 & 1 \end{bmatrix}.$$

```
-->A^(-1)
 ans =
   1.    1.    -4.
  -3.   -2.    11.
   2.    1.    -6.
-->inv(A)
 ans =
   1.    1.    -4.
  -3.   -2.    11.
   2.    1.    -6.
-->
```

Nel caso in cui si voglia invertire una matrice non quadrata, Scilab avvisa, con un messaggio di errore, che questo non è possibile.

```
-->B=[1 2 3 4
-->1 3 2 5]
 B =
   1. 2. 3. 4.
   1. 3. 2. 5.
-->B^(-1)
 !--error 20
Wrong type for first argument: Square matrix expected.
-->
```

Il messaggio di Scilab (che si traduce «tipo errato per il primo argomento: ci si aspetta una matrice quadrata») si riferisce al fatto che la funzione «inversa» per una matrice contiene un (primo e unico) argomento e che esso deve essere una matrice quadrata.

Quando la matrice, pur essendo quadrata, non si può invertire, Scilab restituisce un altro messaggio di errore.

```
-->(b*a)^(-1)
 !--error 19
Problem is singular.
-->
```

Una matrice (quadrata) si definisce singolare quando il suo determinante è nullo. Si può verificare la singolarità poiché in Scilab esiste la funzione `det` che permette di calcolare il determinante di una matrice.

```
-->det(b*a)
 ans =
    0.
-->
```

Il comando `trace` calcola la traccia di una matrice, se essa è quadrata, altrimenti viene restituito un messaggio di errore.

```
-->trace(A)
 ans =
    4.
-->trace(B)
 !--error 10000
trace: Wrong size for input argument #1: A square matrix
expected.
at line 7 of function trace called by :
trace(B)
-->
```

Infine, un comando che può essere utile per analizzare un mercato finanziario è quello che permette di calcolare il rango di una matrice (ossia il numero di righe, o colonne, che sono linearmente indipendenti). Il rango si può calcolare su una matrice di qualsiasi dimensione.

N.B. 3.4. Una matrice quadrata è invertibile se e solo se ha rango pieno (cioè se il rango è pari alle sue dimensioni).

```
-->rank(A)
 ans =
    3.
-->rank(B)
 ans =
    2.
-->
```

3.3 Modifica di matrici

Una delle funzionalità più importanti per la finanza è quella di poter alterare le dimensioni delle matrici aggiungendo o estraendo colonne (e righe).

Un comando utile per ricordarsi quali sono le dimensioni (in inglese *size*)[1] di una matrice A è `size(A)`. Questo comando restituisce due numeri: il primo indica sempre il numero di righe della matrice mentre il secondo indica il numero di colonne. Negli esempi che seguono uso le matrici A e B generate nei paragrafi precedenti:

$$A = \begin{bmatrix} 1 & 2 & 3 \\ 4 & 2 & 1 \\ 1 & 1 & 1 \end{bmatrix}, \quad B = \begin{bmatrix} 1 & 2 & 3 & 4 \\ 1 & 3 & 2 & 5 \end{bmatrix}.$$

```
-->size(A)
 ans =
    3.    3.
-->size(B)
 ans =
    2.    4.
-->
```

L'esempio su riportato ci ricorda che la matrice A ha 3 righe e 3 colonne mentre la matrice B ha 2 righe e 4 colonne. Per richiamare solo una delle due dimensioni (vedremo perché questa possibilità ci è utile) occorre indicare, all'interno del comando `size`, quale dimensione ci interessa. In particolare il comando `size(A,1)` restituisce il numero di righe della matrice A mentre `size(A,2)` restituisce il numero di colonne della matrice A.

```
-->size(B,1)
 ans =
    2.
-->size(B,2)
 ans =
    4.
-->
```

L'elemento di una matrice A si richiama con il comando

`A(numero riga,numero colonna)`

Scrivendo, quindi, il comando $A(2,3)$ si ottiene, in risposta, l'elemento della matrice A che si trova nella seconda riga e nella terza colonna.

Per estrarre tutta una riga o tutta una colonna da una matrice si usano i due punti «:». In questo modo il comando

`A(:,numero colonna)`

---

[1] Letteralmente *size* significa «taglia» e si usa anche per gli abiti.

estrae la colonna desiderata (con tutte le righe della matrice), mentre il comando

A(numero riga,:)

estrae la riga desiderata (con tutte le colonne della matrice).

Ancora si può estrarre solo una parte di una riga o di una colonna con i comandi

A(numero riga,colonna inizio:colonna fine)

A(riga inizio:riga fine,numero colonna)

Nel primo caso si estraggono gli elementi che, sulla riga specificata (**numero riga**), vanno dalla posizione **colonna inizio** fino alla posizione **colonna fine**. Nel secondo caso, invece, si estraggono gli elementi che, sulla colonna specificata (**numero colonna**), vanno dalla posizione **riga inizio** fino alla posizione **riga fine**.

Ovviamente si può anche utilizzare il comando

A(riga inizio:riga fine,colonna inizio:colonna fine)

per estrarre una sottomatrice dalla matrice A.

Vediamo alcuni esempi.

```
-->B(1,:)
 ans  =
    1.    2.    3.    4.
-->B(:,1)
 ans  =
    1.
    1.
-->A(2,2:3)
 ans  =
    2.    1.
-->B(:,3:4)
 ans  =
    3.    4.
    2.    5.
-->
```

All'interno delle parentesi, quando si richiamano pezzi di matrici, si possono inserire anche delle espressioni numeriche o altri comandi. Si potrebbe, per esempio, desiderare di estrarre l'ultima colonna di una matrice indipendentemente dal numero di colonne che essa possiede. In questo caso il comando dovrebbe essere (per una generica matrice A)

A(:,size(A,2))

in questo modo Scilab estrae tutte le righe (:) e la colonna corrispondente al numero totale di colonne della matrice stessa (**size(A,2)**).

3.3 Modifica di matrici

```
-->B(:,size(B,2))
 ans =
    4.
    5.
-->
```

Per semplificare questo tipo di calcoli esiste il simbolo $ che, in Scilab, indica l'ultimo elemento della matrice. In questo modo, per estrarre l'ultima colonna dalla matrice B si può usare il seguente comando.

```
-->B(:,$)
 ans =
    4.
    5.
-->
```

Volendo, invece, estrarre le ultime n colonne di una matrice A, si può scrivere

```
A(:,$-n+1:$)
```

Vediamo un esempio

```
-->B(:,$-1:$)
 ans =
    3.    4.
    2.    5.
-->
```

Quando si richiama l'ultimo elemento di una matrice senza indicare se si tratti delle righe o delle colonne, Scilab restituisce il valore dell'elemento più in «basso» e a «destra».

```
-->B($)
 ans =
    5.
-->
```

N.B. 3.5. Tutti i comandi sulle matrici visti fino ad ora sono identici sul *software shareware* Matlab. L'unica differenza è che in Matlab, per indicare l'elemento finale di una riga o di una colonna, si utilizza **end** (anziché il simbolo del dollaro).

Mostro qui un'ultima possibilità di operare sulle matrici (e sui vettori): estrarne dei valori saltandone un numero sempre uguale. Prendiamo, per esempio, il vettore

$$z = \begin{bmatrix} 1 \\ 2 \\ 3 \\ 4 \\ 5 \\ 6 \\ 7 \\ 8 \\ 9 \\ 10 \end{bmatrix}.$$

Se desidero prendere, da z, gli elementi dal primo fino all'ultio ma saltandone due di volta in volta, devo scrivere il comando seguente:

```
z(inizio:passo:fine)
```

dove **passo** è il numero di elementi di cui si sposta Scilab per prendere l'elemento successivo del nuovo vettore (**inizio** e **fine** sono, ovviamente, il valore da cui iniziare l'estrazione e quello a cui terminarla). Se iniziamo dal primo elemento e il passo è 2, per esempio, il primo elemento del nuovo vettore è 1 (uguale al primo elemento di z) poi Scilab si sposta di due posti, arriva al valore 3 e lo inserisce nel nuovo vettore; poi, ancora, si sposta di due posti e, arrivato al valore 5, lo immette nel nuovo vettore... e così via. Vediamo l'applicazione.

```
-->z=[1
-->2
-->3
-->4
-->5
-->6
-->7
-->8
-->9
-->10]
 z =

   1.
   2.
   3.
   4.
   5.
   6.
   7.
   8.
```

3.3 Modifica di matrici

```
 9.
10.

-->z(1:2:$)
 ans  =

 1.
 3.
 5.
 7.
 9.
-->
```

Si possono generare dei vettori elementari, come quelli che contengono una serie di numeri naturali (è il caso del vettore z inserito in precedenza), senza inserire gli elementi uno ad uno. Il comando è:

$$z[inizio:passo:fine]$$

dove `inizio` è il valore da cui iniziare, `passo` è quanto va sommato ad ogni valore per generare il successivo (se `passo` è negativo viene sottratto al valore precedente) e `fine` è il valore a cui arrestarsi. Se `passo`= 1 si può omettere. Il comando così utilizzato genera un vettore riga. Per ottenere un vettore colonna basta far seguire da un apice (trasposizione) la parentesi quadrata chiusa. Vediamo alcuni esempi.

```
-->z=[1:5]
 z  =

   1.    2.    3.    4.    5.

-->z=[1:5]'
 z  =

   1.
   2.
   3.
   4.
   5.

-->z=[1:2:5]
 z  =

   1.    3.    5.
```

```
-->z=[1:2:6]
 z  =

    1.    3.    5.

-->z=[1:-1:10]
 z  =

    []

-->z=[1:-1:-4]
 z  =

    1.    0.   - 1.   - 2.   - 3.   - 4.
```

Una volta definiti dei vettori o delle matrici, questi si possono combinari insieme poiché le matrici possono avere, come elementi, altre matrici (i matematici parlano, in questo caso, di matrice a blocchi).

Proviamo, per esempio, a generare le matrici seguenti

$$A = \begin{bmatrix} 1 & 2 \\ 3 & 4 \end{bmatrix}, \quad B = \begin{bmatrix} 1 & 3 & 2 \\ 5 & 1 & 3 \end{bmatrix},$$

$$C = \begin{bmatrix} 1 & 2 & 5 \\ 0 & 1 & 0 \end{bmatrix}, \quad D = \begin{bmatrix} 0 & 1 \\ 1 & 2 \end{bmatrix},$$

e a metterle insieme in una matrice unica

$$E = \begin{bmatrix} A & B \\ C & D \end{bmatrix}.$$

```
-->A=[1 5; 3 4]; B=[1 3 2; 5 1 3];
-->C=[1 2 5; 0 1 0]; D=[0 1; 1 2];
-->E=[A B; C D]
 E  =

    1.    5.    1.    3.    2.
    3.    4.    5.    1.    3.
    1.    2.    5.    0.    1.
    0.    1.    0.    1.    2.
-->
```

Quando concateniamo delle matrici, ricordiamo che le dimensioni devono essere opportunamente tenute in considerazione. Il seguente esempio ci ammonisce a questo proposito.

```
-->E=[A D; C B]
 !--error 6
Inconsistent row/column dimensions.
-->
```

3.4 L'operatore punto «.» tra vettori e matrici

Può accadere che, in finanza (come in altri tipi di applicazioni), si abbia la necessità di effettuare operazioni tra i singoli elementi di due vettori (o matrici).

Sappiamo, dall'algebra lineare, che il prodotto tra due vettori (con dimensioni congruenti) può essere uno scalare (se si moltiplica un vettore riga per un vettore colonna) oppure una matrice (se si moltiplica un vettore colonna per un vettore riga). Scilab, tuttavia, ci permette anche di moltiplicare ogni elemento di un vettore per l'elemento corrispondente di un altro vettore ottenendo, come risultato, un terzo vettore.

Prendiamo, per esempio, i vettori x e y:

$$x = \begin{bmatrix} 1 & 5 & 7 \end{bmatrix}, \quad y = \begin{bmatrix} 2 \\ 1 \\ 2 \end{bmatrix}.$$

Per poter moltiplicare (o dividere) gli elementi del vettore x per i corrispondenti elementi del vettore y si usa, in Scilab e in altri programmi simili, il punto «.» che viene posizionato prima del simbolo di prodotto «*». Ricordiamoci, tuttavia, che i due vettori devono avere le stesse dimensioni (cioè lo stesso numero di righe e di colonne).

Per ottenere il vettore

$$\begin{bmatrix} 1 \times 2 \\ 5 \times 1 \\ 7 \times 2 \end{bmatrix},$$

bisogna, quindi, moltiplicare il vettore x trasposto per il vettore y con l'utilizzo del punto. Se il vettore x non viene trasposto Scilab restituisce un messaggio di errore.

```
-->x=[1 5 7];y=[2;1;2];
-->x'.*y
 ans =
    2.
    5.
   14.
-->x.*y
 !--error 9999
```

3 Calcolo matriciale

```
inconsistent element-wise operation
-->
```

La stessa operazione si può compiere su due vettori per la divisione.

```
-->x./y'
 ans =
    0.5    5.    3.5
-->
```

Anche altri operatori possono essere preceduti da un punto e, quindi, essere applicati ai singoli elementi della matrice (*element-wise*) anziché alla matrice nel suo complesso. Si pensi, per esempio, all'elevamento al quadrato di una matrice. Senza l'utilizzo del punto, il comando A^2 restituisce il prodotto A*A. Vediamo il caso della matrice A già usata in precedenza

$$A = \begin{bmatrix} 1 & 2 & 3 \\ 4 & 2 & 1 \\ 1 & 1 & 1 \end{bmatrix}.$$

```
-->A^2
 ans =
    12.    9.    8.
    13.    13.   15.
    6.     5.    5.
-->A*A
 ans =
    12.    9.    8.
    13.    13.   15.
    6.     5.    5.
-->
```

Facendo precedere l'elevamento a potenza dal punto, invece, si calcola la potenza elemento per elemento.

```
-->A.^2
 ans =
    1.     4.    9.
    16.    4.    1.
    1.     1.    1.
-->
```

Questo risultato è uguale a quello che si ottiene utilizzando il punto prima del simbolo di moltiplicazione.

3.4 L'operatore punto «.» tra vettori e matrici

```
-->A.*A
 ans  =
   1.    4.    9.
  16.    4.    1.
   1.    1.    1.
-->
```

Attraverso l'utilizzo dell'operatore «punto» si può anche chiedere a Scilab di effettuare il cosiddetto **prodotto di Kronecker**. Si tratta di un prodotto particolare che associa, a due matrici di dimensione qualsiasi, una nuova matrice che ha un numero di righe (colonne) pari al prodotto tra le righe (colonne) delle due matrici che si sono moltiplicate.

Definendo, dunque, le matrici

$$\underset{r_A \times c_A}{A} = \begin{bmatrix} a_{1,1} & a_{1,2} & \dots & a_{1,c_A} \\ a_{2,1} & a_{2,2} & \dots & a_{2,c_A} \\ .. & \dots & \dots & \dots \\ a_{r_A,1} & a_{r_A,2} & \dots & a_{r_A,c_A} \end{bmatrix},$$

$$\underset{r_B \times c_B}{B} = \begin{bmatrix} b_{1,1} & b_{1,2} & \dots & b_{1,c_B} \\ b_{2,1} & b_{2,2} & \dots & b_{2,c_B} \\ .. & \dots & \dots & \dots \\ b_{r_B,1} & b_{r_B,2} & \dots & b_{r_B,c_B} \end{bmatrix},$$

il prodotto di Kronecker tra A e B si indica come

$$\underset{r_A \times c_A}{A} \otimes \underset{r_B \times c_B}{B} = \begin{bmatrix} a_{1,1}B & a_{1,2}B & \dots & a_{1,c_A}B \\ a_{2,1}B & a_{2,2}B & \dots & a_{2,c_A}B \\ .. & \dots & \dots & \dots \\ a_{r_A,1}B & a_{r_A,2}B & \dots & a_{r_A,c_A}B \end{bmatrix},$$

mentre il prodotto tra B e A è dato da

$$\underset{r_B \times c_B}{B} \otimes \underset{r_A \times c_A}{A} = \begin{bmatrix} b_{1,1}A & b_{1,2}A & \dots & b_{1,c_B}A \\ b_{2,1}A & b_{2,2}A & \dots & b_{2,c_B}A \\ .. & \dots & \dots & \dots \\ b_{r_B,1}A & b_{r_B,2}A & \dots & b_{r_B,c_B}A \end{bmatrix}.$$

Se, per esempio, definiamo

$$A = \begin{bmatrix} 1 & 2 & 3 \\ 2 & 4 & 1 \end{bmatrix}, \quad B = \begin{bmatrix} 3 & 1 \\ 2 & 1 \\ 1 & 5 \end{bmatrix},$$

allora si hanno i prodotti

$$A \otimes B = \begin{bmatrix} 1 \times \begin{bmatrix} 3 & 1 \\ 2 & 1 \\ 1 & 5 \end{bmatrix} & 2 \times \begin{bmatrix} 3 & 1 \\ 2 & 1 \\ 1 & 5 \end{bmatrix} & 3 \times \begin{bmatrix} 3 & 1 \\ 2 & 1 \\ 1 & 5 \end{bmatrix} \\ 2 \times \begin{bmatrix} 3 & 1 \\ 2 & 1 \\ 1 & 5 \end{bmatrix} & 4 \times \begin{bmatrix} 3 & 1 \\ 2 & 1 \\ 1 & 5 \end{bmatrix} & 1 \times \begin{bmatrix} 3 & 1 \\ 2 & 1 \\ 1 & 5 \end{bmatrix} \end{bmatrix}$$

$$= \begin{bmatrix} 3 & 1 & 6 & 2 & 9 & 3 \\ 2 & 1 & 4 & 2 & 6 & 3 \\ 1 & 5 & 2 & 10 & 3 & 15 \\ 6 & 2 & 12 & 4 & 3 & 1 \\ 4 & 2 & 8 & 4 & 2 & 1 \\ 2 & 10 & 4 & 20 & 1 & 5 \end{bmatrix},$$

$$B \otimes A = \begin{bmatrix} 3 \times \begin{bmatrix} 1 & 2 & 3 \\ 2 & 4 & 1 \end{bmatrix} & 1 \times \begin{bmatrix} 1 & 2 & 3 \\ 2 & 4 & 1 \end{bmatrix} \\ 2 \times \begin{bmatrix} 1 & 2 & 3 \\ 2 & 4 & 1 \end{bmatrix} & 1 \times \begin{bmatrix} 1 & 2 & 3 \\ 2 & 4 & 1 \end{bmatrix} \\ 1 \times \begin{bmatrix} 1 & 2 & 3 \\ 2 & 4 & 1 \end{bmatrix} & 5 \times \begin{bmatrix} 1 & 2 & 3 \\ 2 & 4 & 1 \end{bmatrix} \end{bmatrix}$$

$$= \begin{bmatrix} 3 & 6 & 9 & 1 & 2 & 3 \\ 6 & 12 & 3 & 2 & 4 & 1 \\ 2 & 4 & 6 & 1 & 2 & 3 \\ 4 & 8 & 2 & 2 & 4 & 1 \\ 1 & 2 & 3 & 5 & 10 & 15 \\ 2 & 4 & 1 & 10 & 20 & 5 \end{bmatrix}.$$

Per ottenere il prodotto di Kronecker occorre utilizzare il punto sia prima sia dopo il segno di moltiplicazione. In Scilab si otterranno, così, gli stessi risultati appena mostrati.

```
-->A=[1 2 3
-->2 4 1]
 A =
     1.    2.    3.
     2.    4.    1.
-->B=[3 1
-->2 1
-->1 5]
 B =
     3.    1.
     2.    1.
     1.    5.
```

```
-->A.*.B
 ans =
    3.    1.    6.    2.    9.    3.
    2.    1.    4.    2.    6.    3.
    1.    5.    2.   10.    3.   15.
    6.    2.   12.    4.    3.    1.
    4.    2.    8.    4.    2.    1.
    2.   10.    4.   20.    1.    5.
-->B.*.A
 ans =
    3.    6.    9.    1.    2.    3.
    6.   12.    3.    2.    4.    1.
    2.    4.    6.    1.    2.    3.
    4.    8.    2.    2.    4.    1.
    1.    2.    3.    5.   10.   15.
    2.    4.    1.   10.   20.    5.
-->
```

Il caso che ho fatto vedere qui implica il prodotto tra matrici che sono conformabili (il numero di colonne della prima matrice è uguale al numero di righe della seconda). Il prodotto di Kronecker, tuttavia, funziona anche su matrici che non sono conformabili. Lo vediamo nei due esempi che seguono.

```
-->A'.*.B
 ans =
    3.    1.    6.    2.
    2.    1.    4.    2.
    1.    5.    2.   10.
    6.    2.   12.    4.
    4.    2.    8.    4.
    2.   10.    4.   20.
    9.    3.    3.    1.
    6.    3.    2.    1.
    3.   15.    1.    5.
-->B'.*.A
 ans =
    3.    6.    9.    2.    4.    6.    1.    2.    3.
    6.   12.    3.    4.    8.    2.    2.    4.    1.
    1.    2.    3.    1.    2.    3.    5.   10.   15.
    2.    4.    1.    2.    4.    1.   10.   20.    5.
-->
```

4
Algebra simbolica con Scilab

4.1 Definire le variabili

Vi è la possibilità, in Scilab, di effettuare calcoli di algebra simbolici, anche se limitatamente ai polinomi. A questo scopo si può utilizzare la funzione `poly` che è stata pensata per creare il polinomio caratteristico di una matrice. Ricordo che, data la matrice A, il polinomio caratteristico $P(x)$ è dato da

$$P(x) = \det(A - xI),$$

dove I è la matrice identità e x è la variabile rispetto alla quale il polinomio è definito. Per esempio, data la matrice

$$A = \begin{bmatrix} 1 & 2 \\ -1 & 4 \end{bmatrix},$$

il suo polinomio caratteristico è

$$P(x) = \det\left(\begin{bmatrix} 1 & 2 \\ -1 & 4 \end{bmatrix} - x \begin{bmatrix} 1 & 0 \\ 0 & 1 \end{bmatrix}\right),$$

ovvero

$$P(x) = \det\left(\begin{bmatrix} 1-x & 2 \\ -1 & 4-x \end{bmatrix}\right) = 6 - 5x + x^2.$$

In Scilab la funzione `poly` ha la seguente sintassi:

```
poly(A,'variabile')
```

dove A è una matrice (o uno scalare) e ho indicato con `variabile` (tra apici) il nome che vogliamo attribuire alla variabile x. Ne vediamo subito un'applicazione.

Menoncin F.: Misurare e gestire il rischio finanziario.
© Springer-Verlag Italia, Milano 2009

```
-->A=[1 2
-->-1 4]
 A =
    1.   2.
  - 1.   4.
-->P=poly(A,'x')
 P =
               2
   6 - 5x + x
-->
```

Si vede che il polinomio caratteristico P è esattamente quello che abbiamo calcolato in precedenza. In questo caso Scilab accetta la variabile x come «simbolo» senza chiederne un valore numerico.

Le radici di questo polinomio si possono ottenere con la funzione `roots`.

```
-->roots(P)
 ans =
    2.
    3.
-->
```

Si può facilmente osservare che 2 e 3 sono, effettivamente, le radici del polinomio $P(x)$. Quanto appena esposto vale, ovviamente, anche nel caso in cui le radici del polinomio non siano reali. Ne vediamo, di seguito, un esempio.

```
-->A=[1 1
-->-2 2]
 A =
    1.   1.
  - 2.   2.
-->P=poly(A,'x')
 P =
               2
   4 - 3x + x
-->roots(P)
 ans =
    1.5 + 1.3228757i
    1.5 - 1.3228757i
-->
```

In questo caso entrambe le radici del polinomio sono numeri complessi (i, infatti, è l'unità immaginaria $\sqrt{-1}$).

Ora ci possiamo domandare come utilizzare la funzione `poly` per far sì che Scilab riconosca una variabile anche se non le è stato dato un valore preciso.

Quando, infatti, si inserisce sulla riga di comando una variabile qualsiasi alla quale non si è dato un valore numerico, Scilab restituisce un messaggio di errore.

```
-->z
 !--error 4
Undefined variable : z
-->
```

Nei passi precedenti abbiamo visto che Scilab può attribuire un nome qualsiasi alla variabile x del polinomio caratteristico di una matrice. Al fine di definire una variabile qualsiasi, dunque, possiamo inserire come argomento della funzione `poly` uno scalare.

Vediamo un'immediata applicazione.

```
-->x=poly(0,'x')
 x =

   x
-->
```

Qui la variabile x è una variabile simbolica che Scilab tratterà come una variabile algebrica senza attribuirle alcun valore particolare.

4.2 Maneggiare variabili simboliche

Una volta definita una variabile simbolica, Scilab è in grado di utilizzarla anche se in una varietà limitata di casi. Per esempio, i calcoli matriciali possono essere compiuti su matrici e vettori che contengono variabili simboliche o loro polinomi (con coefficienti numerici).

Utilizzando la variabile x, come già definita nel paragrafo precedente, possiamo creare una matrice che contiene, come elementi, polinomi della variabile x. Per esempio, si può definire

$$A = \begin{bmatrix} x & 1 \\ 2 & x \end{bmatrix}.$$

```
-->A=[x 1
-->2 x]
 A =

   x  1
   2  x
-->
```

Su tale matrice A si può calcolare, per esempio, il determinante.

```
-->det(A)
 ans =

             2
   - 2 + x
-->
```

Tale determinante ha radici che si possono ottenere con la funzione `roots` già vista in precedenza.

```
-->roots(det(A))
 ans =
    1.4142136
  - 1.4142136
-->
```

Queste radici, in effetti, coincidono con $\sqrt{2}$ e $-\sqrt{2}$.

Scilab è anche in grado di invertire una matrice che contiene variabili simboliche. Nel caso della matrice A, per esempio, sappiamo che vale

$$A^{-1} = \frac{1}{x^2 - 2} \begin{bmatrix} x & -1 \\ -2 & x \end{bmatrix}.$$

```
-->A^(-1)
 ans =

        x                 - 1
   -------------      -------------
            2                  2
     - 2 + x            - 2 + x

       - 2                  x
   -------------      -------------
            2                  2
     - 2 + x            - 2 + x
-->
```

Anche nel caso della matrice inversa, i cui elementi hanno la variabile x al denominatore, si può calcolare il determinante.

```
-->det(A^(-1))
 ans =

         1
    -------------
             2
      - 2 + x
-->
```

4.2 Maneggiare variabili simboliche

Si possono inserire, tra gli elementi di una matrice, anche dei polinomi in x. Per esempio, per creare la matrice

$$B = \begin{bmatrix} x^2 & x \\ 1 & 2 \end{bmatrix},$$

si può scrivere quanto segue.

```
-->B=[x^2 x
-->1 2]
 B =
     2
    x   x
    1   2
-->det(B)
 ans =
            2
    - x + 2x
-->
```

Ciò che, invece, non si può effettuare sulle variabili simboliche, sono i calcoli non polinomiali. Vediamo, per esempio, come sia impossibile definire una funzione esponenziale in x.

```
-->exp(-x)
 !--error 246
Function not defined for given argument type(s),
   check arguments or define function %p_exp for overloading.
-->
```

Scilab, infatti, ci avverte che, per il tipo di variabile x, non è possibile definire la funzione della linea di comando (nell'esempio una funzione esponenziale).

Tutte le trasformazioni polinomiali di x, invece, possono essere definite e se ne possono trovare le radici.

```
-->x^3-10
 ans =
            3
    - 10 + x
-->roots(ans)
 ans =
    2.1544347
    - 1.0772173 + 1.8657952i
    - 1.0772173 - 1.8657952i
-->
```

4.3 Semplici esercizi sul mercato a un periodo

Con gli strumenti che abbiamo approntato nei paragrafi precedenti si possono affrontare i problemi relativi a un mercato nel quale si opera per un periodo soltanto (da t fino a $t+1$).

Un tipico esercizio può essere il seguente: il mercato è dato da

$$\Phi(t) = \begin{bmatrix} 100 \\ 100 \end{bmatrix}, \qquad \Phi(t+1) = \begin{bmatrix} 101 & 101 \\ 90 & x \end{bmatrix},$$

e si vuole calcolare i valori di x per i quali il mercato non presenta arbitraggio. Per una completa disamina di questo tipo di modelli, faccio riferimento a Menoncin (2006a, 2006b).

Dapprima occorre definire la variabile x e lo facciamo come nei paragrafi precedenti.

```
-->x=poly(0,'x')
 x  =

    x
-->
```

Poiché su Scilab non possiamo utilizzare le lettere greche né gli indici temporali, definisco le due matrici del mercato come A e B.

```
-->A=[100
-->100]
 A  =

    100.
    100.
-->B=[101 101
-->90 x]
 B  =

    101    101
    90     x
-->
```

Sappiamo che il vettore dei prezzi degli stati del mondo si può ottenere come

$$p = \Phi(t+1)^{-1}\Phi(t),$$

e, dunque, nel nostro caso, si ha quanto segue

$$p = \begin{bmatrix} 101 & 101 \\ 90 & x \end{bmatrix}^{-1} \begin{bmatrix} 100 \\ 100 \end{bmatrix} = \begin{bmatrix} \frac{100}{101}\frac{x}{x-90} - \frac{100}{x-90} \\ \frac{1100}{101(x-90)} \end{bmatrix}.$$

4.3 Semplici esercizi sul mercato a un periodo

In Scilab si ottiene il seguente risultato.

```
-->p=B^(-1)*A
 p =
 - 100 + 0.9900990x
 ------------------
    - 90 + x

  10.891089
  ---------
   - 90 + x
-->
```

Sfortunatamente, in Scilab non esiste la possibilità di maneggiare ulteriormente questi risultati. Non si può, dunque, chiedere a Scilab di calcolare per quali valori di x gli elementi del vettore p sono entrambi positivi (condizione necessaria e sufficiente per non avere arbitraggio).

Un secondo caso può riguardare il seguente mercato:

$$\Phi(t) = \begin{bmatrix} 100 \\ x \end{bmatrix}, \quad \Phi(t+1) = \begin{bmatrix} 101 & 101 \\ 90 & 105 \end{bmatrix},$$

dove si chiede di determinare il valore (o i valori) di x per cui non vi è arbitraggio. Il vettore dei prezzi degli stati del mondo è

$$p = \begin{bmatrix} 101 & 101 \\ 90 & 105 \end{bmatrix}^{-1} \begin{bmatrix} 100 \\ x \end{bmatrix} = \begin{bmatrix} \frac{700}{101} - \frac{1}{15}x \\ -\frac{600}{101} + \frac{1}{15}x \end{bmatrix}.$$

In Scilab abbiamo quanto segue.

```
-->A=[100
-->x]
 A =
    100
     x
-->B=[101 101
-->90 105]
 B =
    101.  101.
     90.  105.
-->p=B^(-1)*A
 p =
    6.9306931 - 0.0666667x
   - 5.9405941 + 0.0666667x
-->
```

5
Importare dati (finanziari)

5.1 Importare matrici da Excel

Buona parte dei *software* matematici permette di importare dati dai fogli elettronici come Excel. Questa funzione è importante per le applicazioni finanziarie perché le banche dati che si trovano su internet permettono, in genere, di scaricare il loro contenuto proprio in formato Excel.

Il comando che, in Scilab, consente di importare un file Excel è il seguente:

$$\texttt{readxls('percorso\textbackslash nome.xls')}$$

Con «percorso» si intende l'indirizzo preciso del file sul proprio computer. Per esempio, nel caso del mio computer,

$$\texttt{C:\textbackslash Finanza\textbackslash}$$

Supponiamo di aver salvato le quotazioni di un titolo nella *directory* «C:\Finanza\» e sul file «quotazioni.xls». Il contenuto del file è il seguente:

Date	Prezzi
14/09/2006	100
15/09/2006	101
18/09/2006	99
19/09/2006	98
20/09/2006	99
21/09/2006	97

In questo caso il comando per caricare i dati contenuti nel file sarà come nel seguente esempio.

Menoncin F.: Misurare e gestire il rischio finanziario.
© Springer-Verlag Italia, Milano 2009

5 Importare dati (finanziari)

```
-->Q=readxls('C:\Finanza\quotazioni.xls')
 Q =
   Foglio1: 7x2
   Foglio2: 0x0
   Foglio3: 0x0
-->
```

N.B. 5.1. Si può evitare di inserire tutto il percorso del file se si va su «File», «Change current directory...» e, dalla finestra del navigatore, si sceglie la *directory* nella quale si trova il file che ci occorre. In questo caso, dunque, Scilab cercherà il nome del file indicato nel comando `readxls` solo all'interno della *directory* che si è selezionata e il comando, così, potrebbe semplicemente essere `readxls('quotazioni.xls')`.

Il comando con cui è stato importato il contenuto del foglio Excel ha dato, alla variabile Q, un insieme di 3 valori corrispondenti ai 3 fogli che costituiscono il documento Excel. Scilab, poi, ci avvisa che il primo foglio contiene dati in una matrice 7×2 mentre gli altri fogli non contengono dati.

Per visualizzare il contenuto del primo foglio è sufficiente il comando `Q(1)`.

```
-->Q(1)
 ans =
!Date      Prezzi  !
!                  !
!38974     100     !
!                  !
!38975     101     !
!                  !
!38978     99      !
!                  !
!38979     98      !
!                  !
!38980     99      !
!                  !
!38981     97      !
-->
```

Si nota immediatamente che Scilab ha tradurre le date della prima colonna in un modo molto particolare. Tornerò su questo punto verso la fine del volume quando sarò necessario effettuare calcoli sulle date. Per ora esse non ci occorrono.

La variabile $Q(1)$ non è una variabile con valori numerici. Ci accorgiamo di ciò dal fatto che Scilab ne mostra il contenuto delimitato da punti esclamativi: si tratta, infatti, della forma con cui Scilab mostra i vettori di stringhe. Per estrarre i valori numerici da $Q(1)$ si usa il comando

`Q(1).value`

Vediamolo in azione.

```
-->Q(1).value
 ans =
 Nan        Nan
 38974.     100.
 38975.     101.
 38978.     99.
 38979.     98.
 38980.     99.
 38981.     97.
-->
```

Dove la sigla Nan significa *Not a number*. Per estrarre i valori che ci interessano basta, allora, sfruttare i comandi già visti in precedenza. Dobbiamo estrarre gli elementi della seconda colonna che vanno dalla seconda fino all'ultima riga. Poiché i dati che abbiamo riguardano i prezzi passati di un'azione, inserirò i dati stessi nella variabile Sp (S sta per *stock*, ovvero «azione», e p sta per «passato»).

```
-->Sp=ans(2:$,2)
 Sp =
    100.
    101.
    99.
    98.
    99.
    97.
-->
```

Così nel vettore Sp abbiamo la lista dei valori assunti dal prezzo di un titolo, ordinati dal più antico al più recente.

5.2 I rendimenti passati

Quando si hanno a disposizione m prezzi di periodi precedenti a quello in corso (cioè si hanno $m+1$ dati) si possono ricavare gli m rendimenti che il titolo ha avuto nel passato. Prendendo il vettore Sp del paragrafo precedente si hanno 6 dati (cioè cinque prezzi storici più il prezzo odierno del titolo). I rendimenti avuti in passato sono:

$$\frac{101-100}{100}, \quad \frac{99-101}{101}, \quad \frac{98-99}{99}, \quad \frac{99-98}{98}, \quad \frac{97-99}{99},$$

ovvero, in modo più semplice:

$$\frac{101}{100}-1, \quad \frac{99}{101}-1, \quad \frac{98}{99}-1, \quad \frac{99}{98}-1, \quad \frac{97}{99}-1.$$

5 Importare dati (finanziari)

Vediamo come dire a Scilab di creare un vettore che contenga questi rendimenti.

Per avere il primo rendimento occorre dividere il secondo elemento del vettore Sp per il primo (e sottrarre uno). Per avere il secondo rendimento occorre dividere il terzo elemento del vettore Sp per il secondo (e sottrarre uno)...e così via.

Per fare queste operazioni si può sfruttare l'operatore di divisione preceduto dal punto (cioè dividere elemento per elemento). Bisogna dividere gli elementi del vettore Sp che vanno dal secondo all'ultimo per gli elementi dello stesso vettore che vanno dal primo al penultimo (e sottrarre uno). Se chiamiamo il vettore dei rendimenti passati Rp allora i comandi sono i seguenti.

```
-->Rp=Sp(2:$,1)./Sp(1:$-1,1)-1
 Rp  =
    0.01
  - 0.0198020
  - 0.0101010
    0.0102041
  - 0.0202020
-->
```

5.3 I prezzi futuri: la simulazione storica

Una delle ipotesi più comuni alla base di numerose tecniche di previsione è la seguente: il futuro replica il passato. Così, dunque, ci si aspetta che le variazioni future dei prezzi siano influenzate in modo determinante dalle variazioni passate. Il metodo della **simulazione storica** si basa sull'ipotesi, ancora più stringente, che il futuro sia esattamente uguale al passato. Si suppone, allora, che tutti i rendimenti giornalieri passati (che abbiamo già inserito, in precedenza, nel vettore Rp) si possano ripresentare, identici, il giorno seguente.

Nel paragrafo precedente avevamo già calcolato i rendimenti passati dati i prezzi storici (giornalieri) di un titolo. Dati i prezzi[1]

$$100, \quad 101, \quad 99, \quad 98, \quad 99, \quad 97,$$

si era ottenuto il seguente vettore dei rendimenti

$$Rp = \begin{bmatrix} 0.01 \\ -0.0198020 \\ -0.0101010 \\ 0.0102041 \\ -0.0202020 \end{bmatrix}.$$

---
[1] I prezzi sono scritti in ordine temporale: dal più vecchio (all'estrema sinistra) al più recente (all'estrema destra).

5.3 I prezzi futuri: la simulazione storica

Ora, dati il prezzo di oggi (pari a 97) e cinque prezzi passati, il metodo della simulazione storica ci dice che, domani, si possono avere cinque possibili prezzi. Questi ultimi sono pari al prezzo di oggi a cui si applicano i cinque rendimenti passati contenuti nel vettore Rp. Una prima possibilità, dunque, è che il titolo, fra oggi e domani, abbia un rendimento pari a 0.01 (ovvero all'1%). Uno dei cinque possibili prezzi domani, così, sarà

$$97 \times (1 + 0.01) = 97.97.$$

Allo stesso modo si possono calcolare gli altri possibili prezzi di domani. Usando la notazione vettoriale, i prezzi possibili di domani (Sf) si possono scrivere come

$$Sf = (\mathbf{1} + Rp) \times Sp(t), \qquad (5.1)$$

dove $Sp(t)$ è il prezzo di oggi e $\mathbf{1}$ è un vettore contenente solo 1:

$$Sf = \left(\begin{bmatrix} 1 \\ 1 \\ 1 \\ 1 \\ 1 \end{bmatrix} + \begin{bmatrix} 0.01 \\ -0.0198020 \\ -0.0101010 \\ 0.0102041 \\ -0.0202020 \end{bmatrix} \right) \times 97 = \begin{bmatrix} 97.97 \\ 95.079 \\ 96.02 \\ 97.99 \\ 95.04 \end{bmatrix}.$$

Se si vogliono avere i possibili prezzi futuri con il metodo della **simulazione storica**, basta, allora, moltiplicare l'ultimo elemento del vettore Sp (cioè il prezzo di oggi) per il vettore $1 + Rp$.

```
-->Sf=(1+Rp)*Sp($)
 Sf =
   97.97
   95.079208
   96.020202
   97.989796
   95.040404
-->
```

In alternativa si potrebbe calcolare il vettore dei prezzi futuri (Sf) direttamente da Sp senza passare per il vettore Rp sostituendo, al posto di Rp, la formula che si era già usata nel paragrafo precedente.

```
-->Sf=Sp(2:$,1)./Sp(1:$-1,1)*Sp($)
 Sf =
   97.97
   95.079208
   96.020202
   97.989796
   95.040404
-->
```

In termini algebrici, dunque, l'elemento k del vettore Sf si può indicare nel modo seguente:

$$Sf(k) = \frac{Sp(k+1)}{Sp(k)} Sp(t), \quad \forall k \in [1, ..., t-1]. \tag{5.2}$$

Ricordo, dunque, che il vettore Sf contiene i possibili prezzi che il titolo potrà assumere nel periodo successivo (nei nostri esempi il periodo è sempre stato di un giorno).

5.4 Il caso con più titoli

Quando si scaricano dati per più titoli, la variabile Sp non è più un vettore bensì una matrice con la seguente struttura:

$$Sp = \begin{bmatrix} S_1(t-5) & S_2(t-5) & S_3(t-5) \\ S_1(t-4) & S_2(t-4) & S_3(t-4) \\ S_1(t-3) & S_2(t-3) & S_3(t-3) \\ S_1(t-2) & S_2(t-2) & S_3(t-2) \\ S_1(t-1) & S_2(t-1) & S_3(t-1) \\ S_1(t) & S_2(t) & S_3(t) \end{bmatrix},$$

dove $S_i(t-k)$ rappresenta il prezzo del titolo i preso k periodi fa (nei nostri esempi il periodo coincide sempre con il giorno).

La matrice dei rendimenti, dunque, si calcola come già visto nel caso vettoriale richiedendo, tuttavia, che gli stessi calcoli valgano su tutte le colonne (usando il simbolo «:») anziché per una colonna sola. Il comando, così, sarà

$$\text{Rp} = \text{Sp}(2:\$,:)./\text{Sp}(1:\$-1,:) - 1$$

Con il comando appena scritto si ottiene la seguente matrice:

$$Rp = \begin{bmatrix} \frac{S_1(t-4)}{S_1(t-5)} - 1 & \frac{S_2(t-4)}{S_2(t-5)} - 1 & \frac{S_3(t-4)}{S_3(t-5)} - 1 \\ \frac{S_1(t-3)}{S_1(t-4)} - 1 & \frac{S_2(t-3)}{S_2(t-4)} - 1 & \frac{S_3(t-3)}{S_3(t-4)} - 1 \\ \frac{S_1(t-2)}{S_1(t-3)} - 1 & \frac{S_2(t-2)}{S_2(t-3)} - 1 & \frac{S_3(t-2)}{S_3(t-3)} - 1 \\ \frac{S_1(t-1)}{S_1(t-2)} - 1 & \frac{S_2(t-1)}{S_2(t-2)} - 1 & \frac{S_3(t-1)}{S_3(t-2)} - 1 \\ \frac{S_1(t)}{S_1(t-1)} - 1 & \frac{S_2(t)}{S_2(t-1)} - 1 & \frac{S_3(t)}{S_3(t-1)} - 1 \end{bmatrix}.$$

Un poco più delicato è il calcolo dei possibili prezzi futuri. La matrice dei prezzi futuri dei titoli deve avere la seguente forma (si ricordi l'Equazione (5.2))

$$Sf = \begin{bmatrix} \frac{S_1(t-4)}{S_1(t-5)} S_1(t) & \frac{S_2(t-4)}{S_2(t-5)} S_2(t) & \frac{S_3(t-4)}{S_3(t-5)} S_3(t) \\ \frac{S_1(t-3)}{S_1(t-4)} S_1(t) & \frac{S_2(t-3)}{S_2(t-4)} S_2(t) & \frac{S_3(t-3)}{S_3(t-4)} S_3(t) \\ \frac{S_1(t-2)}{S_1(t-3)} S_1(t) & \frac{S_2(t-2)}{S_2(t-3)} S_2(t) & \frac{S_3(t-2)}{S_3(t-3)} S_3(t) \\ \frac{S_1(t-1)}{S_1(t-2)} S_1(t) & \frac{S_2(t-1)}{S_2(t-2)} S_2(t) & \frac{S_3(t-1)}{S_3(t-2)} S_3(t) \\ \frac{S_1(t)}{S_1(t-1)} S_1(t) & \frac{S_2(t)}{S_2(t-1)} S_2(t) & \frac{S_3(t)}{S_3(t-1)} S_3(t) \end{bmatrix},$$

dove, per ogni colonna, abbiamo un titolo diverso e ogni riga rappresenta un possibile stato del mondo.

Partendo dalla matrice $1+Rp$, la matrice Sf si può scrivere, per analogia con la (5.1), nel modo seguente:

$$\underset{5\times 3}{Sf} = \underset{5\times 3}{(1+Rp)} \times \underset{3\times 3}{A},$$

dove A è una matrice, ovviamente quadrata, che dobbiamo scegliere opportunamente. Dal confronto con la (5.1) sappiamo, tuttavia, che la matrice A dovrà, in qualche modo, contenere i prezzi odierni dei titoli. L'unica soluzione possibile è quella di scegliere A come la matrice diagonale che contiene i prezzi dei titoli al tempo t avendo, in questo modo:

$$Sf = (1+Rp) \begin{bmatrix} S_1(t) & 0 & 0 \\ 0 & S_2(t) & 0 \\ 0 & 0 & S_3(t) \end{bmatrix}.$$

Come esempio si inizia introducendo una matrice Sp.

```
-->Sp=[100 10 20
-->101 9 21
-->102 10 22
-->101 9.5 22
-->102.1 9.4 21.8
-->103 9.2 22.2]
 Sp =
      100.    10.    20.
      101.     9.    21.
      102.    10.    22.
      101.     9.5   22.
      102.1    9.4   21.8
      103.     9.2   22.2
-->
```

La matrice dei rendimenti si può ottenere con la formula sopra esposta.

```
-->Rp=Sp(2:$,:)./Sp(1:$-1,:)-1
 Rp =
      0.01          - 0.1          0.05
      0.0099010       0.1111111    0.0476190
    - 0.0098039     - 0.05         0.
      0.0108911     - 0.0105263  - 0.0090909
      0.0088149     - 0.0212766    0.0183486
-->
```

Per ottenere la matrice dei prezzi futuri Sf occorre conoscere il comando per creare la matrice diagonale che contiene gli elementi dell'ultima riga del vettore Sp. Tale comando è

$$\text{diag(Sp(\$,:))}$$

```
-->diag(Sp($,:))
 ans =
    103   0.    0.
    0.    9.2   0.
    0.    0.    22.2
-->Sf=(1+Rp)*ans
 Sf =
    104.03      8.28       23.31
    104.0198    10.222222   23.257143
    101.9902    8.74        22.2
    104.12178   9.1031579   21.998182
    103.90793   9.0042553   22.607339
-->
```

La matrice Sf è, così, la matrice che riporta, sulle colonne, i tre titoli e, sulle righe, i valori di questi titoli nei vari stati del mondo.

5.5 Scaricare dati finanziari da internet

Una fonte molto completa di dati di borsa (sia borse estere sia la borsa italiana) è il sito di yahoo. In particolare si può visitare

http://finance.yahoo.com/

per i dati delle borse internazionali e

http://it.finance.yahoo.com/

per i dati della borsa italiana.

I dati possono essere scaricati sul proprio computer in formato CSV (che viene letto da Excel). A titolo di esempio scarico, dalla versione italiana del sito, le quotazioni giornaliere della società Italcementi (dal primo ottobre 2005 al primo ottobre 2006).

Nella Figura 5.1 si vede, sulla pagina iniziale di yahoo, una lista di opzioni sulla sinistra dello schermo. Tra queste ho sottolineato la «Finanza».

Una volta entrati nella pagina finanziaria si vede una schermata simile a quella della Figura 5.2 dove ho già introdotto il nome della società di cui mi interessano le quotazioni (Italcementi). Nel resto della pagina si vedono le quotazioni di alcuni indici di borsa (il primo è lo S&PMIB).

Il risultato della ricerca è rappresentato nella Figura 5.3 dove si vedono diverse azioni emesse dalla socità Italcementi. Le prime due quotazioni si riferiscono al mercato di Milano. La sigla IT.MI si riferisce alle azioni Italcementi

5.5 Scaricare dati finanziari da internet   49

Figura 5.1. Pagina iniziale di yahoo

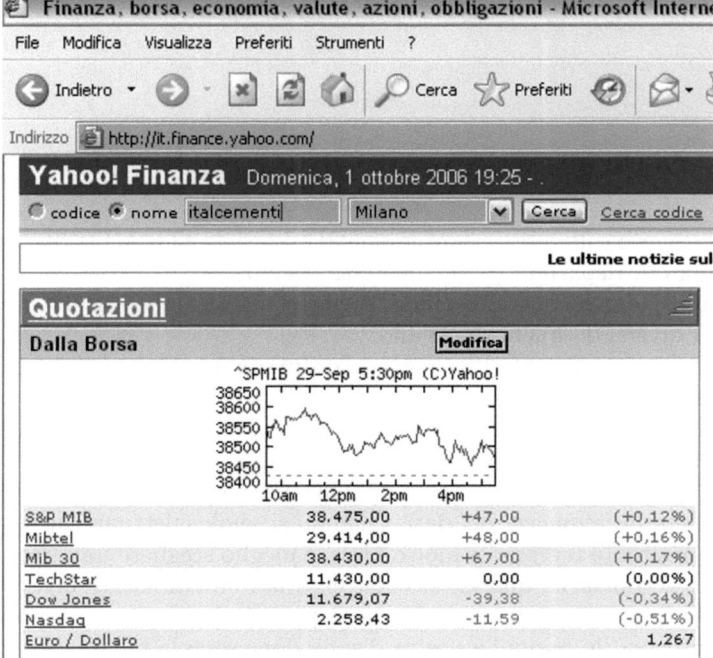

Figura 5.2. Pagina iniziale di yahoo-finanza

50   5 Importare dati (finanziari)

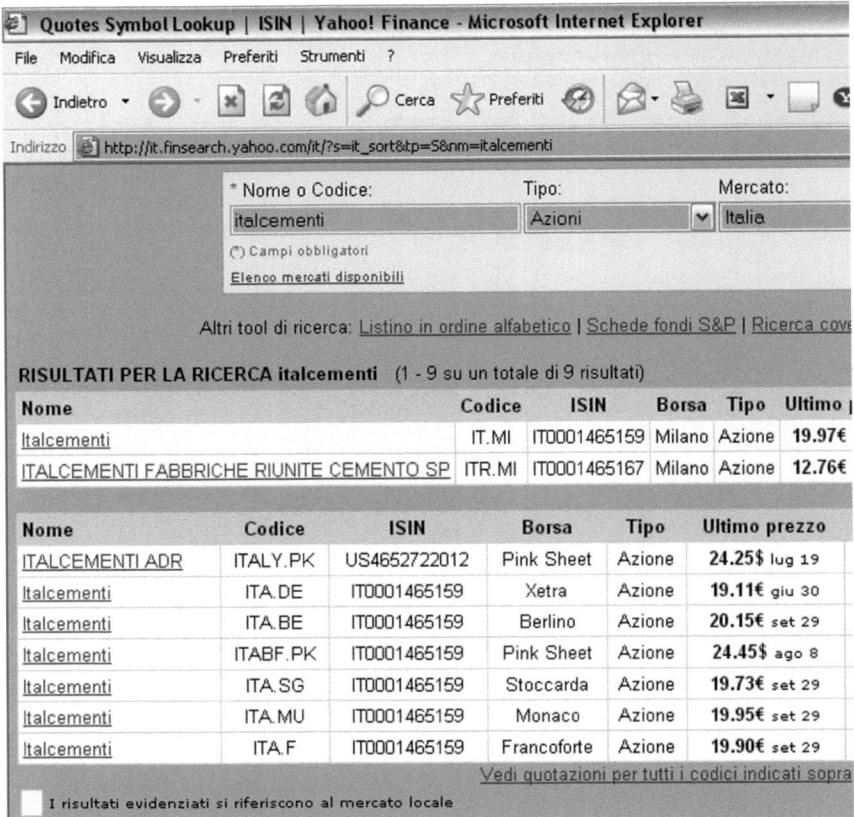

Figura 5.3. Risultati ottenuti dalla ricerca del titolo Italcementi

(IT) ordinarie sulla borsa di Milano (MI). La sigla ITR.MI si riferisce, invece, alle azioni di risparmio (R) della stessa società.

In una parte sottostante dello schermo si visualizzano i risultati riguardanti mercati diversi da quelli di Milano.

Una volta selezionata l'Italcementi ordinaria quotata sul mercato di Milano si ottiene la schermata della Figura 5.4 dalla quale, per ottenere le quotazioni storiche, basta selezionare la corrispondente voce sulla lista di sinistra.

Nella nuova pagina si inseriscono le due date di inizio e fine del periodo per cui si vogliono ottenere le quotazioni. Un'opzione sulla destra ci consente di scegliere la frequenza dei dati. Quando si vuole effettuare un investimento con un orizzonte temporale molto breve è meglio scegliere una frequenza giornaliera. Al contrario, quando si vuole effettuare un'analisi di investimento per un periodo di tempo medio e lungo, è preferibile scegliere una frequenza di dati più bassa (le opzioni a nostra disposizione sono la mensile, la settimanale e la giornaliera).

5.5 Scaricare dati finanziari da internet 51

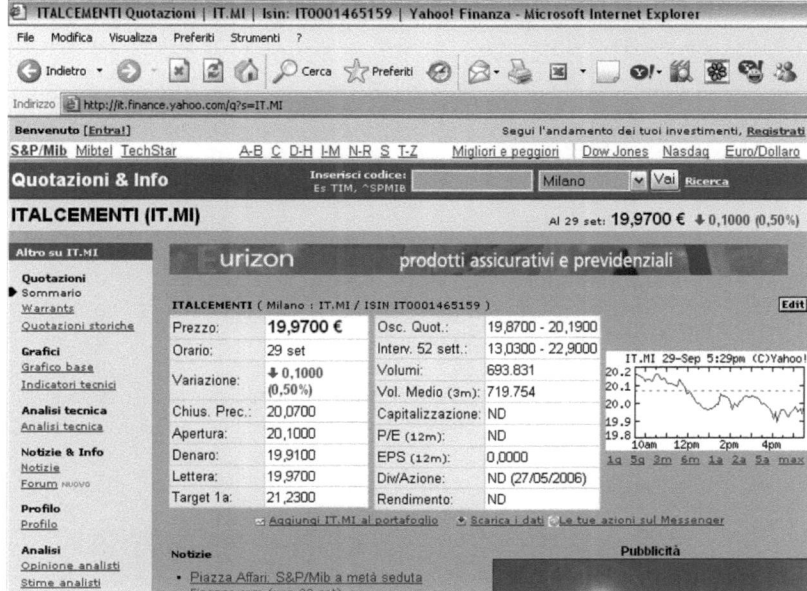

Figura 5.4. Pagina dell'azione Italcementi su yahoo

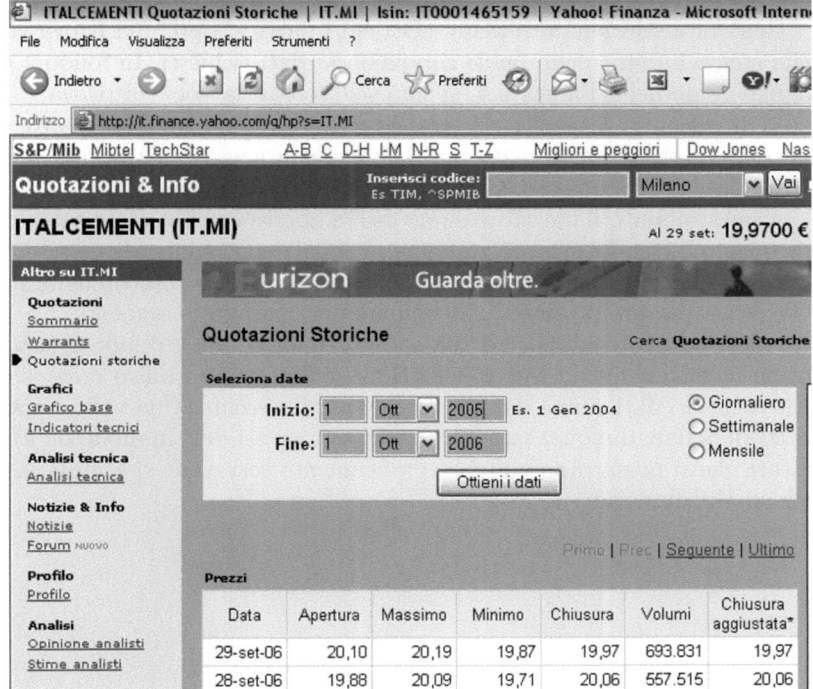

Figura 5.5. Pagina dell'azione ordinaria Italcementi su yahoo

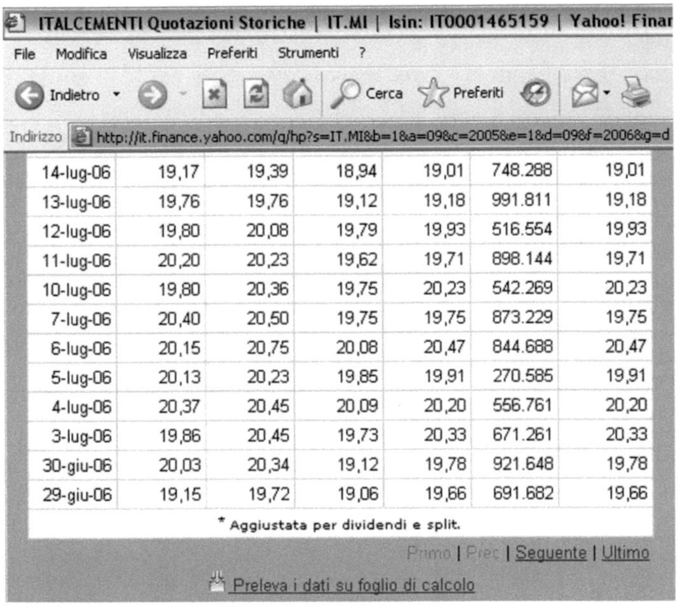

52   5 Importare dati (finanziari)

14-lug-06	19,17	19,39	18,94	19,01	748.288	19,01
13-lug-06	19,76	19,76	19,12	19,18	991.811	19,18
12-lug-06	19,80	20,08	19,79	19,93	516.554	19,93
11-lug-06	20,20	20,23	19,62	19,71	898.144	19,71
10-lug-06	19,80	20,36	19,75	20,23	542.269	20,23
7-lug-06	20,40	20,50	19,75	19,75	873.229	19,75
6-lug-06	20,15	20,75	20,08	20,47	844.688	20,47
5-lug-06	20,13	20,23	19,85	19,91	270.585	19,91
4-lug-06	20,37	20,45	20,09	20,20	556.761	20,20
3-lug-06	19,86	20,45	19,73	20,33	671.261	20,33
30-giu-06	20,03	20,34	19,12	19,78	921.648	19,78
29-giu-06	19,15	19,72	19,06	19,66	691.682	19,66

Figura 5.6. Scaricare le quotazioni

Una volta selezionato il tasto «Ottieni i dati» si apre una nuova versione della stessa finestra nella quale compaiono i dati richiesti. In fondo a questa pagina, come nella Figura 5.6, si può selezionare la voce «Preleva i dati su foglio di calcolo». Si può, così, scaricare sul computer un documento, in formato CSV (che è un formato ASCII), che contiene tutti i dati richiesti. Io salvo i dati sul documento: C:\Finanza\Italcementi.csv.

A questo punto il file salvato può essere aperto con Excel e risalvato come documento Excel. Lo si legge, dunque, su Scilab, con i comandi già visti. Esiste anche un'altra via che è quella di far leggere a Scilab direttamente il foglio CSV senza passare per Excel. Lo vediamo nel paragrafo seguente.

I dati scaricati vanno dal più recente fino al più vecchio. Questo è un ordine inverso a quello che si è soliti osservare su un grafico dove, sull'asse delle ascisse, i dati vanno dal più vecchio al più recente. Una volta importati i prezzi in Scilab, dunque, sarà necessario «girare» i dati in modo da avere un vettore che si possa rappresentare graficamente così come si è soliti osservare nelle analisi finanziarie.

5.6 Importare documenti ASCII

Il comando per importare dei file in formato CSV (ASCII) è

`excel2sci('percorso file\nome file')`

dove `percorso file` è l'indirizzo del computer dove è stato salvato il file che ci interessa e il nome del file deve contenere anche l'estensione (.csv). Nel paragrafo precedente si è salvato il file Italcementi.csv nella cartella C:\Finanza e, dunque, si dovrà indicare il percorso C:\Finanza\Italcementi.csv.

N.B. 5.2. Anche in questo caso, come visto nei paragrafi precedenti, si può evitare di indicare l'indirizzo completo del file se, dal menu «File» e «Change current directory...» si dice a Scilab di posizionarsi nella *directory* che contiene il file che ci interessa. In questo caso il comando si semplifica in `excel2sci('Italcementi.csv')`.

Vediamo il funzionamento del comando.

```
-->ita=excel2sci('C:\Finanza\Italcementi.csv')
ita =
!   Date         Open     High     Low      Close    Volume    Adj. Close*  !
!   29-Sep-06    20.10    20.19    19.87    19.97    693831    19.97        !
!   28-Sep-06    19.88    20.09    19.71    20.06    557515    20.06        !
!   27-Sep-06    19.90    19.98    19.67    19.77    629192    19.77        !
!   26-Sep-06    19.72    19.89    19.67    19.80    720521    19.80        !
!   25-Sep-06    19.73    19.94    19.62    19.70    741567    19.70        !
!   22-Sep-06    19.88    19.96    19.72    19.82    618832    19.82        !
!   21-Sep-06    20.00    20.19    19.80    20.07    658793    20.07        !
!   20-Sep-06    19.83    20.09    19.79    19.92    807159    19.92        !
!   19-Sep-06    20.06    20.08    19.78    19.86    849299    19.86        !
!   18-Sep-06    20.15    20.35    20.00    20.06    682711    20.06        !
!   15-Sep-06    20.27    20.34    20.10    20.19    1163071   20.19        !
!   14-Sep-06    20.50    20.71    20.20    20.28    1006544   20.28        !
!   13-Sep-06    20.12    20.60    20.00    20.57    1102334   20.57        !
!   12-Sep-06    19.79    20.19    19.61    20.08    723402    20.08        !
!   11-Sep-06    20.03    20.06    19.71    19.78    620863    19.78        !
!    8-Sep-06    19.69    20.14    19.69    20.10    837155    20.10        !
!    7-Sep-06    19.90    19.95    19.71    19.73    738563    19.73        !
!    6-Sep-06    20.20    20.48    19.92    20.00    982009    20.00        !
[Continue display? n (no) to stop, any other key to continue]
```

Alla fine della pagina, Scilab chiede se si vuole continuare a visualizzare il contenuto del file. Qualsiasi tasto che non sia «n» fa proseguire la visualizzazione. Se si schiaccia «n», invece, la visualizzazione viene terminata.

5 Importare dati (finanziari)

Ora dobbiamo estrarre i valori che sono contenuti nella quinta colonna (prezzi di chiusura). Per fare questo possiamo utilizzare i comandi che già conosciamo (utilizzo la variabile Sp per indicare i prezzi storici).

```
-->Sp=ita(2:$,5)
  Sp  =
    !19.97 !
    !20.06 !
    !19.77 !
    !19.80 !
    !19.70 !
    !19.82 !
    !20.07 !
    !19.92 !
    !19.86 !
    !20.06 !
    !20.19 !
    !20.28 !
    !20.57 !
    !20.08 !
    !19.78 !
    !20.10 !
    !19.73 !
    !20.00 !
    !20.12 !
[Continue display? n (no) to stop, any other key to continue]
```

Le righe estratte vanno dalla seconda fino all'ultima poiché la prima riga contiene le intestazioni delle colonne che non sono quotazioni.

I valori così ottenuti, tuttavia, non sono valori numerici bensì stringhe (di caratteri). Ce ne accorgiamo, come visto in precedenza, perché i valori sono delimitati da punti esclamativi. Per trasformare le stringhe in numeri occorre un apposito comando

$$\text{evstr()}$$

dall'inglese *EValuate STRing* (valutare una stringa). Il risultato del comando si mostra qui di seguito dove ho sostituito alla variabile Sp i suoi valori numerici (visto che le stringhe non mi serviranno più).

```
-->Sp=evstr(Sp)
  Sp  =
      19.97
      20.06
      19.77
      19.8
      19.7
```

```
       19.82
       20.07
       19.92
       19.86
       20.06
       20.19
       20.28
       20.57
       20.08
       19.78
       20.1
       19.73
       20.
       20.12
       20.32
       19.76
       19.26
       19.3
       19.26
       19.29
       19.23
       19.29
       19.44
       19.49
       19.3
       19.33
       19.36
       19.13
       18.84
       18.54
       18.68
       18.94
       18.94
[Continue display? n (no) to stop, any other key to continue]
```

Come già evidenziato in precedenza diviene adesso necessario «girare» i valori del vettore Sp mettendoli in ordine inverso, dall'ultimo fino al primo. Il metodo, in Scilab, per ottenere questo risultato è il seguente:

$$Sp=Sp(\$:-1:1)$$

che si interpreta come: attribuisci al vettore Sp i valori del vettore Sp a partire dall'ultimo (\$) e andando fino al primo (1) tornando indietro di un elemento (-1) ad ogni passaggio.

Il risultato del comando è il seguente.

```
-->Sp=Sp($:-1:1)
 Sp  =
    15.49
    15.53
    15.69
    15.69
    15.84
    15.67
    15.82
    15.77
    15.73
    15.94
    15.82
    15.79
    15.85
    15.82
    15.72
    15.88
    15.93
    15.92
    15.87
    15.72
    15.45
    15.54
    15.55
    15.38
    15.68
    16.05
    15.66
    15.69
    15.67
    15.69
    16.04
    15.92
    16.02
    16.21
    16.18
    16.27
    16.55
    16.64
 [Continue display? n (no) to stop, any other key to continue]
```

La variabile Sp, così, finalmente, contiene i valori che ci servono e nell'ordine che più ci piace.

5.7 Una prima funzione

Qualora si vogliano importare in Scilab diverse serie finanziarie, le operazioni che abbiamo visto nel paragrafo precedente possono diventare un po' noiose. In Scilab, come in tutti gli altri programmi matematici, esiste la possibilità di racchiudere una serie di comandi all'interno di un comando solo che viene definito **funzione**.

Una funzione prevede alcune variabili di *input* e alcune variabili di *output*. Essa è sempre racchiusa tra la parola *function* e la parola *endfunction*. La sintassi è la seguente:

```
function [output]=nomefunzione(input)
comandi
endfunction
```

dove con *nomefunzione* si è indicato un nome qualsiasi che possiamo dare alla funzione in oggetto. Sia *input* sia *output* possono contenere più di una variabile.

Vediamo un esempio banale: creiamo una funzione che, inseriti due numeri, ne calcoli la somma e la differenza. Chiamo questa funzione `somdif`.

```
-->function [z1,z2]=somdif(x,y)
-->z1=x+y;
-->z2=x-y;
-->endfunction


-->
```

Qui ho utilizzato le variabili x e y come *input* e le variabili $z1$ e $z2$ come *output*. All'interno della funzione, poi, ho dichiarato che alla variabile $z1$ deve essere dato il valore di $x+y$, mentre alla variabile $z2$ deve essere dato il valore $x-y$.

Per verificare che la funzione operi a dovere, la possiamo richiamare con il seguente comando.

```
-->[somma,diff]=somdif(3,-1)
 diff =
    4.
 somma =
    2.
-->
```

Tra parentesi quadre, dunque, si inseriscono le variabili alle quali si vuole assegnare il valore che, all'interno della funzione, assumono le variabili $z1$ e $z2$. Faccio notare che non è stato necessario chiamare tali variabili $z1$ e $z2$.

5 Importare dati (finanziari)

Quando non si mettono tra parentesi quadre le variabili a cui si vuole dare un valore ma si scrive solo il nome della funzione, Scilab restituisce il valore della prima variabile di *output* che è stata dichiarata. In questo caso, dunque, viene restituita $z1$ che è la somma dei due termini.

```
-->somdif(3,-1)
 ans =
    2
-->
```

Ora, se vogliamo inserire in un'unica funzione tutti i passaggi da effettuare per importare in Scilab i dati di un file csv, dobbiamo domandarci: 1) quali siano gli *input*, 2) quali siano gli *output*. Come *output* dobbiamo indicare il vettore che conterrà i prezzi del titolo che ci interessa. Come *input*, invece, dovremo indicare, sicuramente, il nome del file da cui attingere i dati e, a seconda delle nostre preferenze, anche la colonna da importare. Potrebbe, infatti, verificarsi che la colonna da importare non sia sempre la quinta. Inoltre, potrebbe anche accadere che i dati non inizino dalla seconda riga. Tra gli *input*, quindi, si potrebbe, per maggiore generalità, inserire sia la riga da cui iniziare a importare i dati, sia la colonna in cui si trovano i dati che ci interessano.

Se decidiamo di chiamare la funzione con il nome yahoo, essa si può scrivere come segue.

```
-->function [prezzi]=yahoo(nomefile,riga,colonna)
-->prezzi=excel2sci(nomefile);
-->prezzi=prezzi(riga:$,colonna);
-->prezzi=evstr(prezzi);
-->prezzi=prezzi($:-1:1);
-->endfunction
-->
```

Per verificare che tale funzione operi nel modo corretto possiamo utilizzarla sulle quotazioni Italcementi come segue.

```
-->ita=yahoo('C:\Finanza\Italcementi.csv',2,5)
 ita =
    15.49
    15.53
    15.69
    15.69
    15.84
    15.67
    15.82
    15.77
    15.73
    15.94
```

```
    15.82
    15.79
    15.85
    15.82
    15.72
    15.88
    15.93
    15.92
    15.87
    15.72
    15.45
    15.54
    15.55
    15.38
    15.68
    16.05
    15.66
    15.69
    15.67
    15.69
    16.04
    15.92
    16.02
    16.21
    16.18
    16.27
    16.55
    16.64
[Continue display? n (no) to stop, any other key to continue]
```

Il risultato dovrebbe essere lo stesso che si è ottenuto in precedenza. Per verificarlo possiamo ricorrere a una funzione di Scilab che restituisce valore T (cioè *True*) se due variabili sono uguali e valore F (cioè *False*) se due variabili sono diverse. La funzione è `isequal` (che, in italiano, significa «è uguale»). Ci basta, dunque, scrivere quanto segue.

```
-->isequal(Sp,ita)
 ans =
   T
-->
```

Se il risultato di questo comando non è T, allora occorre verificare che la funzione `yahoo` sia stata scritta bene.

Quanto è stato fatto fino ad ora ci può aiutare per importare numerose serie finanziarie da yahoo senza dover ripetere, ogni volta, gli stessi passaggi.

Quando, tuttavia, chiudiamo il programma, la funzione `yahoo` viene eliminata dalla memoria di Scilab. Per poterla richiamare, si deve salvare la funzione con una procedura particolare.

Essa deve essere scritta nella finestra dell'editore di Scilab alla quale si accede selezionando «Applications» e «Editor» dalla barra degli strumenti. Si apre, così, una finestra nella quale si può scrivere il testo della funzione. Ricopiamo lo stesso testo che avevamo scritto nella finestra di comando di Scilab. L'editore di testo dovrebbe, automaticamente, cambiare colore alle parole che sono riservate a Scilab. Le parole *function* e *endfunction*, per esempio, dovrebbero comparire in un altro colore rispetto ai nomi delle variabili che scegliamo noi.

Una volta scritta la funzione dobbiamo salvarla con il comando «File» e «Save as...» (oppure «Salva come...»). Le possiamo dare il nome che vogliamo ma Scilab, già, le attribuisce il nome da noi scelto nella redazione della funzione (ed è meglio mantenere quello). Una volta scritta e salvata la funzione, possiamo chiudere l'editore.

Quando vogliamo richiamare tale funzione è sufficiente, dalla finestra di comando di Scilab, scegliere «File» e «Execute...» selezionando poi, nella finestra di navigazione che si apre, la funzione che avevamo salvato.

N.B. 5.3. Una semplice scorciatoria per eseguire una funzione di Scilab direttamente dall'editore senza doverla salvare, è quella di scegliere «Esecuzione» e «Carica in Scilab». Questo comando è utile quando si sta creando una funzione e la si vuole modificare spesso; grazie ad esso, infatti, si può evitare di salvarla ed eserguirla su Scilab ogni volta che si effettua una modifica.

Una funzione si può anche richiamare in memoria con il comando `exec`. In questo caso, se la funzione `yahoo` era stata salvata nella *directory* «Finanza», l'operazione per richiamarla è la seguente (non mettendo il punto e virgola Scilab mostra tutto il contenuto della funzione).

```
-->exec('C:\Finanza\yahoo.sci');
-->
```

Così, adesso, siamo in grado di utilizzare la funzione yahoo ogni volta che ne abbiamo bisogno, anche dopo aver terminato e riaperto una sessione di Scilab.

N.B. 5.4. Quando si carica in memoria una funzione con il comando `exec`, Scilab ne controlla automaticamente la correttezza formale e, in caso questa non sia verificata, restituisce un messaggio di errore.

6
I grafici

6.1 Rappresentare graficamente i valori di borsa

Il comando più semplice per rappresentare su un grafico i dati contenuti nel vettore Sp è il seguente

plot(Sp)

Il risultato che si ottiene sui prezzi della Italcementi è riportato nella Figura 6.1.

Ai fini di un'analisi finanziaria, comunque, ci risulta più utile rappresentare i rendimenti del titolo. Per disegnarli si può ricorrere allo stesso comando (plot) nel quale, però, si inserisce il vettore Rp calcolato come

Rp=Sp(2:$,:)./Sp(1:$-1,:)-1

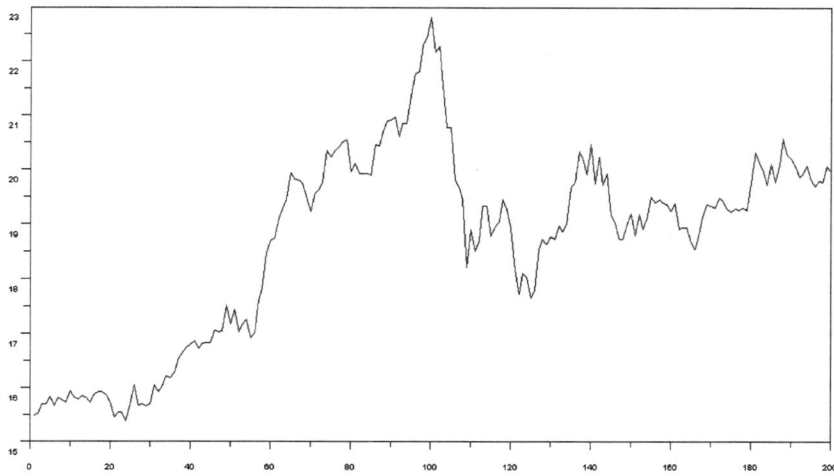

Figura 6.1. Prezzi dell'azione Italcementi

Menoncin F.: Misurare e gestire il rischio finanziario.
© Springer-Verlag Italia, Milano 2009

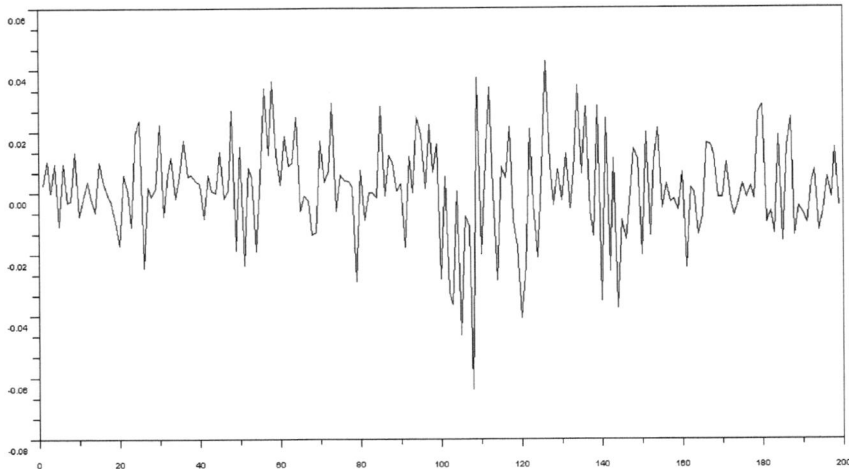

Figura 6.2. Rendimenti dell'azione Italcementi

Una volta chiesto di rappresentare i dati contenuti in Rp con il comando

plot(Rp)

si ottiene il grafico della Figura 6.2.

Dal grafico si nota immediatamente che i rendimenti dell'Italcementi (come tutti i rendimenti sui mercati finanziari) sono lungi dall'essere normali. In particolare sembrano notevolmente asimmetrici (i rendimenti negativi sono più frequenti di quelli positivi). Il picco di rendimento negativo che si verifica intorno al -6% non ha nessun corrispondente rendimento positivo.

Per osservare come si distribuiscano i rendimenti è utile disegnarli su un istogramma di frequenze. Il comando in Scilab è

histplot(n,Rp)

dove n è il numero di classi in cui si vuole dividere il fenomeno. Con $n = 30$ si ottiene il grafico della Figura 6.3.

Dall'istogramma di frequenze si nota quanto già argomentato in precedenza: la distribuzione dei rendimenti è asimmetrica con alte frequenze degli eventi estremi (code spesse).

6.2 Le opzioni grafiche

Fino ad ora si sono rappresentati i grafici senza fare ricorso a nessuna opzione particolare (riguardo, per esempio, le legende o i colori). Il primo comando che mostro qui serve per dare un nome al grafico e agli assi delle ascisse e

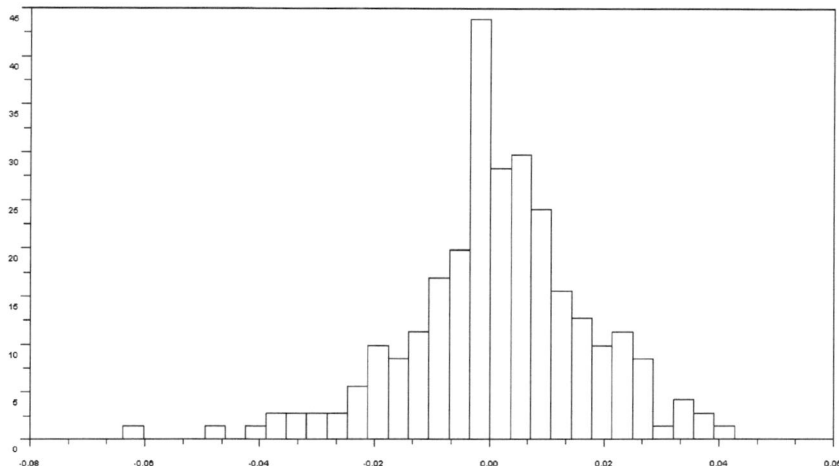

Figura 6.3. Istogramma di frequenza (su trenta classi) dei rendimenti dell'azione Italcementi

delle ordinate. Si tratta di xtitle che ha la seguente sintassi:

xtitle('titolo grafico','titolo asse x','titolo asse y')

Se non si vuole dare alcun titolo al grafico, all'asse delle ascisse o all'asse delle ordinate, basta lasciare uno spazio vuoto tra gli apici che dovrebbero contenere la relativa legenda. Nel caso non si voglia dare titolo al grafico, per esempio, il comando diviene

xtitle(' ','titolo asse x','titolo asse y')

Per disegnare il grafico dei prezzi della Italcementi (contenuti nel vettore Sp) mettendogli come titolo «Italcementi», la legenda «giorni» sull'asse delle ascisse e la legenda «prezzi» sull'asse delle ordinate bisogna, allora, scrivere il seguente comando.

```
-->xtitle('Italcementi','giorni','prezzi');
-->plot(Sp);
```

Il risultato è lo stesso che si è ottenuto nei paragrafi precedenti ma con le opportune legende.

Vediamo ora come ottenere grafici con linee di diverso colore e di diversa consistenza. Si utilizza comunque il comando plot ma, dopo una virgola, si introducono le opzioni nel modo seguente

plot(Sp,'coloretrattosimbolo')

dove non si devono usare gli spazi all'interno delle virgolette e dove:

1. `colore` deve contenere il nome, in inglese, di un colore (per esempio `red`, `yellow`, `green`, `cyan`);
2. `tratto` deve contenere uno o più caratteri convenzionali secondo il seguente schema

-	linea continua
- -	linea tratteggiata
:	linea punteggiata
-.	linea tratteggiata e punteggiata

3. `simbolo` deve contenere uno o più caratteri convenzionali che indicano come vengono contrassegnati, sul grafico, i valori:

+	con un più
o	con un cerchio
*	con un asterisco
.	con un punto
x	con una croce
s	con un quadrato (*square*)
d	con un rombo (*diamond*)
^	con un triangolo (vertice in alto)
v	con un triangolo (vertice in basso)
>	con un triangolo (vertice a destra)
<	con un triangolo (vertice a sinistra)
pentragram	con una stella a cinque punte

Queste opzioni possono essere combinate in tutti i modi possibili. Per esempio

<code>plot(Sp,'redpentragram')</code>

disegna i prezzi della Italcementi in rosso e rappresentati da stelle a cinque punte ma senza linee che congiungano tali valori. Se si vuole avere una linea continua che congiunge le stelle si può scrivere

<code>plot(Sp,'red-pentragram')</code>

Lascio al lettore il compito di divertirsi a combinare le diverse possibilità per creare i grafici che più gli piacciono.

Ciò che è importante segnalare è che tutte le modifiche appena viste, e modifiche anche più complesse, possono essere operate direttamente sul grafico, dopo che lo si è creato con il semplice comando `plot`, attraverso l'interfaccia che compare scegliendo, nella finestra del grafico, dal menu *Edit*, il comando *Figure properties*. La finestra che compare è quella riportata nella Figura 6.4.

Per visualizzare le proprietà degli assi del grafico basta selezionare il comando *Axes*. In questo modo compaiono le opzioni riportate nella Figura 6.5. Vediamo le principali.

Nella finestra di destra che si chiama *Object Properties*, si possono vedere sette cartelle. Le prime tre hanno i nomi degli assi su cui si può operare: X,

6.2 Le opzioni grafiche   65

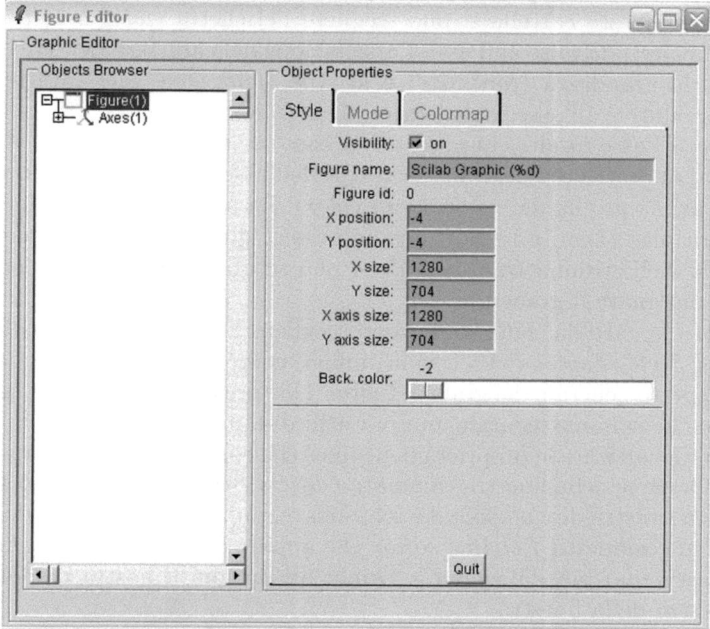

Figura 6.4. Il *Figure editor* della finestra grafica di Scilab

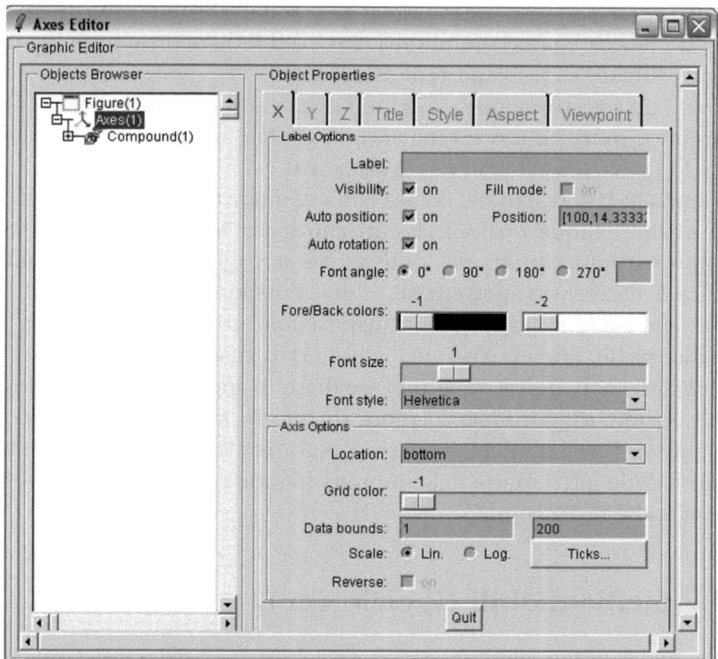

Figura 6.5. L'*Axes editor* della finestra grafica di Scilab

Y e Z. In queste cartelle si può scegliere l'etichetta (*label* o *text*, a seconda delle versioni) da dare agli assi, l'angolazione del carattere dell'etichetta (*font angle*), la grandezza (*font size*) e lo stile (*font style*) del carattere. Tra le opzioni relative all'asse considerato (*Axis Options*) si può scegliere se mettere (*location*) l'asse in alto, in mezzo o in basso se si tratta dell'asse X oppure a sinistra, al centro o a destra se si tratta dell'asse Y. Ancora si può scegliere il colore per la griglia dei valori (*grid color*). La scala può essere lineare (*Lin.*) o logaritmica (*Log.*) e i valori possono essere girati (*reverse*) da destra verso sinistra. Nell'opzione *Data bounds* si può scegliere l'intervallo (delle ascisse) su cui disegnare il grafico.

Sotto la cartella *Title* si possono scegliere le opzioni relative al titolo del grafico. *Style*, *Aspect* e *Viewpoint*, infine, contengono le opzioni da scegliere per l'aspetto generale del grafico. Invito il lettore a fare un poco di esperimenti da solo che saranno sicuramente più utili di lunghe spiegazioni.

Per visualizzare le proprietà delle linee che compongono la figura ci spostiamo nella parte della finestra chiamata *Objects Browser*, dove si può selezionare il «+» a sinistra di *Compound* e selezionare, poi, *Polyline*. Si accede, in questo modo, al cosiddetto *Polyline editor* che appare come nella Figura 6.6.

Osserviamo più da vicino le principali opzioni a nostra disposizione sul lato destro della finestra.

1. *Polyline style*: questo menu contiene sei possibili scelte che riguardano il modo in cui il grafico è tracciato. La forma standard per il grafico è «*interpolated*» con cui si indica che Scilab disegna una linea retta tra i punti che corrispondono ai dati. Invito il lettore a provare le altre opzioni per verificare se possono fare al caso suo.
2. *Line*: con questo menu si sceglie il tratto con cui disegnare il grafico (tratteggiato, punteggiato e così via). A destra si ha a disposizione l'opzione per lo spessore delle curve (lo standard è 1).
3. *Foreground*: si tratta del colore con cui viene disegnata la linea del grafico.
4. Le ultime cinque opzioni riguardano i *Mark* ovvero i simboli con cui si rappresentano i punti del grafico. Se si vogliono utilizzare queste possibilità è necessario mettere su «*on*» l'opzione *Mark mode*. Il *Mark style* contiene tutte le possibilità a disposizione per indicare i punti sul grafico (palle, stelle, croci e così via). Nel nostro caso il *Mark size* deve essere su «*tabulated*» e, a destra, si può scegliere lo spessore del simbolo. Le ultime due opzioni riguardano il colore di questo simbolo. In particolare *Mark foreground* indica il colore del simbolo mentre *Mark background* indica il colore delle parti vuote del simbolo, quando queste ci siano, come nel caso delle stelle o dei rombi.

6.3 Le medie mobili (il ciclo `for`)

Vi sono molti indici che si possono calcolare sui prezzi dei titoli per cercare informazioni circa il momento migliore per acquistare o vendere sul mercato

6.3 Le medie mobili (il ciclo for) 67

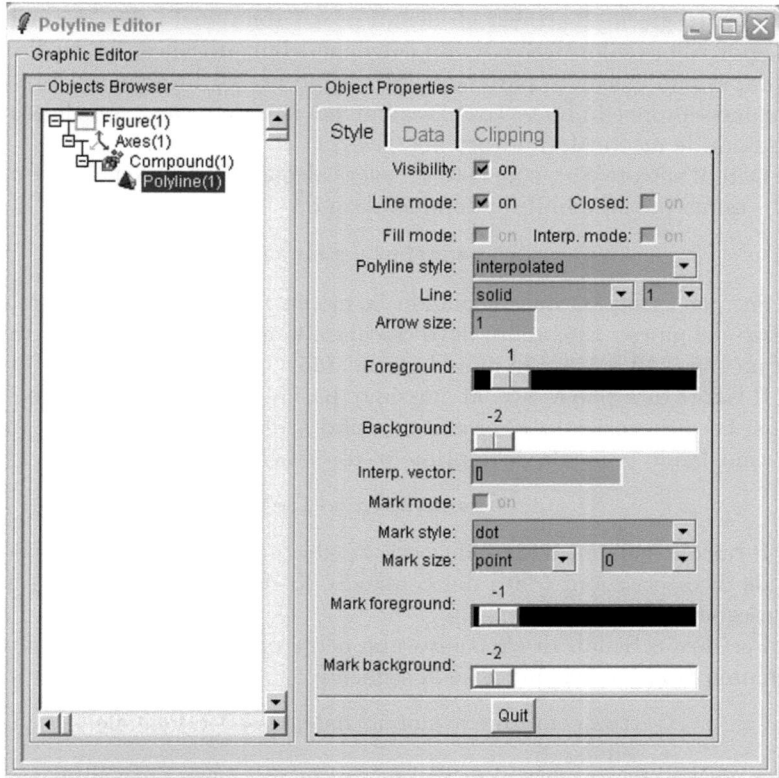

Figura 6.6. Il *Polyline editor* della finestra grafica di Scilab

finanziario. Uno di questi indici, che ho deciso di mostrare qui per la sua semplicità, è la *media mobile*.

Quando si ha la serie storica dei prezzi di un titolo (Sp), la media di tali prezzi si può calcolare con il comando **mean**. Essa, tuttavia, non ha un grande potere descrittivo (anzi, direi che non ha potere descrittivo alcuno). La situazione, tuttavia, cambia se si calcolano medie successive per periodi di tempo fissati. Per esempio, dati i 200 valori giornalieri del titolo Italcementi che abbiamo già in memoria, si può calcolare come si è evoluta nel tempo la media dei prezzi a 10 giorni. Per calcolare queste medie si prendono in esame i valori del vettore Sp dal primo fino al decimo e se ne calcola la media. Poi si prendono i valori dal secondo all'undicesimo e se ne calcola la media. Poi, ancora, i valori dal terzo al dodicesimo e così via. La media, dunque, si chiama «mobile» perché si sposta, mano a mano, l'intervallo di dati sul quale si calcola la media stessa (la numerosità dell'intervallo, invece, rimane sempre uguale).

Con il procedimento appena descritto, se si calcola una media mobile a 10 giorni, si perdono le ultime 9 osservazioni per le quali, in effetti, non esiste la media a 10 giorni. Tuttavia gli ultimi prezzi sono quelli che, per noi, hanno maggior valore informativo e non conviene «buttarli via». La media mobile, allora, si può calcolare partendo dall'ultimo prezzo anziché dal primo. Così vengono sempre eliminate 9 osservazioni ma, in questo caso, sono le più vecchie e, quindi, le meno rilevanti per noi.

Dato il vettore Sp e supposto di voler calcolare la media mobile a m giorni, la k−esima media mobile è, dunque, data da

`mean(Sp(k-m+1:k))`

Se, per esempio, sto calcolando la media mobile a 10 giorni relativa al prezzo del giorno 135, allora devo calcolare la media dei prezzi che vanno dal giorno $135 - 10 + 1 = 126$ fino al giorno 135.

Il valore di k può essere, al massimo, pari al numero complessivo di prezzi che si ha a disposizione e, al minimo, pari a m. Quando k vale m, infatti, si sta calcolando la media delle prime m osservazioni:

`mean(Sp(m-m+1:m))`

Il calcolo della media mobile, così, va effettuato per k che varia dal numero totale di osservazioni (dato dal comando, lo ricordo, `size(Sp,1)`) fino a m (proseguendo a ritroso).

Per dire a Scilab di effettuare una certa operazione tante volte esiste il comando `for`. La sua sintassi è la seguente:

```
for contatore=valoreiniziale:passo:valorefinale
  comandi
end
```

dove si è indicato con *contatore* la variabile che serve per contare il numero di volte per cui bisogna ripetere i comandi. Il *valoreiniziale* è il valore da cui occorre iniziare a contare. Nel nostro caso gli dobbiamo dare valore `size(Sp,1)` cioè il numero totale di osservazioni a nostra disposizione. Il *valorefinale* è il valore a cui occorre interrompere il conteggio. Nel nostro caso deve essere pari a m. Il *passo* indica di quanti valori occorre spostarsi di volta in volta mentre si conta. Nel nostro caso, poiché stiamo procedendo a ritroso, da un numero più grande fino a numero più piccolo, il passo sarà pari a -1 (indicando a Scilab che, ogni volta che ha terminato di svolgere i comandi, deve togliere una unità al contatore). Il passo, in un ciclo `for`, si può anche non indicare e, in questo caso, esso è assunto pari a 1 (cioè il contatore viene incrementato di un'unità a ogni passaggio). Ancora, il passo può essere un numero decimale. Per esempio, dire a Scilab di andare da 1 a 5 con passo 0.1 significa dirgli di contare per 50 volte (parte da 1, poi dà al contatore valore 1.1, poi 1.2 e così via fino a 4.8, 4.9 e 5).

Vediamo, ora, di capire quale deve essere il comando da ripetere. Con tale comando Scilab deve dare, all'elemento k−esimo del vettore della media mobile, il valore

`mean(Sp(k-m+1:k))`

6.3 Le medie mobili (il ciclo for)

Se vogliamo chiamare M il vettore che contiene le medie mobili, allora sembra ovvio inserire, nel ciclo for, il seguente comando

```
M(k,1)=mean(Sp(k-m+1:k));
```

Il ciclo for, allora, andrà scritto nel modo seguente:

```
for k=size(Sp,1):-1:m
    M(k,1)=mean(Sp(k-m+1:k));
end
```

Con questi comandi non abbiamo attribuito nessun valore ai primi $m-1$ elementi del vettore M. Ad essi Scilab dà, automaticamente, il valore zero. Il vettore M, così, conterrà i primi $m-1$ valori pari a zero e, poi, tutte le medie mobili che ci interessano.

Se si vogliono eliminare, dal vettore M, i primi zeri (che, in effetti, possono dare qualche fastidio quando si vuole creare un grafico) allora si può attribuire, ai primi $m-1$ elementi di M gli stessi valori dei prezzi originari. Il comando, dunque, dovrebbe essere

```
M(1:m-1)=Sp(1:m-1)
```

In questo modo per i primi $m-1$ elementi il grafico della media mobile si sovrappone al grafico del prezzo.

Non ci resta, così, che scrivere un'apposita funzione che ci permetta di calcolare la media mobile di un vettore di prezzi. Gli *input* di tale funzione dovranno essere il vettore dei prezzi e la durata che vogliamo dare alla media mobile. Come *output* avremo il vettore delle medie mobili. La funzione, dunque, può essere scritta nel modo seguente (utilizzando l'editor di Scilab).

```
function [M]=movav(Sp,m);
    for k=size(Sp,1):-1:m
        M(k,1)=mean(Sp(k-m+1:k));
    end
    M(1:m-1)=Sp(1:m-1);
endfunction
```

Si è deciso di chiamare la funzione movav dall'inglese *moving average*.

Salviamo la funzione e carichiamola in memoria con il comando «File» e «Execute...». Per calcolare le medie mobili a 10 e a 20 giorni sul titolo Italcementi e rappresentarle su uno stesso grafico insieme ai prezzi, possiamo dare a Scilab i seguenti comandi.

```
-->M10=movav(Sp,10); M20=movav(Sp,20);
-->plot([Sp,M10,M20]).
```

Il risultato è quello riportato nella Figura 6.7 (ho modificato lo spessore delle linee utilizzando la finestra grafica).

Le indicazioni relative alle strategie di acquisto e di vendita sono le seguenti.

1. La media mobile a breve incrocia, crescendo, la media mobile a lungo che sta crescendo: forte segnale di acquisto. È quello che succede intorno al trentesimo prezzo del grafico (e, in effetti, il segnale di acquisto si rivela essere fondato).
2. La media mobile a breve incrocia, crescendo, la media mobile a lungo che sta decrescendo: debole segnale di acquisto. È ciò che accade intorno al centosessantesimo prezzo. Dopo tale evento, infatti, il prezzo tende a oscillare sugli stessi valori.
3. La media mobile a breve incrocia, scendendo, la media mobile a lungo che sta crescendo: debole segnale di vendita. È quello che succede intorno al centocinquantesimo prezzo. La discesa successiva delle quotazioni, infatti, non è per nulla marcata.
4. La media mobile a breve incrocia, scendendo, la media mobile a lungo che sta decrescendo: forte segnale di vendita. È quello che accade intorno al centodiecesimo prezzo. Il segnale forte, infatti, è in concomitanza con una vertiginosa discesa delle quotazioni.

Nella Tabella 6.1 schematizzo quanto appena esposto nei punti precedenti. I segnali che provengono dalle medie mobili sono, in genere, molto buoni. L'unico problema, non da poco, è che arrivano in ritardo! Nella Figura 6.7, per esempio, il forte segnale di vendita che si ottiene intorno al centodiecesimo prezzo arriva quando la quotazione della Italcementi è già ampiamente scesa.

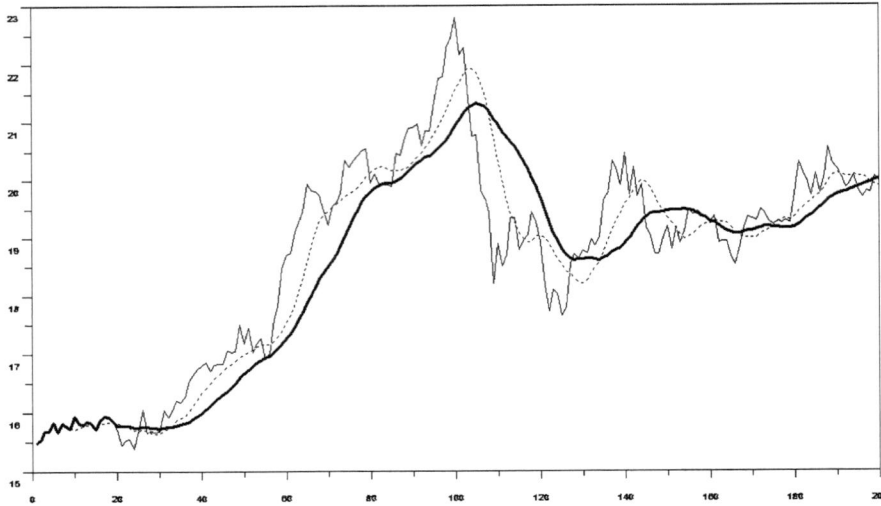

Figura 6.7. I prezzi dell'azione Italcementi, con la media mobile a 10 giorni (linea tratteggiata) e la media mobile a 20 giorni (linea in grassetto)

Tabella 6.1. Utilizzo delle medie mobili come segnalatori di acquisto e vendita

Incrocio delle medie in un punto in cui...		
media mobile a breve	media mobile a lungo	Segnale
Cresce	Cresce	Forte acquisto
Cresce	Decresce	Debole acquisto
Decresce	Cresce	Debole vendita
Decresce	Decresce	Forte vendita

Per ridurre questo problema si possono calcolare medie mobili più brevi (nel nostro caso potremmo prendere 5 giorni anziché 10) ma, in questo caso, si avrebbero più segnali di acquisto e di vendita e, dunque, si dovrebbero pagare più commissioni di transazione. Esiste, così, un chiaro *trade-off* tra la rapidità con cui si vuole avere un segnale e i costi di transazione. Tanto più rapido è il segnale, tanto più, anche, esso è frequente e tanto maggiore, dunque, è il suo costo in termini di riaggiustamento del portafoglio.

6.4 Le bande di Bollinger

Un altro indicatore grafico che si può ottenere a partire da una media mobile sono le cosiddette **bande di Bollinger**. Si tratta di ciò che un econometrico chiamerebbe **intervallo di confidenza**. Sul grafico dell'andamento dei prezzi di un titolo, al quale si è aggiunta una media mobile, le bande di Bollinger sono due curve che distano dalla media mobile, in più e in meno, per un multiplo dello scarto quadratico medio. Se definiamo M_m la media mobile a m giorni e V_m lo scarto quadratico medio (relativo, anch'esso, alle quotazioni di m giorni), allora le due bande di Bollinger sono date da $M_m + aV_m$ e $M_m - aV_m$ dove a è un parametro che, attraverso la disuguaglianza di Bienaymé-Cebicev, è correlato alla probabilità di trovare le quotazioni del titolo (S) all'interno dell'intervallo $[M_m - aV_m, M_m + aV_m]$.

Ricordo che la disuguaglianza di Bienaymé-Cebicev, per qualsiasi distribuzione possa avere la variabile aleatoria S, si esprime nel modo seguente:

$$\mathbb{P}\{M_m - aV_m < S < M_m + aV_m\} \geq 1 - \frac{1}{a^2},$$

dove $\mathbb{P}\{\cdot\}$ indica la probabilità di un evento.

Lo stesso John Bollinger suggerisce le seguenti combinazioni:

1. $m = 20$ e $a = 2$ nel caso standard;
2. $m = 10$ e $a = 1.9$ se si ha bisogno di inserire una media mobile più breve;
3. $m = 50$ e $a = 2.1$ se si ha bisogno di inserire una media mobile più lunga.

In Scilab sappiamo già come costruire una media mobile. Non ci resta che calcolare anche gli scarti quadratici medi e rappresentare graficamente le due curve aggiuntive.

Gli *input* della funzione dovranno essere i prezzi storici giornalieri (nel vettore *Sp*), la lunghezza della media mobile (che chiamo *m* come nel paragrafo precedente) e il fattore *a*. Per questa funzione (che, ovviamente, chiamo bollinger) non è necessario indicare nessuna variabile di *output* poiché si vuole semplicemente un *output* grafico.

In Scilab non esiste un comando specifico per calcolare lo scarto quadratico medio. Tuttavia si ha a disposizione il comando variance per calcolare la varianza. Lo scarto quadratico medio, così, sarà ottenuto come radice quadrata della varianza.

Il listato è il seguente.

```
function bollinger(Sp,m,a)
    for k=size(Sp,1):-1:m
        M(k,1)=mean(Sp(k-m+1:k));
        V(k,1)=sqrt(variance(Sp(k-m+1:k)));
    end
    M(1:m-1)=Sp(1:m-1);
    plot(Sp);
    plot(M,'green');
    plot([M+a*V,M-a*V],'red');
endfunction
```

All'interno del ciclo for si calcolano sia la media sia lo scarto quadratico medio, entrambi per una durata di m giorni. Subito dopo il ciclo, il vettore delle medie mobili viene integrato con i primi $m-1$ prezzi del titolo (in modo da non avere salti nella media). Lo stesso non si fa per il vettore delle volatilità; per esse, infatti, ci va bene che i primi $m-1$ valori siano nulli.

Alla fine del programma si danno tre comandi plot. Nel primo si disegnano i prezzi storici del titolo (Sp), nel secondo si disegna, in verde, la media mobile e, nel terzo, si disegnano, in rosso, le due bande di Bollinger (che distano dalla media a volte lo scarto quadratico medio).

N.B. 6.1. Faccio notare che per le prime $m-1$ osservazioni che hanno volatilità nulla, le bande di Bollinger coincidono con la media mobile (la quale è stata posta uguale ai prezzi del titolo).

Una volta salvata in memoria la funzione e richiamata con «Execute...», attraverso i comandi seguenti si ottiene, sul titolo Italcementi, il grafico della

6.4 Le bande di Bollinger

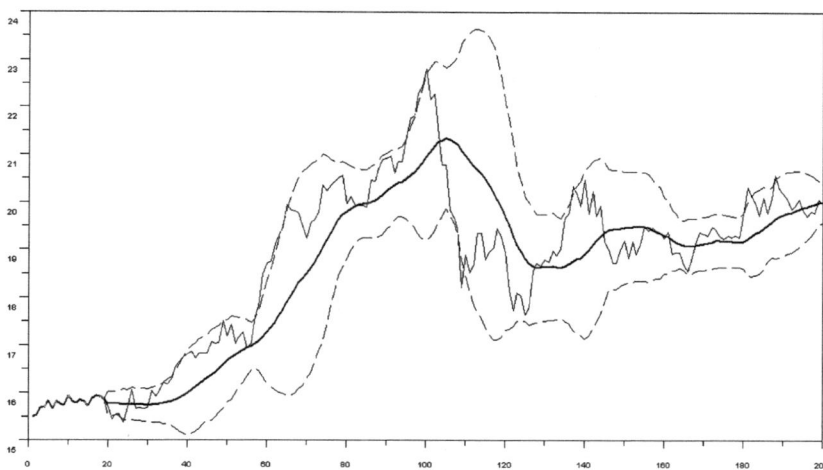

Figura 6.8. Bande di Bollinger sull'azione Italcementi, per una media mobile a 20 giorni e con parametro $a = 2$

Figura 6.8 (le linee qui sono tratteggiate e in grassetto per esigenze tipografiche mentre il grafico ottenuto dovrebbe essere colorato).

```
->bollinger(Sp,20,2)
->
```

Anche le bande di Bollinger, come le medie mobili, possono dare indicazioni circa il momento per l'acquisto o la vendita di un titolo. L'interpretazione è la seguente:

1. quando il prezzo esce dalla banda superiore e poi vi rientra, si ha un segnale di vendita poiché il rapido aumento del prezzo corrisponde a un successivo riaggiustamento che dovrebbe, dunque, indicare una possibile inversione di tendenza (verso il ribasso);
2. quando il prezzo esce dalla banda inferiore e poi vi rientra, si ha un segnale di acquisto poiché il rapido calo del prezzo corrisponde a un successivo riaggiustamento che dovrebbe, dunque, indicare una possibile inversione di tendenza (verso il rialzo).

Questi segnali, tuttavia, a detta dello stesso Bollinger, possono fuorviare l'operatore finanziario. Nel nostro caso, per esempio, vi sono numerosi segnali di acquisto o di vendita che non corrispondono, poi, a un rialzo o a un ribasso rispettivamente delle quotazioni. Bollinger, così, suggerisce di affiancare l'analisi delle bande ad altri indicatori.

6.5 Il *b* percentuale

Un altro metodo per rappresentare le indicazioni delle bande di Bollinger è quello di creare un indice, il cosiddetto *b* percentuale (indicato anche come %*b*), che valga più di 1 quando il prezzo sfora la banda superiore e che valga meno di 0 quando il prezzo sfora la banda inferiore. La sua formula analitica è

$$\%b = \frac{S - (M_m - aV_m)}{(M_m + aV_m) - (M_m - aV_m)} = \frac{S - (M_m - aV_m)}{2aV_m}.$$

Vediamo come creare, in Scilab, questo tipo di indice e confrontarlo con il grafico delle bande. Possiamo partire dalla funzione `bollinger` già realizzata alla quale si dovrà aggiungere ben poco:

1. un comando che crei l'indice *b* per tutta la serie temporale;
2. un comando che disegni l'indice *b* e lo confronti con le soglie 1 e 0.

Per il primo punto abbiamo solo una piccola difficoltà: i primi $m-1$ valori della volatilità sono nulli e, quindi, implicherebbero una divisione per zero. Dobbiamo, allora, attribuire direttamente valore 0 ai primi $m-1$ elementi del vettore *b* e, agli altri elementi, dare il valore della formula.

In Scilab esiste una funzione che crea una matrice di soli zeri:

```
zeros(righe,colonne)
```

Nel nostro caso, dunque, il comando per calcolare l'indice *b* si scrive come segue.

```
->b=[zeros(m-1,1);(Sp(m:$)-(M(m:$)-a*V(m:$)))./(2*a*V(m:$))];
```

Si osserva che i primi $m-1$ elementi di *b* sono tutti zeri e, i successivi elementi, sono quelli indicati dalla formula per il calcolo della quale si è usato il simbolo di frazione preceduto dal punto poiché la divisione deve essere effettuata elemento per elemento. Dei vettori *Sp*, *M* e *V* si sono presi solo gli elementi che vanno dal numero *m* fino all'ultimo.

Per poter rappresentare graficamente i valori di *b* basta il comando `plot`. Tuttavia, al fine di verificare meglio quando *b* supera le soglie 0 e 1, possiamo rappresentare, magari in rosso, due vettori che, delle stesse dimensioni di *Sp*, contengono solo zeri e solo 1. Sappiamo già come creare un vettore che contiene solo zeri. Per una qualsiasi matrice che contiene solo 1 il comando, in Scilab, è

```
ones(righe,colonne)
```

Ecco, allora, che i comandi per la rappresentazione grafica di *b* e delle due barriere sono i seguenti.

6.5 Il b percentuale

```
->plot(b);
->plot([zeros(size(Sp,1),1), ones(size(Sp,1),1)],'red');
```

Nel secondo comando `plot` si sono rappresentati due vettori che, con un numero di righe pari a quello del vettore Sp, contengono, rispettivamente, solo 0 e solo 1.

Al fine di poter confrontare meglio il grafico iniziale con il grafico dell'indice b possiamo sfruttare un utile comando di Scilab che è `subplot`. Esso permette di suddividere l'area grafica in più parti in modo da rappresentare, su una stessa schermata, più grafici. La sintassi è

subplot(righe,colonne,grafico attivo)

dove `righe` e `colonne` sono due numeri interi che indicano in quante righe e colonne, appunto, deve essere divisa l'area di lavoro. Per rappresentare, come nel nostro caso, due grafici uno sull'altro, necessitiamo di due righe e di una colonna sola. Se avessimo voluto affiancare i grafici verticalmente, avremmo avuto una riga sola e due colonne. Ancora, per una schermata con quattro grafici, avremmo due righe e due colonne.

L'ultimo elemento di `subplot` indica quale dei grafici è «attivo», cioè su quale dei grafici Scilab deve lavorare. Anche quest'ultimo elemento è un numero intero che va da 1 fino a `righe`×`colonne`. Nel caso si abbiano quattro grafici (e, quindi, due righe e due colonne) l'ultimo indice va da 1 a 4. Scilab enumera i grafici di `subplot` andando prima da sinistra a destra e poi dall'alto al basso. Di seguito mostro alcuni esempi:

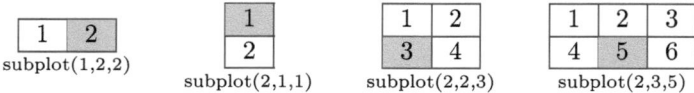

N.B. 6.2. Quando si usa `subplot` nella riga di comando di Scilab, il programma apre una finestra grafica vuota. Questa non deve essere chiusa. Occorre, semplicemente, ritornare sulla riga di comando e dire a Scilab che cosa desideriamo che mostri graficamente (con il comando `plot`).

Nel nostro caso, dunque, il grafico con le bande di Bollinger dovrà essere posto nella posizione `subplot(2,1,1)` mentre il grafico con l'indice b dovrà essere posto nella posizione `subplot(2,1,2)`.

Ecco, allora, che la funzione `bollinger` si può completare nel modo seguente.

```
function bollinger(Sp,m,a)
    for k=size(Sp,1):-1:m
        M(k,1)=mean(Sp(k-m+1:k));
        V(k,1)=sqrt(variance(Sp(k-m+1:k)));
    end
```

```
          M(1:m-1)=Sp(1:m-1);
          subplot(2,1,1);
          plot(Sp); plot(M,'green'); plot([M+a*V,M-a*V],'red');
          b=[zeros(m-1,1); ...
             (Sp(m:$)-(M(m:$)-a*V(m:$)))./(2*a*V(m:$))];
          subplot(2,1,2);
          plot(b);
          plot([zeros(size(Sp,1),1), ones(size(Sp,1),1)],'red');
      endfunction
```

Una volta salvata e richiamata, la funzione, applicata sempre al titolo Italcementi (con $m = 20$ e $a = 2$), restituisce il grafico della Figura 6.9.

Dal confronto tra i grafici appare evidente quanto si era già osservato algebricamente: l'indice b vale più di 1 ogni volta che il prezzo sfora la banda superiore e vale meno di 0 ogni volta che il prezzo sfora la banda inferiore.

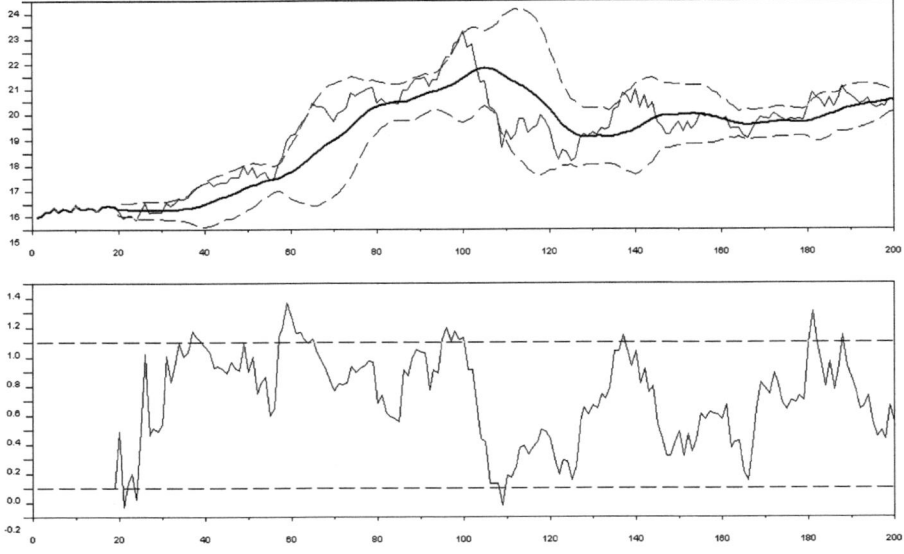

Figura 6.9. Bande di Bollinger e indice percentuale b a confronto sull'azione Italcementi, per una media mobile a 20 giorni e con parametro $a = 2$

7
Statistiche finanziarie

7.1 Le variabili aleatorie

Su Scilab si possono generare valori (pseudo) casuali estratti da diverse distribuzioni. Tuttavia a noi, per quanto mostrato in questo volume, interessa la distribuzione normale. Si può generare una matrice di valori estratti da una normale standard (con media 0 e varianza 1) attraverso il seguente comando:

$$\text{rand}(\textit{righe}, \textit{colonne}, \text{'normal'})$$

In Scilab esiste anche il comando

$$\text{grand(righe,colonne,'distribuzione',parametri)}$$

ovvero *generalized random*, che crea una matrice di valori generati da una distribuzione desiderata e con parametri desiderati. Per creare una matrice 100×10 di valori estratti da una normale con media 1 e scarto quadratico medio 0.1, il comando è

$$\text{grand(100,10,'nor',1,0.1)}$$

Passare da una normale standard a una normale con media e varianza qualsiasi, tuttavia, è estremamente facile. Se chiamiamo ε una variabile casuale normale standard, per ottenere una variabile normale con media μ e varianza σ è sufficiente costruire la variabile casuale

$$\mu + \sigma\varepsilon.$$

Noi, quindi, ci baseremo solo sulla distribuzione normale standard. Vediamo il caso in cui si generino cinque valori (in un vettore colonna) da una normale standard.

Menoncin F.: Misurare e gestire il rischio finanziario.
© Springer-Verlag Italia, Milano 2009

7 Statistiche finanziarie

```
-->N=rand(5,1,'normal')
N =
  - 0.7616491
    0.6755538
    1.4739762
    1.1443051
    0.8529775
-->
```

Tanto maggiore è il numero di estrazioni che si effettuano da una distribuzione e tanto migliore è l'approssimazione della distribuzione stessa. Lo vediamo con due esempi. Creiamo quattro vettori i cui elementi siano estratti da normali e che si diversifichino solo per il numero di elementi.

```
-->N1=rand(10,1,'normal');
-->N2=rand(100,1,'normal');
-->N3=rand(1000,1,'normal');
-->N4=rand(10000,1,'normal');
-->
```

Adesso, per poter confrontare su una stessa schermata gli istogrammi di frequenza delle quattro distribuzioni, si può utilizzare il comando subplot, già mostrato nel capitolo precedente.

Per rappresentare i quattro istogrammi usiamo i seguenti comandi.

```
-->subplot(2,2,1); histplot(30,N1)
-->subplot(2,2,2); histplot(30,N2)
-->subplot(2,2,3); histplot(30,N3)
-->subplot(2,2,4); histplot(30,N4)
-->
```

Si ottiene il grafico della Figura 7.1 dove si nota che, procedendo dall'alto a sinistra verso il basso a destra, quando aumenta il numero delle estrazioni migliora anche l'approssimazione che si sta facendo della distribuzione normale. A fini finanziari, così, sarà meglio simulare numeri elevati di variabili aleatorie, con l'unica controindicazione del tempo necessario per effettuare i calcoli.

7.2 Simulazione di processi stocastici

Una delle equazioni differenziali basilari per lo studio dei mercati finanziari è

$$dS(t) = S(t)\mu dt + S(t)\sigma dW(t), \qquad (7.1)$$

dove $S(t)$ è il prezzo di un titolo, $dW(t)$ è una variabile casuale distribuita normalmente, con media 0 e varianza dt, μ e σ sono due parametri che mi-

7.2 Simulazione di processi stocastici 79

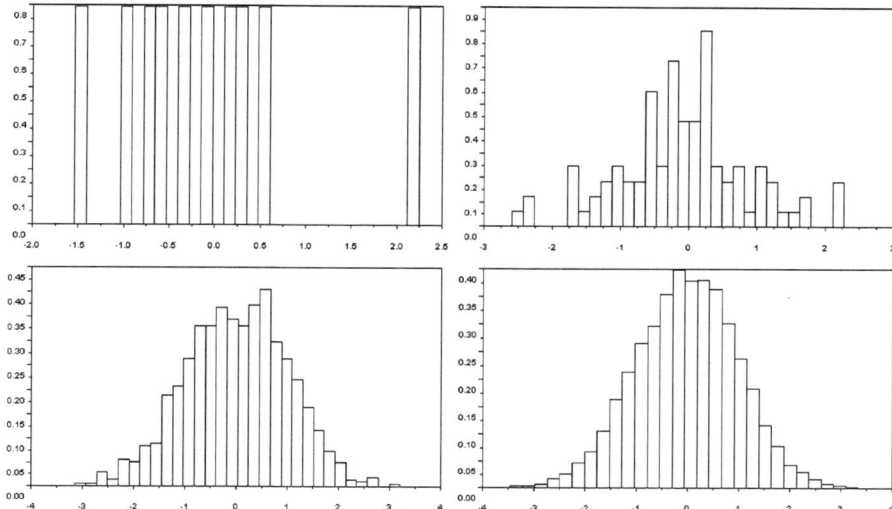

Figura 7.1. Istogrammi di frequenza di vettori di diversa numerosità

surano, rispettivamente, il rendimento medio e la volatilità del titolo. Si ha, infatti:

$$\mathbb{E}_t \left[\frac{dS(t)}{S(t)} \right] = \mu dt,$$

$$\mathbb{V}_t \left[\frac{dS(t)}{S(t)} \right] = \sigma^2 dt,$$

con $\mathbb{E}_t[\cdot]$ e $\mathbb{V}_t[\cdot]$ che indicano, rispettivamente, la media e la varianza.

Per simulare il percorso della variabile $S(t)$ dobbiamo discretizzarla. Esistono diversi metodi ma il più semplice è quello detto di Eulero.

Il metodo di Eulero prevede di riscrivere l'Equazione (7.1) nella forma

$$S(t+dt) = S(t) \cdot \mu \cdot dt + S(t) \cdot \sigma \cdot \varepsilon \cdot \sqrt{dt}, \quad (7.2)$$

dove ε è una variabile casuale normale standard (con media 0 e varianza 1).

Il processo è iterativo e prevede di conoscere il punto di partenza. Se si sa che $S(0) = S_0$ allora si può ottenere

$$S(1) = S(0) \cdot \mu \cdot dt + S(0) \cdot \sigma \cdot \varepsilon \cdot \sqrt{dt}.$$

Una volta ottenuto $S(1)$ si può ottenere $S(2)$ dall'equazione

$$S(2) = S(1) \cdot \mu \cdot dt + S(1) \cdot \sigma \cdot \varepsilon \cdot \sqrt{dt},$$

e così via per il periodo che si desidera. Se chiamiamo T la data finale e ogni periodo viene diviso in $\frac{1}{dt}$ parti, allora l'operazione iterativa appena mostrata deve essere effettuata un numero di volte pari a $\frac{T}{dt}$.

80   7 Statistiche finanziarie

Per esempio, se si pone $dt = \frac{1}{1000}$ (cioè si divide ogni periodo di tempo in 1000 parti), allora simulare il prezzo di un titolo per $T = 3$ anni, significa generare 3000 valori estratti da distribuzioni normali.

Per generare il processo S (formato, nell'esempio precedente, da 3000 valori) si usa un ciclo `for` il quale, lo sappiamo, serve per dire a Scilab di ripetere tante volte uno stesso comando.

Nel nostro caso i passaggi da effettuare sono i seguenti:

1. si introducono le variabili μ, σ, dt, T e S_0 (che sono gli *input* della funzione);
2. si genera un vettore di variabili casuali dW (nella forma $\varepsilon \cdot \sqrt{dt}$);
3. con il ciclo `for` si generano i valori di $S(i)$ facendo variare il contatore i;
4. come *output* della funzione si ha il vettore che contiene tutti i valori simulati del prezzo del titolo.

Il listato della funzione (che chiamiamo `euler`) è il seguente.

```
function [S]=euler(mu,sigma,dt,T,S0);
    dW=rand(T/dt,1,'normal')*sqrt(dt);
    S(1)=S0;
    for i=2:T/dt
        S(i)=S(i-1)+S(i-1)*mu*dt+S(i-1)*sigma*dW(i);
    end;
endfunction
```

Questi comandi si leggono nel modo seguente (riga per riga):

1. si definisce la funzione `euler` che, introdotti i parametri `mu`, `sigma`, `dt`, `T` e `S0` restituisce la variabile `S` (che sarà un vettore);
2. si crea un vettore `dW`, di dimensioni `T/dt`, che contiene elementi tratti da una normale (media 0 e varianza 1) moltiplicati per $\sqrt{dt}$;
3. al primo elemento del vettore `S` si attribuisce il valore `S0`;
4. per `i` che varia da 2 (il primo valore è già stato attribuito) fino a `T/dt` si generano i valori del vettore S, dati dalla (7.2);
5. si pone fine alla funzione con il comando `endfunction`.

Ora si salva questa funzione sotto il nome di euler (dal menu «file», «save as...») e la si esegue.

Nell'esempio che segue si è simulato il valore di un titolo con i seguenti parametri: il rendimento (μ) è del 7%, la varianza (σ^2) è 0.2^2, ogni periodo è stato diviso in 1000 sottoperiodi ($dt = \frac{1}{1000}$), si simula per un periodo di $T = 2$ anni e il valore iniziale dell'azione è $S_0 = 100$.

7.2 Simulazione di processi stocastici

```
-->S=euler(0.07,0.2,1/1000,2,100)
 S =
    100.
    99.677104
    99.415031
    98.287207
    98.320221
    98.618287
    98.790103
    98.928706
    98.204262
    98.34446
    98.856548
    99.708268
    99.180346
    98.279395
    97.814922
    97.087434
    97.221164
    97.348826
    98.336675
    99.363581
    100.13156
    100.29468
    100.47408
    100.49862
    100.7904
    100.86727
    100.15847
    100.41954
    100.84554
    100.0872
    100.26253
    100.00508
    99.485297
    98.922121
    99.163804
    98.233682
    98.384996
    97.785278
[Continue display? n (no) to stop, any other key to continue]
```

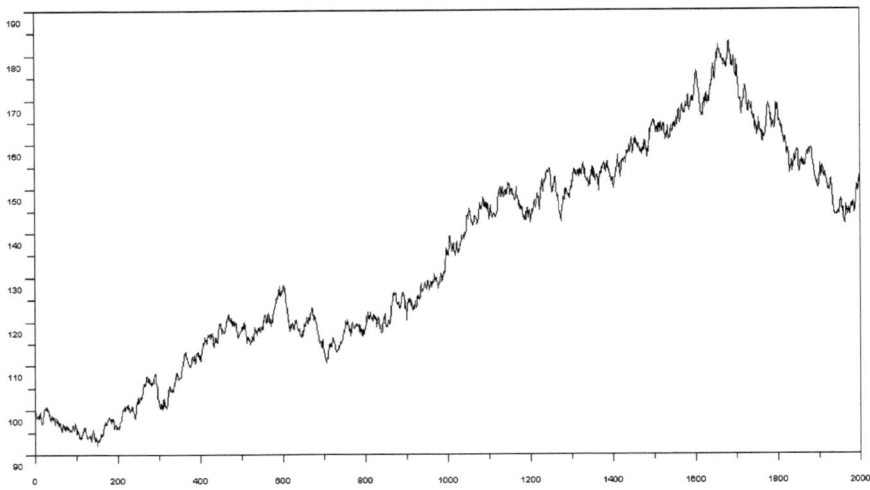

Figura 7.2. Simulazione di una traiettoria per il prezzo $S(t)$

Con il comando

plot(S)

si ottiene il grafico della Figura 7.2 che rappresenta solo una delle possibili (infinite) traiettorie del prezzo S.

Ripetendo la stessa sequenza di comandi (prima la funzione `euler` con gli stessi parametri e poi il `plot`) per altre dieci volte e senza chiudere la finestra grafica del programma, si ottiene il grafico della Figura 7.3.

Lo stesso risultato si potrebbe ottenere chiedendo a Scilab di ripetere per un certo numero di volte il comando `euler` archiviando all'interno di una matrice le colonne di valori ottenuti. Si dovrebbe, anche in questo caso, utilizzare il ciclo `for`.

Se chiamiamo Sim la matrice che contiene le simulazioni (e che avrà tante righe quanto è T/dt e tante colonne quante sono le simulazioni effettuate), il comando per produrre tale matrice è il seguente.

```
-->for i=1:10 Sim(:,i)=euler(0.07,0.2,1/1000,2,100); end
-->
```

Abbiamo chiesto a Scilab di creare 10 simulazioni attribuendo alla colonna i della matrice Sim, per i che varia da 1 fino a 10, i valori ottenuti dalla simulazione con la funzione `euler`. Noto che per indicare le righe della matrice Sim si sono utilizzati i due punti «:» ad indicare che il valore dell'*output* del programma `euler` deve essere attribuito a tutte le righe della matrice Sim (stiamo accostando dei vettori colonna). A questo punto è sufficiente il comando `plot(Sim)` per ottenere un risultato del tutto analogo a quello della Figura 7.3 ma nel quale ogni traiettoria è indicata con un colore diverso.

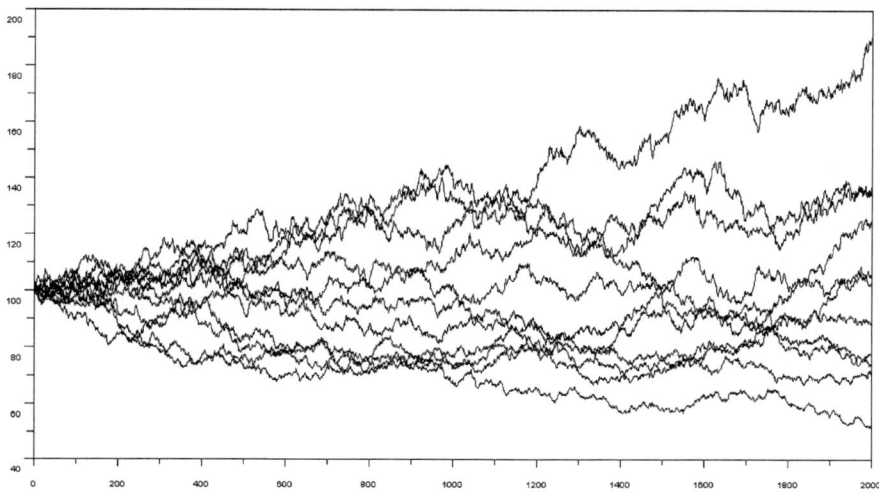

Figura 7.3. Simulazione di undici traiettorie per il prezzo $S(t)$

N.B. 7.1. Quando si chiede a Scilab di disegnare il contenuto di una matrice, il programma considera ogni colonna come una serie diversa di dati (i cui elementi sono contenuti nelle righe) e, dunque, disegna tante linee quante sono le colonne della matrice. Ogni linea viene disegnata in un colore diverso.

7.3 Una generalizzazione della funzione `euler`

La funzione scritta nel paragrafo precedente per la simulazione di un processo stocastico ci è utile solo se tale processo è un moto browniano geometrico. Le equazioni differenziali che possiamo essere chiamati a simulare, tuttavia, possono avere le forme più disparate. La forma generale è la seguente:

$$dx(t) = \mu(x(t))\,dt + \sigma(x(t))\,dW(t),$$

dove $\mu(x(t))$ e $\sigma(x(t))$ possono essere funzioni qualsiasi della variabile $x(t)$. Per ogni forma funzionale particolare della deriva e della diffusione, dunque, dovremo scrivere una funzione diversa.

Esiste un metodo per creare una funzione che accetti, come *input*, le forme funzionali della deriva e della diffusione, rendendo, dunque, la funzione `euler` estremamente duttile.

Il metodo è quello di definire la deriva e la diffusione come se fossero delle stringhe di caratteri e, poi, far valutare a Scilab tali stringhe.

Ciò che ci serve è un comando che, attraverso stringhe, definisca una funzione. La deriva $\mu(x(t))$ e la diffusione $\sigma(x(t))$, infatti, sono da considerarsi

84   7 Statistiche finanziarie

funzioni di $x(t)$. Tale comando è il seguente:

$$\text{deff('y=nome(x)','y=funzione')}$$

dove:

1. deff è il comando per definire una funzione (il comando function, già visto in precedenza, si usa, invece, per una sequenza di comandi);
2. nome è un qualsiasi nome di fantasia che si vuole dare alla funzione;
3. funzione è la funzione vera e propria nella variabile x.

Possiamo osservare che il comando deff accetta, come argomenti due stringhe, di caratteri (i suoi *input*, infatti, sono inseriti tra apici).

All'interno della nuova funzione euler, allora, possiamo inserire due volte il comando deff per definire la funzione della deriva e quella della diffusione. Se la deriva era stata introdotta come *input* della nuova funzione euler, allora abbiamo bisogno di un comando che permetta di concatenare due stringhe. In particolare, dobbiamo unire la stringa 'y=' con la stringa inserita negli input e pari alla funzione di deriva. Tale comando, in Scilab, è

$$\text{strcat([a,b])}$$

il cui nome viene dalle parole inglesi «*STRing*» [stringa] e «*conCATenate*» [concatenare]. Se, dunque, la deriva era stata definita come deriva tra gli *input*, allora il comando dovrà essere usato nel modo seguente:

$$\text{strcat(['y=',deriva])}$$

Allo stesso modo, poi, dovremo operare per la diffusione. Vediamo, di seguito, il comando euler opportunamente modificato che chiamo geuler (dove la «g» sta per «generalizzato»).

```
function [x]=geuler(deriva,diffusione,dt,T,x0);
    deff('y=mu(x)',strcat(['y=',deriva]));
    deff('y=sigma(x)',strcat(['y=',diffusione]));
    dW=rand(T/dt,1,'normal')*sqrt(dt);
    x(1)=x0;
    for i=2:T/dt
        x(i)=x(i-1)+mu(x(i-1))*dt+sigma(x(i-1))*dW(i);
    end;
endfunction
```

Poiché all'interno del comando deff ho utilizzato il nome «x» per indicare la variabile indipendente delle funzioni, allora anche nell'inserire gli *input* della funzione geuler, dobbiamo utilizzare stringhe che contengono, al posto della variabile da studiare, il nome «x».

Di seguito vediamo come poter effettuare le simulazioni di dieci traiettorie su un moto browniano geometrico che abbia deriva pari a $0.1x$ e diffusione pari a $0.2x$. Il risultato grafico è presentato nella Figura 7.4.

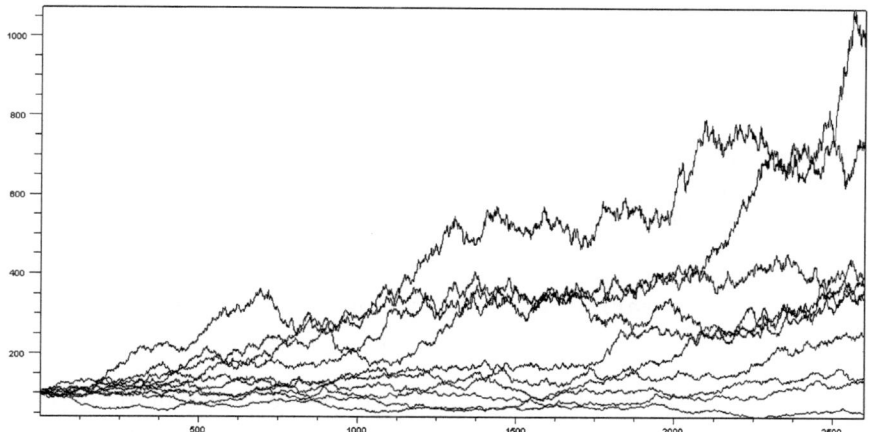

Figura 7.4. Simulazione di undici traiettorie per il prezzo $S(t)$

```
-->for i=1:10, x(:,i)=geuler('0.1*x','0.2*x',1/258,10,100);
end
-->plot(x)
-->
```

Nei comandi utilizzati per generare le simulazioni abbiamo utilizzato le virgolette per fare in modo che la deriva e la diffusione siano delle stringhe che, poi, Scilab rielabora opportunamente.

Qui abbiamo riproposto il moto browniano geometrico, tuttavia la nuova funzione `geuler` ci permette di simulare tantissime altre equazioni differenziali stocastiche.

7.4 La varianza statistica e quella campionaria

Prima di addentrarci nell'argomento della stima dei parametri di un modello stocastico è bene soffermarci, per il tempo di un paragrafo, sulla differenza esistente tra la varianza statistica e quella campionaria. Se si hanno n osservazioni, si distinguono:

1. **varianza statistica**: somma dei quadrati degli scarti del fenomeno dalla sua media, divisa per n;
2. **varianza campionaria**: somma dei quadrati degli scarti del fenomeno dalla sua media, divisa per $n-1$.

Quando non si conosce la media di un fenomeno e la si approssima con una sua stima, allora uno stimatore corretto della varianza del fenomeno è dato dalla varianza campionaria (e non dalla varianza statistica che, invece, è

7 Statistiche finanziarie

valida quando si conosce la media del fenomeno analizzato). La dimostrazione di questo risultato esula dagli scopi di questo volume. Tuttavia è importante ricordare che il comando

$$\texttt{variance(x)}$$

in Scilab, calcola la varianza campionaria degli elementi contenuti nel vettore x. Quando x è una matrice, invece, il comando richiede di indicare rispetto a quale dimensione si vuole calcolare la varianza (campionaria). Si dovrà quindi scrivere

$$\texttt{variance(x,'r')} \text{ oppure } \texttt{variance(x,1)}$$
$$\texttt{variance(x,'c')} \text{ oppure } \texttt{variance(x,2)}$$

per indicare di calcolare la varianza, rispettivamente, sulle righe o sulle colonne della matrice x.

Al contrario, se si desidera calcolare la varianza statistica, si deve ricorrere a un altro comando che è

$$\texttt{mvvacov(x)}$$

il quale calcola la matrice delle varianze e covarianze (statistiche e non campionarie) del vettore o della matrice x. In questo caso non bisogna precisare alcunché perché, nel caso in cui x sia una matrice, il comando assume automaticamente che le serie storiche siano riportate sulle colonne. Se $x \in \mathbb{R}^{r \times c}$, allora il comando mvvacov restituisce una matrice $c \times c$.

Vediamo la differenza di questi comandi sul semplice esempio del vettore colonna $x = \begin{bmatrix} 1 & 2 & 3 & 4 & 5 \end{bmatrix}'$.

```
-->x=[1 2 3 4 5]';
-->variance(x)
 ans =
    2.5
-->mvvacov(x)
 ans =
    2.
-->
```

Una volta che si moltiplica la varianza campionaria per $\frac{n-1}{n}$ si ottiene la varianza statistica. Anche in questo caso, infatti, si ha $2.5 \times \frac{5-1}{5} = 2$.

È importante sottolineare che, nel caso di un vettore, il comando variance calcola sempre la varianza (campionaria) dei suoi elementi, mentre il comando mvvacov calcola una matrice quadrata di dimensione pari al numero di colonne del vettore. Se x dell'esempio precedente, allora, fosse stato un vettore riga (con 5 colonne) avremmo ottenuto il seguente risultato.

```
-->mvvacov(x')
 ans  =
    0.  0.  0.  0.  0.
    0.  0.  0.  0.  0.
    0.  0.  0.  0.  0.
    0.  0.  0.  0.  0.
    0.  0.  0.  0.  0.
-->
```

Nel vettore x', infatti, il comando mvvacov legge che vi sono cinque serie storiche composte, ognuna, da un solo elemento ed aventi, dunque, varianza nulla.

N.B. 7.2. Poiché è prassi comune stimare i parametri dei processi stocastici utilizzando la varianza statistica, impiegherò sempre il comando mvvacov.

7.5 Stima dei parametri di un modello stocastico (il metodo dei momenti)

I parametri di un processo stocastico possono essere stimati in diversi modi. In questo paragrafo mostro il metodo dei momenti. Dato il processo stocastico (7.1) scelto per i prezzi dei titoli, possiamo calcolare i momenti teorici dei rendimenti i quali, ovviamente, saranno funzione dei parametri del modello. Sui dati del mercato finanziario, poi, si possono stimare gli stessi momenti e, uguagliandoli a quelli teorici, si può trovare un sistema di equazioni che andranno risolte in modo da ottenere, così, i parametri del modello.

Assumendo che il prezzo del titolo rischioso che stiamo considerando (la Italcementi) si comporti come descritto nell'Equazione (7.1), cioè abbia un tasso di crescita (μ) e una variabilità (σ) entrambi costanti, allora si può calcolare, grazie al lemma di Itô, che i rendimenti logaritmici dell'azione devono seguire il processo

$$d\ln S = \left(\mu - \frac{1}{2}\sigma^2\right) dt + \sigma dW,$$

da cui è chiaro che vale

$$\mathbb{E}_t\left[d\ln S\right] = \left(\mu - \frac{1}{2}\sigma^2\right) dt,$$
$$\mathbb{V}_t\left[d\ln S\right] = \sigma^2 dt.$$

Media e varianza della variabile $d\ln S$, dunque, sono funzioni dei parametri μ e σ. Se sul mercato finanziario si sono calcolate la media ($\hat{\mu}$) e la varianza ($\hat{\sigma}^2$) dei rendimenti logaritmici, per stimare i parametri μ e σ^2 basta uguagliare i primi due momenti teorici a quelli calcolati sui dati di mercato:

$$\left(\mu - \frac{1}{2}\sigma^2\right) dt = \hat{\mu},$$

$$\sigma^2 dt = \hat{\sigma}^2.$$

Tale sistema di due equazioni in due incognite ha la seguente soluzione:

$$\sigma^2 = \frac{\hat{\sigma}^2}{dt},$$

$$\mu = \frac{\hat{\mu}}{dt} + \frac{1}{2}\sigma^2.$$

Se nel modello avessimo avuto da stimare tre parametri, allora avremmo dovuto calcolare tre momenti.

Per i nostri calcoli ci occorrono i comandi: mean(x) che calcola la media degli elementi del vettore x e mvvacov(x) che ne calcola la varianza[1].

N.B. 7.3. I dati di borsa che abbiamo scaricato sono giornalieri e in un anno (ovvero un periodo) vi sono 258 giorni di borsa aperta. Per poter ricavare il rendimento medio e la varianza in termini annuali occorre, dunque, porre $dt = \frac{1}{258}$.

Il primo passo è quello di generare la serie delle differenze logaritmiche $d\ln S$. Per calcolare le differenze, in Scilab, si può ricorrere al comando che abbiamo già visto nelle sezioni precedenti oppure utilizzare un comando «prefabbricato» che è diff. Dato il vettore x, infatti, i due comandi seguenti sono del tutto identici

```
diff(x)
```

```
x(2:$)-x(1:$-1)
```

In questo modo si possono effettuare i seguenti passaggi.

```
-->dlnSp=diff(log(Sp));
-->sigma=sqrt(mvvacov(dlnSp)*258)
 sigma =
    0.2584688
-->mu=mean(dlnSp)*258+1/2*sigma^2
 mu =
    0.3627569
-->
```

L'azione in questione, dunque, ha reso in media il 36.28% annuale con una volatilità del 25.85% (ricordo al lettore che sui mercati finanziari, in genere,

---

[1] Si veda quanto esposto nel paragrafo precedente per la differenza tra il comando variance e il comando mvvacov.

7.5 Stima dei parametri di un modello stocastico (il metodo dei momenti)

il parametro σ assume un valore prossimo a 0.2 ovvero 20%). Provando a introdurre questi valori nella funzione `euler` che abbiamo creato in precedenza otteniamo delle traiettorie che rispettano l'equazione differenziale stocastica (7.1). Come punto di partenza del processo (S_0) prendiamo il primo valore della serie dei prezzi Italcementi ($Sp(1)$). In questo modo possiamo confrontare la serie effettiva dei prezzi con le simulazioni (facendole partire tutte dallo stesso valore).

I comandi per rappresentare, unitamente, tutte le simulazioni (facciamone 100) e i prezzi storici sono i seguenti.

```
-->for i=1:100 Sim(:,i)=euler(mu,sigma,1/258,200/258,Sp(1));
end
-->plot([Sim Sp])
```

In questo caso si sono simulati i valori del titolo Italcementi per 200 giorni che corrispondono a un $T = \frac{200}{258}$ (il rendimento medio e la varianza, infatti, sono annuali e, in un anno, vi sono 258 giorni di borsa aperta).

N.B. 7.4. Per poter disegnare su uno stesso grafico sia i valori contenuti nel vettore Sp (i prezzi storici) sia i valori contenuti nella matrice Sim (i prezzi simulati), tutti i valori sono stati riuniti in un'unica matrice con il seguente comando [Sim Sp].

La simulazione delle cento traiettorie conduce a una matrice Sim che è fatta nel modo seguente:

$$Sim = \begin{bmatrix} S_1(t) & S_2(t) & S_3(t) & ... & S_{100}(t) \\ S_1(t+dt) & S_2(t+dt) & S_3(t+dt) & ... & S_{100}(t+dt) \\ S_1(t+2dt) & S_2(t+2dt) & S_3(t+2dt) & ... & S_{100}(t+2dt) \\ ... & ... & ... & ... & ... \\ S_1\left(t+\frac{200}{258}\right) & S_2\left(t+\frac{200}{258}\right) & S_3\left(t+\frac{200}{258}\right) & ... & S_{100}\left(t+\frac{200}{258}\right) \end{bmatrix},$$
(7.3)

dove si è indicato con $S_i(t)$ il valore del titolo al tempo t e per la simulazione numero i.

Il risultato dei comandi è rappresentato nella Figura 7.5 dove ho segnato in grassetto il prezzo «vero» del titolo Italcementi e, in tondo, tutte le simulazioni (in Scilab il grafico verrà, invece, colorato). Il grafico che si ottiene viene chiamato «a coda di cavallo» e il motivo mi sembra ovvio.

In media le simulazioni riescono a catturare il prezzo del titolo anche se non sono in grado, ovviamente, di catturare i repentini cambiamenti nella media e nella varianza del rendimento del titolo. Il modello da cui siamo partiti, infatti, prevedeva media e varianza costanti (e pari, rispettivamente, a μ e σ^2). I valori dei prezzi più probabili sono quelli compresi nell'area dove si concentrano maggiormente le simulazioni. Dal grafico osserviamo che i prezzi «veri» compresi tra l'ascissa 60 e l'ascissa 100 non ricadono nell'area dove si concentrano maggiormente le simulazioni. Tali prezzi, dunque, non sono catturati dal modello con media e varianza costanti.

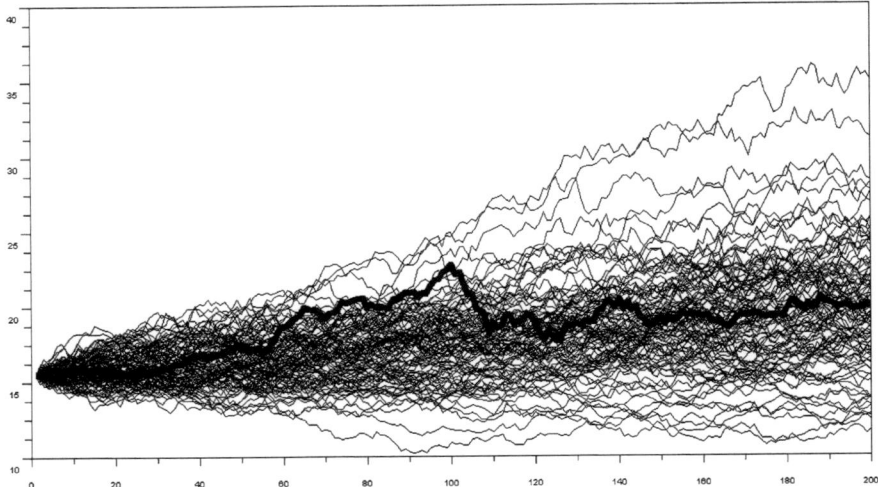

Figura 7.5. Simulazione di cento traiettorie per il prezzo Italcementi (prezzo vero in grassetto)

Per confrontare come si comporta l'azione Italcementi rispetto alla media delle cento simulazioni fatte, basta rappresentare, su un nuovo grafico, i prezzi Sp e le medie delle colonne della matrice Sim. Data la forma della matrice Sim (7.3), infatti, la media di ogni colonna restituisce il valore medio del prezzo S a un tempo diverso (su 100 simulazioni). Per ottenere tale media, che possiamo chiamare ESp (valore atteso o *expected value* di Sp), il comando è

ESp=mean(Sim,2)

dove il parametro 2 indica che la media va calcolata sulla seconda dimensione (colonne) della matrice Sim. Se avessimo inserito il parametro 1 Scilab avrebbe calcolato la media rispetto alle righe. Ecco i comandi.

```
-->M=mean(Sim,2);
-->plot([Sp M])
```

Si ottiene la Figura 7.6 dove si nota che la media delle simulazioni cattura l'andamento del prezzo delle Italcementi salvo il caso particolare dei mesi intermedi di quotazione dove i prezzi sono stati molto diversi dall'andamento medio.

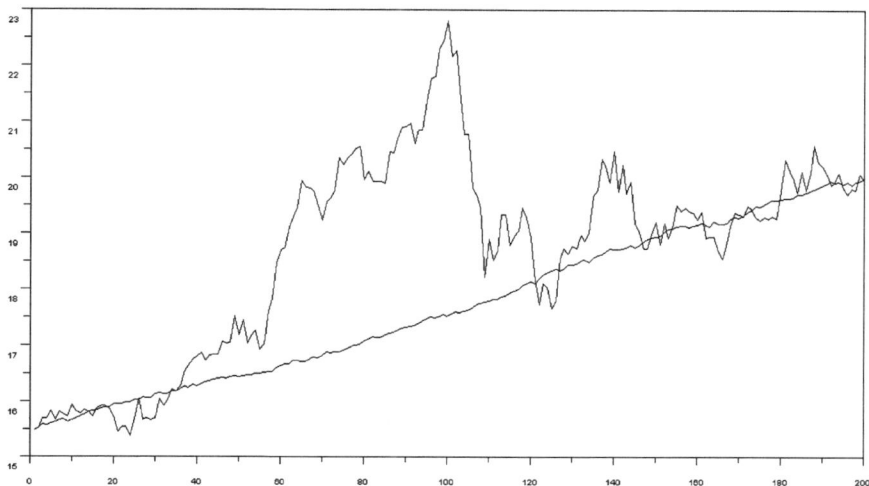

Figura 7.6. Confronto tra il prezzo della Italcementi (curva con più asperità) e la media di 100 simulazioni

7.6 Confronto tra soluzioni esatte e soluzioni numeriche

Nei paragrafi precedenti, per simulare i prezzi dei titoli non abbiamo avuto bisogno di trovare una soluzione algebrica all'equazione differenziale (7.1). Abbiamo potuto determinare i prezzi, infatti, tramite un processo iterativo. In effetti, nella maggior parte dei modelli finanziari è assai raro trovare la possibilità di risolvere un'equazione differenziale stocastica in forma chiusa. Tutte le equazioni, invece, si prestano a essere simulate.

Nel caso dell'Equazione (7.1) conosciamo anche la soluzione esatta e mi sembra interessante mostrare, in questo paragrafo, la bontà della simulazione rispetto alla soluzione esatta.

Data l'Equazione (7.1) del prezzo di un titolo si applica il lemma di Itô al suo logaritmo

$$d \ln S = \left(\mu - \frac{1}{2}\sigma^2\right) dt + \sigma dW,$$

e integrando entrambi i membri tra il tempo 0 e il tempo t si ottiene

$$S(t) = S(0) e^{\left(\mu - \frac{1}{2}\sigma^2\right)t + \sigma(W(t) - W(0))},$$

dove si assume $W(0) = 0$.

I dati di cui abbiamo bisogno per calcolare i valori $S(t)$ sono, per la maggior parte, gli stessi utilizzati nei paragrafi precedenti; dobbiamo solo capire come trovare il valore $W(t)$.

Nel paragrafo precedente si è già scritto $dW(t)$ come $\varepsilon \cdot \sqrt{dt}$ e poiché vale

$$\int_0^t dW(s) = W(t) - W(0), \qquad (7.4)$$

allora si può far calcolare a Scilab $W(t)$ come la somma cumulata di tutti i valori contenuti nel vettore $dW(t)$ – ricordo, infatti, che l'integrale è una somma e che vale $W(0) = 0$.

Il comando per calcolare la somma cumulata è

cumsum()

dall'inglese *cumulative sum*.

Se decidiamo di porre $dt = 1/1000$ e di creare 2000 valori della variabile normale standard ε (cioè di simulare due periodi) si possono scrivere i comandi seguenti.

```
-->dW=rand(2000,1,'normal')*sqrt(1/1000);
-->W=cumsum(dW);
```

Le variabili dW e W, così, sono due vettori colonna che contengono 2000 valori ciascuno e che si possono rappresentare graficamente con il comando plot. Ricordo che se l'argomento del comando è una matrice, Scilab disegna separatamente le colonne della matrice.

```
-->plot([dW,W])
```

Il risultato può essere come quello della Figura 7.7 dove, ovviamente, dW è la serie che si mantiene più vicina allo zero mentre W se ne discosta maggiormente (essendo pari alla somma delle dW).

Il risultato rappresentato nel grafico non ci deve trarre in inganno. La variabile aleatoria dW e la variabile W hanno la stessa media (uguale a zero). L'unica differenza nelle due variabili (entrambe normali) sta nella varianza. In effetti, anche nel grafico, W si discosta maggiormente dalla media.

Dal punto di vista teorico, poiché vale la (7.4), allora si ha (con $W(0) = 0$)

$$\mathbb{E}_t[W(t)] = \int_0^t \mathbb{E}_t[dW(s)] = 0,$$

$$\mathbb{V}_t[W(s)] = \mathbb{V}_t\left[\int_0^t dW(s)\right] = \int_0^t \mathbb{E}_t\left[dW(s)^2\right] = \int_0^t ds = t.$$

La varianza di dW, così, è pari a dt mentre la varianza di W è pari a t.

Se proviamo a rappresentare un numero maggiore di periodi per dW e W (per semplificare i calcoli aumentiamo anche dt e lo poniamo pari a 1) attraverso i comandi che seguono, otteniamo il grafico della Figura 7.8 dove si vede che anche W tende a tornare sulla sua media pari a zero.

7.6 Confronto tra soluzioni esatte e soluzioni numeriche

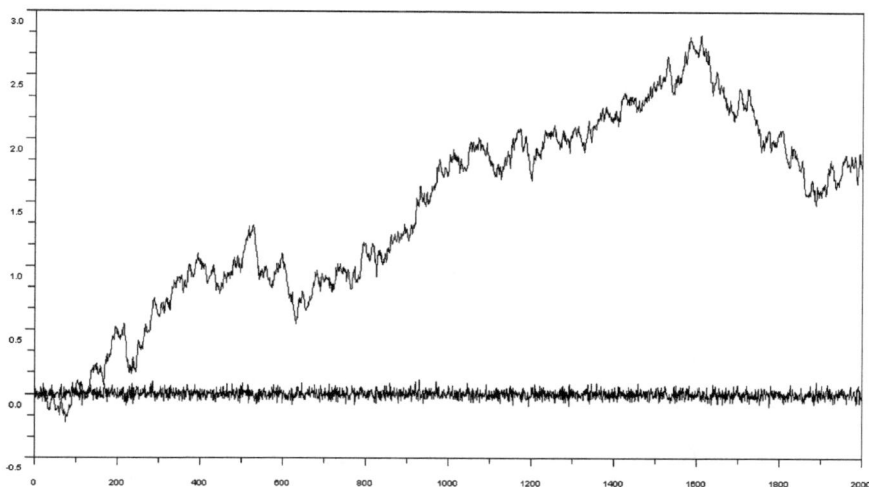

Figura 7.7. Confronto tra valori simulati di dW e di W per 2 periodi divisi, ciascuno, in 1000 parti

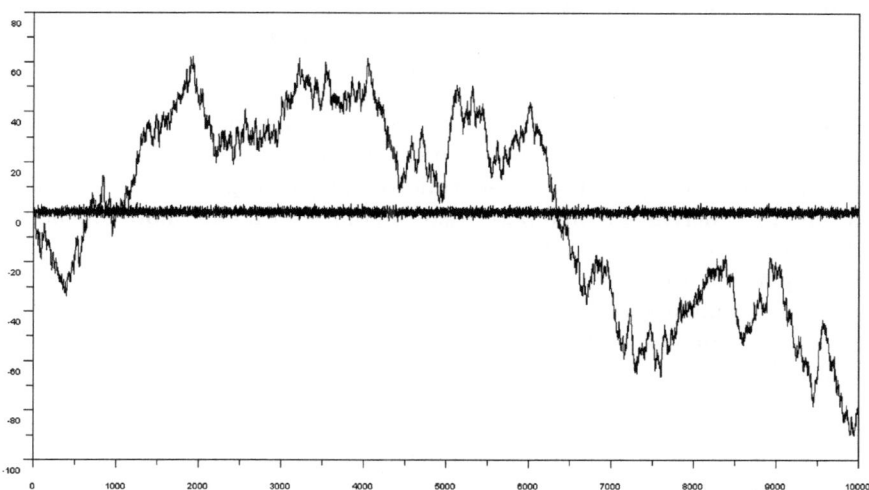

Figura 7.8. Confronto tra valori simulati di dW e di W per 10000 periodi

```
-->dW=rand(10000,1,'normal');
-->W=cumsum(dW);
-->plot([dW,W])
```

Adesso che abbiamo capito come costruire dW e W, possiamo scrivere una funzione per confrontare la soluzione simulata e la soluzione esatta dell'equazione differenziale (7.1).

```
function [S,Sv]=eulercfr(mu,sigma,dt,T,S0);
    dW=rand(T/dt,1,'normal')*sqrt(dt);
    W=cumsum(dW);
    S(1)=S0;
    Sv(1)=S0;
    for i=2:T/dt
        S(i)=S(i-1)+S(i-1)*mu*dt+S(i-1)*sigma*dW(i);
        Sv(i)=S0*exp((m-1/2*s^2)*i*dt+s*W(i));
    end;
endfunction
```

La funzione `eulercfr` richiede gli stessi dati dalla funzione `euler` ma restituisce due vettori, quello (S) dei prezzi calcolati con la soluzione numerica dell'equazione differenziale e quello (Sv) contenente i prezzi calcolati con la soluzione in forma chiusa dell'equazione.

N.B. 7.5. Nel caso qui analizzato, il fatto di conoscere la soluzione esplicita dell'equazione (7.1) non sembra esserci particolarmente utile poiché, infatti, non permette un sostanziale risparmio di calcoli. Si pensi, tuttavia, al caso di un titolo derivato (come può essere un'opzione) il cui valore dipenda solo dal prezzo del titolo S a una certa scadenza T. Se si conosce la soluzione dell'equazione dinamica del prezzo S allora si può calcolare il valore $S(T)$ con una formula sola mentre, se bisogna ricorrere alla simulazione, diviene necessario simulare tutti i prezzi, da quello al tempo iniziale fino a quello al tempo T.

Per poter osservare graficamente quanto è buona l'approssimazione possiamo far girare quattro volte la funzione `eulercfr` con parametri sempre uguali (prendiamo $\mu = 0.1$, $\sigma = 0.2$, $T = 1$ e $S_0 = 100$) tranne per dt a cui facciamo successivamente assumere i valori $\frac{1}{2}$, $\frac{1}{10}$, $\frac{1}{100}$ e $\frac{1}{1000}$. Per mettere meglio a confronto i grafici, poi, utilizziamo il comando `subplot`.

Ricordiamoci, ovviamente, di salvare la funzione `eulercfr` e di caricarla in Scilab con il comando `exec`.

7.6 Confronto tra soluzioni esatte e soluzioni numeriche

```
-->[S1,Sv1]=eulercfr(0.1,0.2,1/2,1,100);
-->[S2,Sv2]=eulercfr(0.1,0.2,1/10,1,100);
-->[S3,Sv3]=eulercfr(0.1,0.2,1/100,1,100);
-->[S4,Sv4]=eulercfr(0.1,0.2,1/1000,1,100);
-->subplot(2,2,1); plot([S1,Sv1]);
-->subplot(2,2,2); plot([S2,Sv2]);
-->subplot(2,2,3); plot([S3,Sv3]);
-->subplot(2,2,4); plot([S4,Sv4]);
```

Il grafico delle traiettorie ottenute con questi comandi è riportato nella Figura 7.9. In grassetto è indicato il prezzo dato dalla soluzione esatta dell'equazione differenziale. Come ci si poteva aspettare, l'approssimazione ottenuta con la soluzione numerica è tanto migliore quanto più piccolo è dt (dal punto di vista teorico, infatti, dt dovrebbe tendere a zero). Nell'ultimo grafico in basso a destra, dove $dt = \frac{1}{1000}$, i valori esatti e quelli ottenuti dalla soluzione numerica sono molto prossimi. Per valori di dt ancora più piccoli i valori divengono quasi indistinguibili.

Il problema computazionale sorge quando T è grande e dt è molto piccolo. Il numero di simulazioni da effettuare (pari a T/dt) diviene, infatti, estremamente elevato e può occupare il computer anche per un periodo di tempo considerevole.

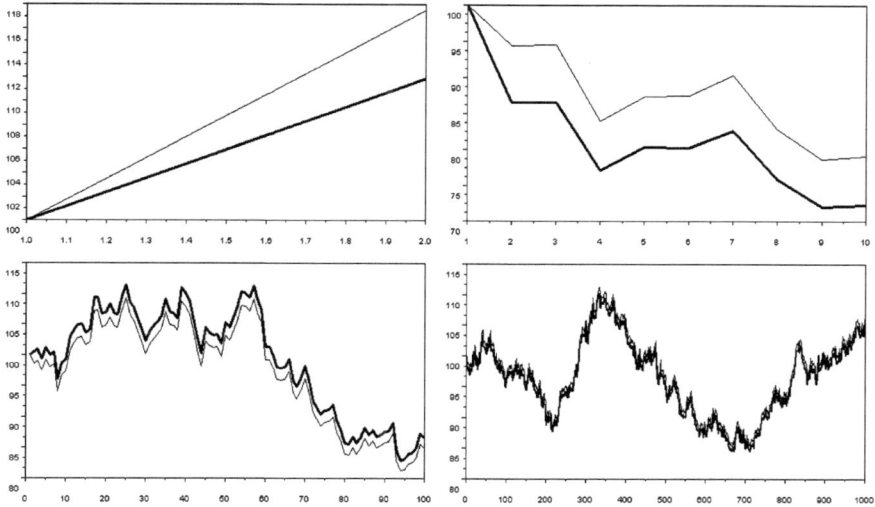

Figura 7.9. Confronto tra soluzione esatta (in grassetto) e soluzione numerica di un'equazione differenziale stocastica per diversi valori di dt

7.7 Uniformare i dati di più titoli

Quando si scaricano da internet i dati relativi a più titoli è assai probabile che i giorni di quotazione non coincidano. Alcuni titoli, per esempio, possono essere stati sospesi in alcuni giorni oppure le loro quotazioni storiche possono iniziare da una data più avanzata rispetto a quella di altri titoli. Tutto questo può creare problemi notevoli quando, per esempio, si devono studiare le correlazioni tra i titoli.

In questo paragrafo mostro come creare una funzione che ci permetta di estrarre, da serie di più prezzi, solo quei valori per i quali le date di quotazione sono uguali.

Ipotizzando di lavorare su due matrici di prezzi che contengono le date di quotazione nella prima colonna e le quotazioni stesse nella seconda, il processo logico che ispira la funzione è il seguente:

1. si prende ogni data di una delle due serie e si verifica se tra le date dell'altra serie ne esiste una uguale;
2. se si trovano due date uguali allora si mettono i due prezzi corrispondenti all'interno della stessa matrice di prezzi, altrimenti non si effettua nulla.

Al fine di determinare se una certa data per uno dei due titoli esista anche per il secondo titolo utilizziamo la funzione find che ha la seguente sintassi

$$[r,c]=find(condizione)$$

dove r e c sono le coordinate (la riga e la colonna) degli elementi che verificano la condizione specificata all'interno della funzione la quale può essere scritta su scalari, vettori o matrici. Sia r sia c sono vettori riga che hanno, ovviamente, le stesse dimensioni. Quando non esiste nessun elemento che soddisfaccia la condizione, allora r e c sono vettori vuoti (che Scilab indica con due parentesi quadre all'interno delle quali non vi è nulla []).

Vediamo un semplice esempio di come funziona il comando find creando un vettore di 10 variabili aleatorie estratte da una normale.

```
-->k=rand(10,1,'normal')
 k =
   - 0.7616491
     0.6755537
     1.4739762
     1.1443051
     0.8529775
     0.4529708
     0.7223316
     1.9273333
     0.6380837
   - 0.8498895
```

```
-->[r,c]=find(k>0.5)
 c =
    1.    1.    1.    1.    1.    1.    1.
 r =
    2.    3.    4.    5.    7.    8.    9.
-->[r,c]=find(k<-1)
 c =
    []
 r =
    []
-->
```

La prima volta che si è utilizzato find si è chiesto a Scilab di trovare gli elementi, all'interno del vettore k, che sono maggiori di 0.5. Scilab restituisce i seguenti vettori

$$c = \begin{bmatrix} 1 & 1 & 1 & 1 & 1 & 1 & 1 \end{bmatrix},$$
$$r = \begin{bmatrix} 2 & 3 & 4 & 5 & 7 & 8 & 9 \end{bmatrix},$$

volendoci così dire che l'elemento $k(1,2)$ (dove 1 è il primo elemento del vettore c e 2 è il primo elemento del vettore r) supera 0.5, così come gli elementi $k(1,3)$, $k(1,4)$ e così via. All'interno di c ed r, così, si devono leggere le coordinate degli elementi che soddisfano la condizione richiesta.

L'argomento del comando find può contenere anche più condizioni attraverso l'utilizzo dell'operatore logico

&

che corrisponde alla congiunzione «e» oppure dell'operatore logico

|

che corrisponde alla congiunzione «o».

```
-->[r,c]=find(k>0.5 & k<1)
 c =
    1.    1.    1.    1.
 r =
    2.    5.    7.    9.
-->[r,c]=find(k>1 | k<0)
 c =
    1.    1.    1.    1.    1.
 r =
    1.    3.    4.    8.    10.
-->
```

7 Statistiche finanziarie

Con il primo comando si sono cercati gli elementi del vettore k che soddisfacevano, contemporaneamente, le condizioni di essere maggiori di 0.5 e minori di 1 (e se ne sono trovati 4). Nel secondo comando, invece, si sono cercati gli elementi di k che soddisfacevano le condizioni di essere maggiori di 1 oppure minori di 0 (e se ne sono trovati 5).

Adesso, nello specifico del nostro caso, si dovrà utilizzare un ciclo `for` che permetta di confrontare le date di una serie finanziaria con tutte le date dell'altra serie. All'interno del ciclo, poi, ci sarà una condizione (`if`) in modo da estrarre i prezzi dei titoli (presenti nella seconda colonna di ogni serie) se si trovano due date che coincidono.

Vediamo il listato della funzione seguito da un dettagliato commento (chiamo la funzione `cfr` dall'abbreviazione di «confronta»).

```
function [z]=cfr(x,y);
    z=[];
    for i=1:size(x,1)
        [r,c]=find(y==x(i,1));
        if r<>[] then z=[z; x(i,:), y(r,2)]; else end;
    end
endfunction
```

1. Gli *input* della funzione sono i due vettori dei prezzi che, ricordo, devono contenere le date nella prima colonna e le quotazioni nella seconda colonna;
2. l'*output* è la matrice z che conterrà tutti i prezzi dei titoli per i quali coincidono le date di quotazione;
3. la matrice z viene inizialmente definita come una matrice vuota;
4. il ciclo `for` effettua i comandi tante volte quante sono le righe della matrice x;
5. a ogni ciclo si cercano le coordinate (r, c) dell'elemento di y che è uguale alla data desiderata di x (nella prima colonna di x);
6. se r è vuoto, cioè non esistono, nella matrice y, date uguali a quelle della matrice x, allora non facciamo nulla;
7. se r non è vuoto (cioè è diverso da []) allora si inseriscono nella matrice z il prezzo e la data di x e il prezzo di y che corrisponde alla stessa data di x (le righe già selezionate di z rimangono uguali e vengono poste come righe iniziali della nuova matrice z).

Per verificare che la funzione operi a dovere possiamo generare due piccole matrici e applicarla a queste. Creiamo, per esempio, le seguenti matrici:

	x		y
1	10.5		
2	11	1	24.5
3	10.8	3	24.8
4	11.1	5	25
5	11.2		

7.7 Uniformare i dati di più titoli

dove supponiamo che la prima colonna di entrambe contenga le date. Nell'esempio, dunque, per i giorni 2 e 4 il titolo x è quotato mentre il titolo y non lo è.

```
-->x=[1 10.5
-->2 11
-->3 10.8
-->4 11.1
-->5 11.2]
 x  =
     1.       10.5
     2.       11.
     3.       10.8
     4.       11.1
     5.       11.2
-->y=[1 24.5
-->3 24.8
-->5 25]
 y  =
     1.       24.5
     3.       24.8
     5.       25.
-->
```

Dall'utilizzo della funzione mi aspetto che le matrici x e y vengano «fuse» nella matrice z che ha i seguenti elementi:

\multicolumn{3}{c}{z}		
1	10.5	24.5
3	10.8	24.8
5	11.2	25

Vediamo cosa accade su Scilab dopo aver richiamato la funzione `cfr`.

```
-->z=cfr(x,y)
 z  =
     1.       10.5      24.5
     3.       10.8      24.8
     5.       11.2      25.
-->z=cfr(y,x)
 z  =
     1.       24.5      10.5
     3.       24.8      10.8
     5.       25.       11.2
-->
```

Dalla funzione otteniamo proprio il risultato che volevamo. L'ho richiamata due volte per mostrare che è indifferente, ovviamente, l'ordine con cui si inseriscono le matrici x e y all'interno della funzione.

Ora ci possiamo domandare come gestire il confronto tra più di due serie di titoli. Qui il problema è quello di effettuare il confronto tante volte quante sono le serie su cui vogliamo lavorare. Quindi, vogliamo scrivere una funzione che possa ricevere un numero qualsiasi di *input* (non conoscendo a priori quante serie desidereremo confrontare in futuro). Quando non si conosce, a priori, il numero di variabili di *input* per una funzione, Scilab dispone di una variabile molto utile:

varargin

il cui nome viene dalle parole anglosassoni *variables-argument-input*. Questa variabile si può inserire tra gli *input* di una funzione nel modo seguente:

$$\text{function [outputs]=nome(} \underbrace{\text{inputs}}_{\text{supponiamo } n \text{ input}} \text{ ,varargin)}$$

e non è definita se si inseriscono nella funzione n *input* (o meno). Se, invece, si inseriscono m *input* (con $m > n$), varargin diviene una lista di variabili che ha dimensione $m - n$ e che contiene gli *input* aggiuntivi.

Nel nostro caso, dunque, possiamo utilizzare solo varargin e lasciare del tutto libero il numero di elementi da poter inserire nella funzione che stiamo per creare. Questa funzione, poi, conterrà, al suo interno, la funzione cfr che abbiamo creato poco sopra.

Vediamo il listato della nuova funzione con i commenti a seguire.

```
function [Sp]=cfr(varargin);
    //
    // si inserisce la funzione per
    // confrontare due sole serie
    //
    function [z]=cfr2(x,y);
        z=[];
        for i=1:size(x,1)
            [r,c]=find(y==x(i,1));
            if r<>[] then z=[z; x(i,:), y(r,2)]; else end;
        end
    endfunction
    //
    Sp=varargin(1);
    for k=2:size(varargin)
        Sp=cfr2(Sp,varargin(k));
    end;
endfunction
```

N.B. 7.6. Quando all'interno di una funzione si vogliono usare altre funzioni (sub-funzioni), occorre inserire le sub-funzioni all'inizio della funzione, come si è fatto nel listato precedente.

1. Come *input* della funzione si è utilizzato solo `varargin`, in questo modo si possono inserire tutte le serie desiderate;
2. si è poi inserita la funzione `cfr`, chiamandola `cfr2` poiché il nome `cfr` è stato assegnato alla nuova funzione;
3. all'*output* (*Sp*) si è attribuito, per iniziare i cicli di confronto, il valore del primo argomento e, quindi, `varargin(1)`;
4. si attribuisce alla variabile *Sp* il risultato di ogni confronto; in questo modo il confronto successivo viene effettuato tra una nuova serie di dati e tutte le precedenti già «depurate» delle quotazioni per le quali le date non coincidono.

Per verificare la funzione introduciamo un altro titolo che ha le seguenti quotazioni

	w
1	100
5	200

nelle date 1 e 5 (quindi questo titolo è poco quotato rispetto ai primi due nelle matrici x e y).

```
-->w=[1 100
-->5 200]
 w =
    1.    100.
    5.    200.
-->
```

Una volta salvata in memoria e richiamata la funzione `cfr` si può verificare che essa funzioni a dovere effettuando i confronti tra x, y e w.

```
-->cfr(x,y,w)
 ans =
    1.    10.5    24.5    100.
    5.    11.2    25.     200.
-->cfr(y,w,x)
 ans =
    1.    24.5    100.    10.5
    5.    25.     200.    11.2
-->cfr(w,x)
 ans =
    1.    100.    10.5
    5.    200.    11.2
-->cfr(w,y)
```

```
ans  =
  1.    100.    24.5
  5.    200.    25.
-->
```

Una volta importate le quotazioni dal *file* CSV scaricato da yahoo, è meglio utilizzare la funzione `cfr` per confrontare tra loro i titoli prima di aver trasformato i prezzi in numeri attraverso la funzione `evstr`. Essa, infatti, altera le date in un modo che potrebbe essere dannoso per il confronto. Il mio suggerimento, dunque, è quello di:

1. importare i *file* CSV tramite la funzione `excel2sci`;
2. creare delle matrici che contengano solo la prima e la quinta colonna di ogni matrice importata;
3. confrontare tra loro tutte le matrici così create e inserire l'*output* nella matrice Sp;
4. a questo punto, dalla matrice Sp si può eliminare la prima colonna (le date non servono più), applicare la funzione `evstr` e invertire l'ordine dei prezzi (dal più vecchio al più recente).

7.8 Stima dei parametri per un insieme di titoli

Il caso visto nei paragrafi precedenti riguarda la stima dei parametri (μ e σ) per un solo titolo. Quando si hanno più titoli il procedimento è simile ma occorre specificarne bene le differenze.

L'Equazione (7.1), nella sua forma matriciale, si può scrivere come

$$\underset{n\times n}{I_S^{-1}}\,\underset{n\times 1}{dS} = \underset{n\times 1}{\mu}\,dt + \underset{n\times k}{\Sigma'}\,\underset{k\times 1}{dW}, \qquad (7.5)$$

dove I_S è una matrice diagonale che contiene (sulla diagonale principale) i valori del vettore S (per un maggiore dettaglio su questo tipo di modelli si veda Menoncin, 2006a, 2006b).

Applicando il lemma di Itô (del caso matriciale) al logaritmo dei prezzi si ottiene

$$d\ln S = \left(\mu - \frac{1}{2}diag\left(\Sigma'\Sigma\right)\right)dt + \Sigma'dW,$$

dove $diag$ è l'operatore diagonale che, data una matrice quadrata, crea un vettore colonna contenente gli elementi della diagonale principale della matrice. In Scilab la diagonale di una matrice X si calcola con il comando

$$\texttt{diag(X)}$$

La media e la varianza degli elementi del vettore $d\ln S$ sono

$$\mathbb{E}_t\left[d\ln S\right] = \left(\mu - \frac{1}{2}diag\left(\Sigma'\Sigma\right)\right)dt,$$
$$\mathbb{V}_t\left[d\ln S\right] = \Sigma'\Sigma dt,$$

7.8 Stima dei parametri per un insieme di titoli

dove $\Sigma'\Sigma$ è la matrice delle varianze e covarianze (di dimensione $n \times n$). Ancora una volta, così, ottenute le stime $\hat{\mu}$ e $\widehat{\Sigma'\Sigma}$ dal campione, si possono calcolare i parametri del modello utilizzando le due equazioni

$$\left(\mu - \frac{1}{2}diag\left(\Sigma'\Sigma\right)\right)dt = \hat{\mu},$$

$$\Sigma'\Sigma dt = \widehat{\Sigma'\Sigma},$$

che uguagliano i momenti (primo e secondo) teorici a quelli stimati. Si ottiene, così,

$$\Sigma'\Sigma = \widehat{\Sigma'\Sigma}\frac{1}{dt},$$

$$\mu = \hat{\mu}\frac{1}{dt} + \frac{1}{2}diag\left(\Sigma'\Sigma\right).$$

Si nota immediatamente che i dati del modello non forniscono la matrice di diffusione Σ bensì la matrice delle varianze e covarianze $\Sigma'\Sigma$. L'una può essere ottenuta dall'altra attraverso un procedimento particolare che mostrerò nei paragrafi seguenti.

Con uno dei procedimenti visti in precedenza ho scaricato da internet i duecento prezzi dell'azione ENI e dell'azione FIAT che arrivano fino all'1/10/2006. Ho salvato i valori della FIAT nel vettore `fiat` e i valori dell'ENI nel vettore `eni`. Ora, al fine di creare una matrice unica nella quale si trovino tutti i valori delle tre azioni, si possono combinare i vettori `ita` (contenente le quotazioni della Italcementi), `eni` e `fiat` nell'unica matrice Sp che ha dimensioni 200×3 (200 osservazioni per 3 titoli). Il comando è il seguente.

```
-->Sp=[ita eni fiat];
-->
```

Per rappresentare le serie storiche dei prezzi dei tre titoli su tre grafici verticalmente sovrapposti, si usa il comando `subplot` come segue.

```
-->subplot(3,1,1); xtitle(' ',' ','Italcementi'); plot(ita);
-->subplot(3,1,2); xtitle(' ',' ','ENI'); plot(eni);
-->subplot(3,1,3); xtitle(' ',' ','FIAT'); plot(fiat);
```

Il grafico che ne risulta è riportato nella Figura 7.10. Si nota anche a occhio che FIAT e Italcementi hanno un tasso di crescita più elevato rispetto all'ENI e, dunque, anche una volatilità maggiore. Vediamo, tuttavia, che cosa ci dicono i dati.

Anche in questo caso occorre ricavare le differenze dei logaritmi. Si utilizzerà, ancora una volta, il comando `diff`, ma in modo diverso perché quando lo si applica a una matrice (ricordo che adesso Sp è una matrice e non più un vettore) occorre precisare su quale dimensione (righe o colonne) si devono

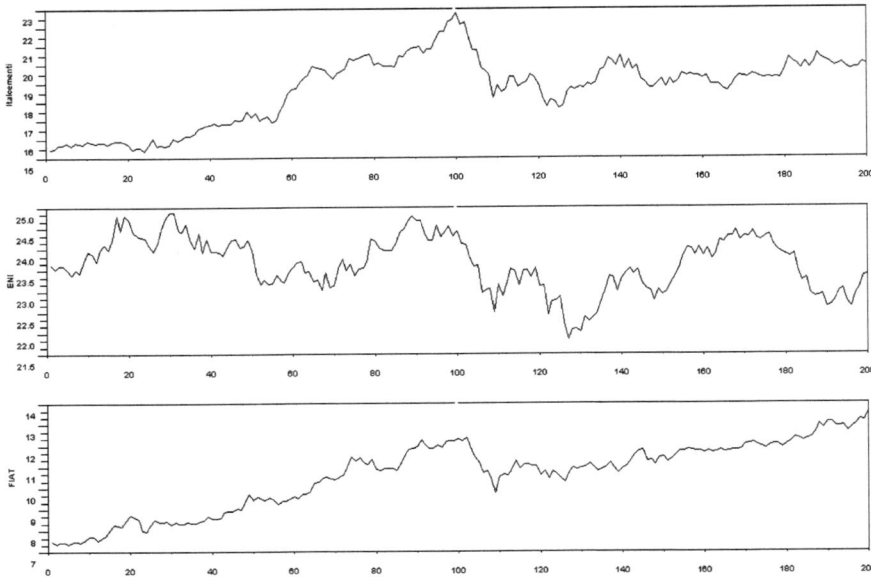

Figura 7.10. Prezzi delle azioni Italcementi, ENI e FIAT fino all'1/10/2006

fare le differenze. Il comando, applicato a una matrice, ha la seguente sintassi:

diff(matrice,ordine,dimensione)

dove:

1. matrice è la matrice su cui si vogliono calcolare le differenze;
2. ordine è, appunto, l'ordine delle differenze: con 1 si fanno le differenze prime, con 2 le differenze seconde e così via;
3. dimensione può assumere valore 1 se si vogliono calcolare le differenze rispetto ai valori sulle righe oppure 2 se si vogliono calcolare le differenze rispetto ai valori sulle colonne.

Nel nostro caso, dunque, il comando è il seguente (rappresento anche graficamente i rendimenti logaritmici).

```
-->dlnSp=diff(log(Sp),1,1); plot(dlnSp);
-->
```

Il risultato grafico è quello della Figura 7.11 dove si conferma quanto già si era osservato sui livelli dei prezzi. L'azione FIAT (tratteggiata) e l'azione Italcementi (in tondo) hanno una volatilità molto maggiore rispetto all'azione ENI (in grassetto).

Adesso, per calcolare la media dei rendimenti logaritmici si ricorre, di nuovo, al comando mean in cui, però, va specificato su quale dimensione si vuole

7.8 Stima dei parametri per un insieme di titoli

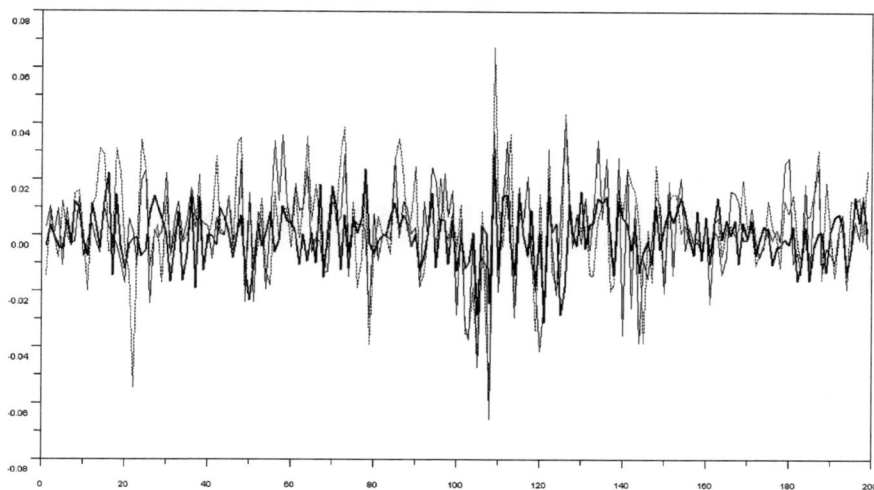

Figura 7.11. Rendimenti logaritmici delle azioni Italcementi (in tondo), FIAT (tratteggiato) ed ENI (in grassetto)

calcolare la media (se sulle righe o sulle colonne). Nel nostro caso la media va calcolata sui valori che si trovano nelle righe (cioè sulla «prima» dimensione della matrice).

Per calcolare la matrice delle varianze e covarianze, invece, utilizziamo il comando mvvacov che non necessita di indicazioni particolari rispetto al caso vettoriale.

Scrivo, allora, di seguito i valori stimati della matrice di varianze e covarianze e del vettore dei rendimenti (258 sono i giorni diborsa aperta in un anno, valendo $dt = \frac{1}{258}$).

```
-->SS=mvvacov(dlnSp)*258
 SS =
    0.0668061    0.0166520    0.0414574
    0.0166520    0.0257098    0.0179674
    0.0414574    0.0179674    0.0806268
-->mu=mean(dlnSp,1)'*258+1/2*diag(SS)
 mu =
    0.3627569
   -0.0009406
    0.7254818
-->
```

In questo caso è stato necessario trasporre il risultato del comando mean poiché esso, senza trasposizione, restituisce un vettore riga mentre il comando diag restituisce un vettore colonna (uno dei due andava trasposto e, visto che il vettore μ è colonna, ho deciso di trasporre il primo risultato)[2].

Scopriamo, così, che il vettore dei rendimenti istantanei attesi (μ) contiene, per l'Italcementi 36.28%, per l'ENI −0.09% e per la FIAT 72.55%. A fronte di tali rendimenti l'Italcementi ha avuto una varianza di 0.067, l'ENI una varianza di 0.026 e la FIAT una varianza di 0.08. Tutti questi dati confermano quanto avevamo visto graficamente sull'andamento dei rendimenti. L'ENI, in particolare, è rimasta sostanzialmente invariata nei 200 giorni analizzati e ha avuto una volatilità bassa.

7.9 La matrice di diffusione (Σ)

Nel paragrafo precedente siamo arrivati a stimare, per tre titoli, il vettore μ e la matrice $\Sigma'\Sigma$. In particolare si è ottenuto

$$\mu = \begin{bmatrix} 0.3627569 \\ -0.0009406 \\ 0.7254818 \end{bmatrix},$$

$$\Sigma'\Sigma = \begin{bmatrix} 0.0668061 & 0.0166520 & 0.0414574 \\ 0.0166520 & 0.0257098 & 0.0179674 \\ 0.0414574 & 0.0179674 & 0.0806268 \end{bmatrix}.$$

Poiché il modello teorico era scritto nella forma (7.5) dovremmo, per poterne effettuare delle simulazioni e per calcolare il prezzo di mercato del rischio, ricavare i valori della matrice Σ dai valori della matrice $\Sigma'\Sigma$. Tuttavia, data una matrice quadrata e semi-definita positiva (quale è $\Sigma'\Sigma$), esistono infinite matrici (A) il cui quadrato coincide con $\Sigma'\Sigma$. Tra queste infinite matrici possibili Cholesky dimostra che ne esiste solo una che sia triangolare superiore (cioè che ha elementi non nulli solo sulla diagonale principale e al di sopra di essa). Se chiamiamo tale matrice A, essa, dunque, risolve

$$\Sigma'\Sigma = A'A, \tag{7.6}$$

detta **scomposizione di Cholesky**.

Per richiamare la scomposizione di Cholesky il comando in Scilab è `chol`. Vediamo che cosa si ottiene applicando questo comando alla matrice di varianze e covarianze e verifichiamo la (7.6).

---

[2] Faccio notare che il rendimento medio e la volatilità per l'Italcementi sono gli stessi ottenuti stimando solo i parametri dell'Italcementi (e non potrebbe essere altrimenti). In particolare: $\sqrt{0.0668061} = 0.2584688$.

```
-->A=chol(SS)
 A  =
     0.2584688    0.0644256    0.1603961
     0.           0.1468302    0.0519907
     0.           0.           0.2284663
-->A'*A
 ans  =
     0.0668061    0.0166520    0.0414574
     0.0166520    0.0257098    0.0179674
     0.0414574    0.0179674    0.0806268
-->
```

Il modello (7.5), così, si può scrivere utilizzando, al posto della Σ, la scomposizione di Cholesky della matrice di varianze e covarianze $\Sigma'\Sigma$ (arrotondo alla quarta cifra decimale):

$$\begin{bmatrix} \frac{dS_1}{S_1} \\ \frac{dS_2}{S_2} \\ \frac{dS_3}{S_3} \end{bmatrix} = \begin{bmatrix} 0.3627 \\ -0.0009 \\ 0.7255 \end{bmatrix} dt + \begin{bmatrix} 0.2585 & 0 & 0 \\ 0.0644 & 0.1468 & 0 \\ 0.1604 & 0.0520 & 0.2285 \end{bmatrix} \begin{bmatrix} dW_1 \\ dW_2 \\ dW_3 \end{bmatrix}.$$

Notiamo una peculiarità. Il modello teorico originale (7.5) poteva avere un numero qualsiasi di fonti di rischio k mentre, utilizzando la scomposizione di Cholesky si ottiene sempre un numero di fonti di rischio pari al numero di titoli. La scomposizione di Cholesky, infatti, è ancora una matrice quadrata. Utilizzando la matrice A della scomposizione di Cholesky, in altre parole, si sta assumendo che i titoli in questione siano guidati da tante fonti di rischio quanti sono i titoli stessi (il che, di per sé, non è un'ipotesi particolarmente nefasta).

7.10 La matrice di correlazione

In Scilab esiste il comando `mvcorrel(X)` che calcola la matrice dei coefficienti di correlazione delle serie contenute nelle colonne della matrice X. Vediamo di seguito il risultato di questo comando sulla matrice $d\ln Sp$ che contiene le differenze logaritmiche dei prezzi dei titoli Italcementi, ENI e FIAT.

```
-->mvcorrel(dlnSp)
 ans  =
     1.           0.4017995    0.5648773
     0.4017995    1.           0.3946363
     0.5648773    0.3946363    1.
-->
```

Osserviamo che il primo e il terzo titolo (ovvero Italcementi e FIAT) sono molto più correlati di quanto non lo siano tra loro gli altri titoli. L'indice di correlazione Italcementi-FIAT, infatti, è di 0.565 mentre gli altri indici di correlazione sono 0.402 e 0.395. Non vi sono indici di correlazione negativi e questo significa che tutti i titoli tendono a muoversi congiuntamente.

Può essere didattico (anche se decisamente inutile dal punto di vista pratico) cercare di creare un nostro programma per il calcolo dei coefficienti di correlazione. Si parta dalla matrice delle varianze e covarianze

$$\Sigma'\Sigma = \begin{bmatrix} \sigma_1^2 & \sigma_{12} & \ldots & \sigma_{1n} \\ \sigma_{21} & \sigma_2^2 & \ldots & \sigma_{2n} \\ \ldots & \ldots & \ldots & \ldots \\ \sigma_{n1} & \sigma_{n2} & \ldots & \sigma_n^2 \end{bmatrix},$$

dove n è il numero di titoli che si hanno nel portafoglio. Con σ_{ik}, dunque, si indica la covarianza tra il titolo i e il titolo k dovendo valere $\sigma_{ik} = \sigma_{ki}$.

Il coefficiente di correlazione tra l'elemento k e l'elemento i della matrice è dato da

$$\rho_{ki} = \frac{\sigma_{ki}}{\sqrt{\sigma_k^2 \sigma_i^2}},$$

che, faccio notare, è uguale al coefficiente di correlazione calcolato tra l'elemento i e l'elemento k (visto che le covarianze σ_{ki} e σ_{ik} sono uguali).

Per creare la matrice dei coefficienti ρ_{ki} dobbiamo creare dapprima una matrice diagonale che contenga solo le radici quadrate delle varianze (cioè gli scarti quadratici medi):

$$B = \begin{bmatrix} \sqrt{\sigma_1^2} & 0 & \ldots & 0 \\ 0 & \sqrt{\sigma_2^2} & \ldots & 0 \\ \ldots & \ldots & \ldots & \ldots \\ 0 & 0 & \ldots & \sqrt{\sigma_n^2} \end{bmatrix}.$$

Poi si può usare questa matrice per creare la matrice ρ nel modo seguente

$$\rho = B^{-1} \Sigma' \Sigma B^{-1}. \tag{7.7}$$

Verifichiamo che è effettivamente così:

$$\rho = \begin{bmatrix} \frac{1}{\sqrt{\sigma_1^2}} & 0 & \ldots & 0 \\ 0 & \frac{1}{\sqrt{\sigma_2^2}} & \ldots & 0 \\ \ldots & \ldots & \ldots & \ldots \\ 0 & 0 & \ldots & \frac{1}{\sqrt{\sigma_n^2}} \end{bmatrix} \begin{bmatrix} \sigma_1^2 & \sigma_{12} & \ldots & \sigma_{1n} \\ \sigma_{21} & \sigma_2^2 & \ldots & \sigma_{2n} \\ \ldots & \ldots & \ldots & \ldots \\ \sigma_{n1} & \sigma_{n2} & \ldots & \sigma_n^2 \end{bmatrix}$$

$$\times \begin{bmatrix} \frac{1}{\sqrt{\sigma_1^2}} & 0 & \ldots & 0 \\ 0 & \frac{1}{\sqrt{\sigma_2^2}} & \ldots & 0 \\ \ldots & \ldots & \ldots & \ldots \\ 0 & 0 & \ldots & \frac{1}{\sqrt{\sigma_n^2}} \end{bmatrix}$$

7.10 La matrice di correlazione

$$= \begin{bmatrix} \frac{1}{\sqrt{\sigma_1^2}}\sigma_1^2 & \frac{1}{\sqrt{\sigma_1^2}}\sigma_{12} & \cdots & \frac{1}{\sqrt{\sigma_1^2}}\sigma_{1n} \\ \frac{1}{\sqrt{\sigma_2^2}}\sigma_{21} & \frac{1}{\sqrt{\sigma_2^2}}\sigma_2^2 & \cdots & \frac{1}{\sqrt{\sigma_2^2}}\sigma_{2n} \\ \cdots & \cdots & \cdots & \cdots \\ \frac{1}{\sqrt{\sigma_n^2}}\sigma_{n1} & \frac{1}{\sqrt{\sigma_n^2}}\sigma_{n2} & \cdots & \frac{1}{\sqrt{\sigma_n^2}}\sigma_n^2 \end{bmatrix} \begin{bmatrix} \frac{1}{\sqrt{\sigma_1^2}} & 0 & \cdots & 0 \\ 0 & \frac{1}{\sqrt{\sigma_2^2}} & \cdots & 0 \\ \cdots & \cdots & \cdots & \cdots \\ 0 & 0 & \cdots & \frac{1}{\sqrt{\sigma_n^2}} \end{bmatrix}$$

$$= \begin{bmatrix} \frac{1}{\sqrt{\sigma_1^2}}\sigma_1^2\frac{1}{\sqrt{\sigma_1^2}} & \frac{1}{\sqrt{\sigma_1^2}}\sigma_{12}\frac{1}{\sqrt{\sigma_2^2}} & \cdots & \frac{1}{\sqrt{\sigma_1^2}}\sigma_{1n}\frac{1}{\sqrt{\sigma_n^2}} \\ \frac{1}{\sqrt{\sigma_2^2}}\sigma_{21}\frac{1}{\sqrt{\sigma_1^2}} & \frac{1}{\sqrt{\sigma_2^2}}\sigma_2^2\frac{1}{\sqrt{\sigma_2^2}} & \cdots & \frac{1}{\sqrt{\sigma_2^2}}\sigma_{2n}\frac{1}{\sqrt{\sigma_n^2}} \\ \cdots & \cdots & \cdots & \cdots \\ \frac{1}{\sqrt{\sigma_n^2}}\sigma_{n1}\frac{1}{\sqrt{\sigma_1^2}} & \frac{1}{\sqrt{\sigma_n^2}}\sigma_{n2}\frac{1}{\sqrt{\sigma_2^2}} & \cdots & \frac{1}{\sqrt{\sigma_n^2}}\sigma_n^2\frac{1}{\sqrt{\sigma_n^2}} \end{bmatrix}$$

$$= \begin{bmatrix} 1 & \frac{\sigma_{12}}{\sqrt{\sigma_1^2\sigma_2^2}} & \cdots & \frac{\sigma_{1n}}{\sqrt{\sigma_1^2\sigma_n^2}} \\ \frac{\sigma_{21}}{\sqrt{\sigma_2^2\sigma_1^2}} & 1 & \cdots & \frac{\sigma_{2n}}{\sqrt{\sigma_2^2\sigma_n^2}} \\ \cdots & \cdots & \cdots & \cdots \\ \frac{\sigma_{n1}}{\sqrt{\sigma_n^2\sigma_1^2}} & \frac{\sigma_{n2}}{\sqrt{\sigma_n^2\sigma_2^2}} & \cdots & 1 \end{bmatrix}.$$

In Scilab il comando per estrarre la diagonale da una matrice (in modo da creare la matrice B) è `diag`. Con il comando

$$\texttt{diag(SS)}$$

si crea un vettore che ha, come elementi, gli elementi che stanno sulla diagonale principale della matrice $\Sigma'\Sigma$. Per creare da questo vettore una matrice si deve usare ancora il comando `diag`. Esso, infatti, applicato a un vettore, restituisce una matrice diagonale che contiene (sulla diagonale principale) gli elementi del vettore.

Vediamo il risultato di questo doppio comando e la creazione della matrice B.

```
-->diag(SS)
 ans =
    0.0668061
    0.0257098
    0.0806268
-->diag(ans)
 ans =
    0.0668061   0.          0.
    0.          0.0257098   0.
    0.          0.          0.0806268
-->B=sqrt(ans)
 B =
    0.2584688   0.          0.
    0.          0.1603426   0.
    0.          0.          0.2839485
-->
```

7 Statistiche finanziarie

Abbiamo, in effetti, estratto la diagonale principale dalla matrice $\Sigma'\Sigma$. Il valore della radice quadrata del risultato è stato attribuito alla matrice B. Per calcolare la matrice delle correlazioni, allora, non resta che applicare la formula (7.7).

```
-->B^(-1)*SS*B^(-1)
  ans  =
    1.         0.4017995   0.5648773
    0.4017995  1.          0.3946363
    0.5648773  0.3946363   1.
-->
```

Abbiamo così ottenuto la matrice delle correlazioni che ci serviva e ci è di grande conforto osservare che le correlazioni così ricavate sono le stesse ottenute in precedenza.

Adesso creiamo una funzione che faccia tutti i passaggi in una volta sola. Il programma è il seguente.

```
function [C]=correlation(dati);
    MVC=mvvacov(dati);
    B=sqrt(diag(diag(MVC)));
    C=B^(-1)*MVC*B^(-1);
endfunction
```

Questi comandi si leggono nel modo seguente (riga per riga):

1. si definisce la funzione `correlation` che, introdotta la matrice `dati`, restituisce la matrice C;
2. si calcola la matrice di varianze e covarianze dei dati;
3. si calcola la matrice B come la radice quadrata della matrice diagonale contenente le varianze;
4. alla matrice C (di output) si dà il valore della formula (7.7);
5. si pone fine alla funzione (con il comando `endfunction`).

Una volta salvata la funzione si può richiamare su Scilab e verificarne il contenuto nel modo seguente.

```
-->correlation(dLSp)
  ans  =
    1.         0.4017995   0.5648773
    0.4017995  1.          0.3946363
    0.5648773  0.3946363   1.
-->
```

8
Il rapporto di copertura (*hedge ratio*)

8.1 Introduzione

Supponiamo di creare un portafoglio che contenga due titoli:

1. un titolo (rischioso) il cui prezzo S segue il processo stocastico
$$\frac{dS(t)}{S(t)} = \mu(t)\,dt + \sigma(t)\,dW(t),$$

2. un titolo derivato su S il cui prezzo (chiamiamolo F) segue il processo stocastico
$$dF(t,S) = \left(F(t,S)\,r(t) + \xi\sigma(t)\,S(t)\,\frac{\partial F(t,S)}{\partial S}\right)dt$$
$$+ \sigma(t)\,S(t)\,\frac{\partial F(t,S)}{\partial S}\,dW,$$

dove ξ è il prezzo di mercato del rischio.

Se si acquista una quantità θ_S del titolo S e una quantità θ_F del titolo F, il valore del portafoglio è dato da
$$R(t) = \theta_S S(t) + \theta_F F(t,S).$$

Quando si vuole immunizzare il valore del portafoglio occorre annullare la volatilità del differenziale $dR(t)$ dato da
$$dR = \theta_S dS + \theta_F dF$$
$$= \theta_S S\mu dt + \theta_S S\sigma dW + \theta_F \left(Fr + \xi\sigma S\frac{\partial F}{\partial S}\right)dt + \theta_F \sigma S\frac{\partial F}{\partial S}dW.$$

La condizione di annullamento della volatilità è
$$\theta_S S\sigma + \theta_F \sigma S\frac{\partial F}{\partial S} = 0$$

Menoncin F.: Misurare e gestire il rischio finanziario.
© Springer-Verlag Italia, Milano 2009

da cui si ricava
$$\theta_S = -\theta_F \frac{\partial F}{\partial S}$$
che si può anche scrivere come
$$\frac{\theta_S S}{\theta_F F} = -\frac{\partial F}{\partial S}\frac{S}{F} \equiv -\eta_{F,S},$$
dove $\eta_{F,S}$ è l'elasticità del titolo derivato F rispetto alle variazioni del prezzo del sottostante S.

Possiamo, dunque, concludere che, dato l'ammontare di denaro investito in un titolo $\theta_S S$, l'ammontare di denaro da investire in un derivato $\theta_F F$ (che ha come sottostante il primo titolo) per immunizzare il portafoglio è pari all'opposto dell'inverso dell'elasticità del derivato rispetto al sottostante:
$$\frac{\theta_F F}{\theta_S S} = -\frac{1}{\eta_{F,S}}.$$

Quando il titolo F è una opzione sul titolo S, allora la derivata $\frac{\partial F}{\partial S}$ assume un nome particolare: delta. In questo modo l'immunizzazione che ho appena mostrato si definisce «immunizzazione delta» (ovvero *delta hedging*).

È importante osservare che lo stesso risultato qui mostrato sul rapporto di copertura si può ottenere annullando la derivata della ricchezza rispetto al prezzo del titolo S, ovvero cercando il portafoglio che renda insensibile R rispetto alle modifiche di S. Il problema, in questo caso, diventa quello di cercare θ_S e θ_F tali che
$$\frac{\partial R}{\partial S} = \theta_S + \theta_F \frac{\partial F}{\partial S} = 0.$$

È immediato osservare che tale condizione è la stessa che si era ottenuta annullando la volatilità del processo stocastico della ricchezza.

8.2 Come stimare il rapporto di copertura

Per stimare il rapporto di copertura è necessario capire come poter calcolare l'elasticità del prezzo di un titolo rispetto al prezzo di un altro titolo.

Il primo passaggio è quello di dimostrare che vale
$$\frac{\partial \ln F}{\partial \ln S} = \frac{\partial F}{\partial S}\frac{S}{F}.$$

La dimostrazione è piuttosto semplice e si basa sulla derivata del logaritmo:
$$\frac{\partial \ln F}{\partial \ln S} = \frac{\partial \ln F}{\partial S}\frac{\partial S}{\partial \ln S} = \underbrace{\frac{\partial \ln F}{\partial F}}_{\frac{1}{F}}\frac{\partial F}{\partial S}\underbrace{\frac{\partial S}{\partial \ln S}}_{S} = \frac{\partial F}{\partial S}\frac{S}{F}.$$

Poiché abbiamo definito $\eta_{F,S}$ come l'elasticità del prezzo del titolo derivato F rispetto al prezzo del sottostante S, allora si può scrivere

$$\frac{\partial \ln F}{\partial \ln S} = \eta_{F,S},$$

ovvero

$$d\ln F = \eta_{F,S} \cdot d\ln S.$$

Si possono utilizzare le usuali tecniche econometriche per stimare una regressione nella forma seguente:

$$d\ln F = \beta_0 + \beta_1 \cdot d\ln S + \varepsilon, \tag{8.1}$$

dove ε è un rumore bianco (i.i.d. con media zero e varianza costante).

La stima dei parametri β_0 e β_1 dovrebbe indicare, dunque, un valore di β_0 non significativamente diverso da zero e un valore di β_1 pari all'elasticità che si sta cercando.

8.3 Minimi quadrati ordinari (OLS)

La forma generale di una regressione è

$$y = \beta_0 + \beta_1 x_1 + \beta_2 x_2 + \ldots + \beta_k x_k + \varepsilon,$$

dove ε è il residuo della regressione (i.i.d. con media zero e varianza costante), β_i sono i coefficienti della regressione e $x_i \in \mathbb{R}^m$ sono i vettori (colonna) dei regressori ovvero le variabili dipendenti. In forma matriciale, tale equazione si può scrivere come

$$\underset{m\times 1}{y} = \underset{m\times(k+1)}{X} \underset{(k+1)\times 1}{\beta} + \underset{m\times 1}{\varepsilon},$$

dove la prima colonna della matrice X deve contenere solo 1. In questo modello m è il «numero delle osservazioni» e $k+1$ è il «numero delle variabili». La differenza $m - (k+1)$ viene definita «gradi di libertà».

Il metodo dei minimi quadrati (ordinari), definito in inglese *Ordinary Least Squares*, stima i parametri β minimizzando il quadrato dei residui:

$$\hat{\beta} = \arg\min_{\beta} \varepsilon'\varepsilon.$$

Il quadrato da minimizzare, dunque, è

$$(y - X\beta)'(y - X\beta) = y'y - 2\beta'X'y + \beta'X'X\beta,$$

il cui minimo si trova (derivando rispetto a β) per

$$\hat{\beta} = (X'X)^{-1} X'y,$$

che viene definito stimatore dei minimi quadrati. I valori stimati della variabile dipendente, dunque, sono

$$\hat{y} = X\hat{\beta}.$$

Alcune grandezze fondamentali per osservare la bontà della regressione sono le seguenti.

1. R^2 (cosiddetto coefficiente di determinazione) ed $\overline{R}^2$ (detto R^2 corretto). Se chiamiamo con $\overline{y}$ la media del fenomeno da spiegare, il primo indice è il complemento a 1 del rapporto tra il quadrato delle differenze $(y - \hat{y})$ e il quadrato delle differenze $(y - \overline{y})$:

$$R^2 \equiv 1 - \frac{(y - \hat{y})'(y - \hat{y})}{(y - \overline{y})'(y - \overline{y})},$$

mentre il suo valore corretto è ponderato per un coefficiente che dipende dal numero delle osservazioni e dal numero delle variabili

$$\overline{R}^2 \equiv 1 - \left(1 - R^2\right) \frac{m - 1}{m - (k + 1)}$$
$$= 1 - \frac{(y - \hat{y})'(y - \hat{y})}{(y - \overline{y})'(y - \overline{y})} \frac{m - 1}{m - (k + 1)}.$$

In entrambi i casi, la regressione è tanto migliore quanto più questo indice è prossimo all'unità (e tanto peggiore quanto più l'indice è prossimo allo zero).

2. I cosiddetti t statistici. I coefficienti $\hat{\beta}$, ovviamente, sono delle variabili aleatorie (infatti y dipende da ε). In particolare, poiché $\hat{\beta}$ è una trasformazione lineare di y (e, dunque, di ε) e si è supposto che ε sia distribuito normalmente, anche $\hat{\beta}$ deve essere distribuito normalmente. Questo significa che, se queste ipotesi sono verificate, i coefficienti di regressione, divisi per il loro scarto quadratico medio (statistico) devono essere distribuiti come delle t di Student. I cosiddetti valori t-statistici, dunque, sono dati dal rapporto tra i singoli elementi di $\hat{\beta}$ e il loro scarto quadratico medio pesato per i gradi di libertà. Il vettore $\hat{\beta}$ si può scrivere come

$$\hat{\beta} = (X'X)^{-1} X'y = (X'X)^{-1} X' (X\beta + \varepsilon)$$
$$= \beta + (X'X)^{-1} X'\varepsilon,$$

e ha come valore atteso

$$\mathbb{E}\left[\hat{\beta}\right] = \mathbb{E}\left[\beta + (X'X)^{-1} X'\varepsilon\right] = \beta,$$

mentre la sua varianza è

$$\mathbb{V}\left[\hat{\beta}\right] = \mathbb{E}\left[\left(\hat{\beta} - \beta\right)\left(\hat{\beta} - \beta\right)'\right] = \mathbb{E}\left[(X'X)^{-1} X'\varepsilon\varepsilon' X (X'X)^{-1}\right]$$
$$= (X'X)^{-1} X' \mathbb{E}\left[\varepsilon\varepsilon'\right] X (X'X)^{-1}.$$

8.3 Minimi quadrati ordinari (OLS)

Poiché si è supposto che ε abbia varianza costante (σ_ε^2), allora deve valere

$$\mathbb{V}\left[\hat{\beta}\right] = \sigma_\varepsilon^2 \left(X'X\right)^{-1},$$

dove σ_ε^2 si ottiene come $(y - \hat{y})'(y - \hat{y})/m$. Il test t, dunque, si può scrivere nel modo seguente:

$$t_i = \sqrt{\frac{m - (k+1)}{(y-\hat{y})'(y-\hat{y})}} \frac{\hat{\beta}_i}{\sqrt{x_i' x_i}}.$$

Di seguito mostro il listato della funzione `ols` che restituisce sia i valori di $\hat{\beta}$ sia i t statistici, oltre a una tabella dei test e a un grafico che confronta i valori storici y con i valori stimati $\hat{y}$. Segue qualche commento.

```
function [bhat,tstat]=ols(y,x)
    [nobs,nvar]=size(x);
    //
    // stima di beta
    //
    bhat=(x'*x)^(-1)*x'*y;
    //
    // R quadro ed R quadro corretto
    //
    R2=1-(y-x*bhat)'*(y-x*bhat)/((y-mean(y))'*(y-mean(y)));
    R2c=1-(1-R2)*(nobs-1)/(nobs-nvar);
    //
    // t statistici
    //
    tstat=sqrt((nobs-nvar)/((y-x*bhat)'*(y-x*bhat)))...
        *bhat./sqrt(diag((x'*x)^(-1)));
    //
    // grafico
    //
    plot(y,'black');
    plot(x*bhat,'black--');
    legend(['Valori storici','Valori stimati']);
    //
    // risultati
    //
    disp(['Numero osservazioni' string(nobs);...
        'Numero variabili' string(nvar);...
        'R2' string(R2);...
        'R2 corretto' string(R2c)]);
    disp(['Coefficienti' 't-statistici';...
        string(bhat) string(tstat)]);
endfunction
```

Nella funzione ho definito **nobs** (*Number of OBServations*) il valore m e **nvar** (*Number of VARiables*) il valore $k+1$. Il valore stimato $\hat{\beta}$ (chiamato **bhat**), il valore di R^2 (**R2**) e il valore di $\overline{R}^2$ (**R2c**) sono stati tutti ottenuti applicando le formule esposte all'inizio del paragrafo. I valori dei t statistici sono stati ottenuti utilizzando l'operatore **diag**, già visto in precedenza, che ci consente di estrarre dalla matrice $(X'X)^{-1}$ i valori della diagonale principale (corrispondenti ai valori $x'_i x_i$).

Il grafico è ottenuto sovrapponendo, sulla stessa finestra, i plot dei dati storici (y) e i plot dei dati stimati ($X'\hat{\beta}$) tratteggiati. Si aggiunge, poi, una legenda: il primo valore si riferisce al grafico inserito per primo e il secondo valore, ovviamente, al grafico introdotto per secondo.

Attraverso il comando **disp**, infine, si ordina a Scilab di mostrare, sullo schermo, l'argomento del comando stesso. Come argomento si inseriscono delle matrici. Poiché esse contengono delle stringhe, anche i valori numerici devono essere tramutati in stringhe (con il comando **string**) poiché Scilab non accetta matrici con elementi misti numerici e alfabetici.

N.B. 8.1. Nei listati di programma (o anche sulla linea di comando), quando una riga è troppo lunga per poter essere visualizzata completamente sullo schermo, si può dire a Scilab che si sta continuando il comando nella riga successiva inserendo tre punti «...» e andando a capo (come si è fatto nel listato precedente).

N.B. 8.2. Esiste un pacchetto econometrico scritto proprio per Scilab da Eric Dubois. Esso si può scaricare dal sito http://dubois.ensae.net/grocer.html che contiene anche le istruzioni per installarlo.

8.4 Stima dell'elasticità per FIAT e un suo *warrant call*

Da yahoo ho scaricato i valori dell'azione ordinaria FIAT dal 12/12/2006 al 27/3/2007. Per lo stesso periodo ho scaricato i valori dello *warrant call* sulla FIAT con scadenza aprile 2007 e prezzo di esercizio 15.5.

Al 27/3/2007 la FIAT chiude a 18.85 e, dunque, il *warrant call* è *in the money*.

Gli warrant e le opzioni sono, nella sostanza, la stessa cosa. Le principali differenze tra i due titoli riguardano il metodo di quotazione, di compensazione e di scambio sui mercati regolamentati oppure *over-the-counter*.

N.B. 8.3. Può accadere che in un giorno di borsa sia quotata l'azione FIAT ma non il *warrant* su di essa. Raccomando, dunque, di utilizzare, sui dati scaricati, la funzione **cfr** già mostrata nei capitoli precedenti.

Nella Figura 8.1 mostro come appare il menù dell'azione FIAT su yahoo. Per scaricare i dati sugli *warrant* occorre scegliere la voce «Warrants» dal

8.4 Stima dell'elasticità per FIAT e un suo *warrant call*

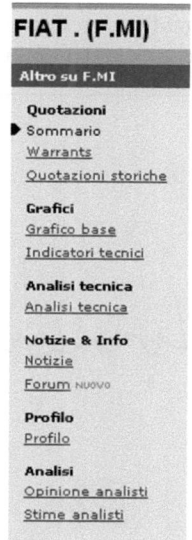

Figura 8.1. Menù di yahoo dell'azione FIAT

menù. Compare, quindi, una finestra che contiene tutti gli *warrant* sull'azione FIAT (iniziando da quelli con la scadenza più vicina).

Per scaricare i dati di un certo *warrant* occorre procedere secondo i seguenti punti.

1. Selezionare la scadenza che interessa. Per ogni scadenza vengono mostrati tutti gli *warrant* (*call* e *put*) che sono disponibili sul mercato. Si noterà che, per ogni scadenza, esistono diversi *warrant put* e *call* che possono avere diversi prezzi di esercizio.
2. Selezionare il codice del *warrant* a cui si è interessati. Se, come nel nostro caso, non si è interessati a un *warrant* in particolare, conviene selezionarne uno che abbia elevati volumi di contrattazione in modo da essere sicuri che il prezzo sia significativo.
3. Una volta selezionato il codice si apre una finestra nella quale sono riportati i dati riassuntivi del titolo. Per ottenere i prezzi storici occorre selezionare, sulla sinistra, la voce «Quotazioni storiche».
4. Come si era fatto nel caso delle azioni, quindi, si selezionano il periodo e la frequenza che interessano.

Ho salvato i prezzi della FIAT nel vettore `fiat` mentre i prezzi dello *warrant* nel vettore `fiatw` (il processo è lo stesso seguito nel Capitolo 5).

Non resta che calcolare le differenze logaritmiche come segue.

```
-->dlnS=diff(log(fiat),1,1);
-->dlnF=diff(log(fiatw),1,1);
-->
```

118 8 Il rapporto di copertura (*hedge ratio*)

Disegnando sullo stesso grafico i rendimenti logaritmici per la FIAT e il suo *warrant* si ottiene quanto mostrato nella Figura 8.2.

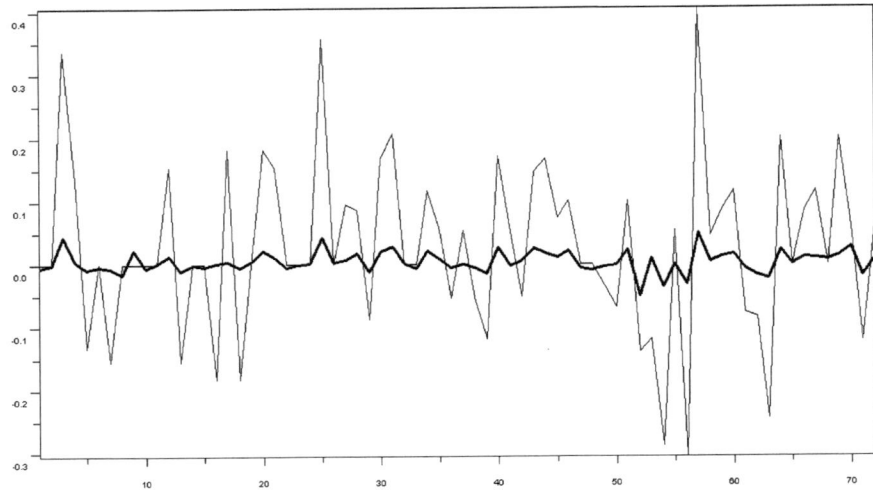

Figura 8.2. Rendimenti logaritmici della FIAT (in grassetto) e del suo *warrant call* (in tondo) aprile 2007 (prezzo di esercizio 15.5), dal 12/12/2006 al 27/3/2007

Si notano immediatamente due comportamenti del tutto in linea con quanto previsto dalla teoria:

1. l'opzione ha una volatilità maggiore rispetto a quella del titolo sottostante (questo perché l'elasticità dell'opzione rispetto al titolo è, in valore assoluto, maggiore di 1);
2. l'opzione, che è di tipo *call*, si muove nella stessa direzione del prezzo del sottostante (quando S aumenta anche F aumenta e viceversa).

Per stimare l'elasticità del derivato rispetto al sottostante non ci resta che utilizzare i minimi quadrati ordinari con la funzione `ols`. In questo caso la variabile dipendente deve essere $d \ln F$ e le variabili indipendenti devono essere un vettore di 1 (che ha lo stesso numero di righe di $d \ln F$) e $d \ln S$. Il comando, allora, si può scrivere nel modo che segue (il suo risultato grafico è riportato in Figura 8.3).

```
-->ols(dlnF,[ones(size(dlnF,1),1),dlnS])
 !   Numero osservazioni    72              !
 !   Numero variabili       2               !
 !   R2                     0.7279937       !
 !   R2c                    0.7241079       !
 !   coeff         t-statistic   !
 !   -0.0006938    -0.0805704    !
 !   6.6716222     13.687476     !
-->
```

8.4 Stima dell'elasticità per FIAT e un suo *warrant call*

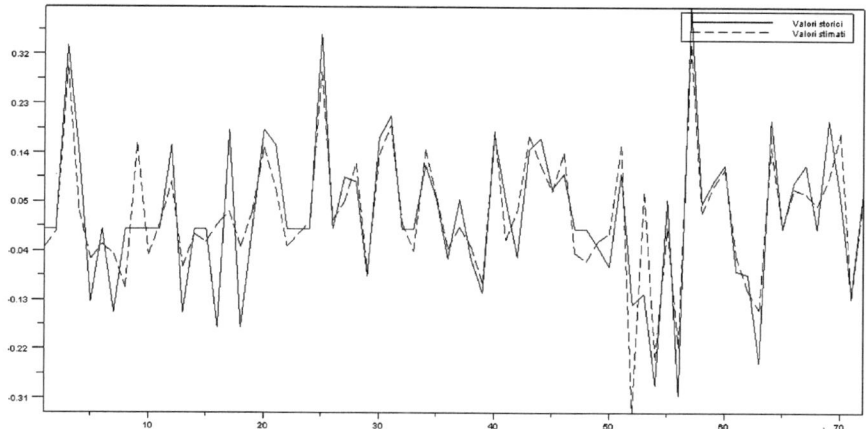

Figura 8.3. Confronto tra i rendimenti logaritmici dello *warrant call* FIAT (linea continua) e i suoi valori stimati (linea tratteggiata) sui rendimenti logaritmici della FIAT

La regressione effettuata appare particolarmente buona e, come prevedeva la teoria, la costante di regressione non risulta significativamente diversa da zero (la statistica t, infatti, è minore della soglia critica).

L'elasticità risulta positiva e maggiore di 1. In particolare essa è stimata al valore di 6.67. Questo significa che se si posseggono 1000 euro di azioni FIAT e ci si vuole immunizzare dalle variazioni del prezzo della FIAT, occorre avere in portafoglio lo *warrant call* per un importo pari a

$$\theta_F F = -\frac{\theta_S S}{\eta_{F,S}} = -\frac{1000}{6.67} = -149.93 \text{ euro},$$

e dunque lo *warrant* va venduto allo scoperto.

È importante calcolare l'intervallo di confidenza (a livello desiderato) nel quale si possono trovare i valori dell'elasticità.

N.B. 8.4. Ricordo che i «veri» valori dei parametri contenuti nel vettore β dei coefficienti di regressione sono a noi ignoti. Il loro valore stimato, dunque, dà un livello «medio» dei parametri. Risulta così necessario calcolare quale sia l'intervallo all'interno del quale oscillano i valori dei parametri con un dato livello di probabilità (cosiddetto *intervallo di confidenza*).

In questa nostra regressione abbiamo 70 gradi di libertà (72 osservazioni al netto di 2 regressori). Il valore della coda della distribuzione t di Student con 70 gradi di libertà e per un intervallo di confidenza del 95% è pari a 1.667 (tali valori, in genere, sono riportati su tabelle). In questo modo possiamo affermare che il valore del parametro β (elasticità), al 95%, si trova tra i due seguenti estremi:

$$6.6716222 \cdot \left(1 + \frac{1.667}{t}\right) = 7.4842,$$

$$6.6716222 \cdot \left(1 - \frac{1.667}{t}\right) = 5.8591,$$

dove ho indicato con t il valore del test t di Student.

Ecco, dunque, che il valore da investire nello *warrant*, può variare tra i seguenti estremi:

$$-\frac{1000}{7.4842} = -133.61,$$

$$-\frac{1000}{5.8591} = -170.67.$$

Vi è, allora, qualche possibilità che la strategia adottata non consenta un'immunizzazione perfetta.

8.5 Stima dell'elasticità per ENI e un suo *warrant put*

Effettuiamo gli stessi passaggi fatti per uno *warrant call* sulla FIAT ma, questa volta, per uno *warrant put* sull'ENI. I dati sono relativi, ancora una volta, al periodo che va dal 12/12/2006 al 27/3/2007. Ho preso il *warrant put* che scade a giugno 2007 e ha prezzo di esercizio pari a 24.

Ho salvato i prezzi dell'ENI nel vettore `eni` mentre i prezzi dello *warrant* nel vettore `eniw`. Non resta che calcolare le differenze logaritmiche come segue.

```
-->dlnS=diff(log(eni),1,1);
-->dlnF=diff(log(eniw),1,1);
```

Disegnando sullo stesso grafico i rendimenti logaritmici per l'ENI e il suo *warrant* si ottiene quanto mostrato nella Figura 8.4.

Si notano immediatamente due comportamenti del tutto in linea con quanto previsto dalla teoria:

1. l'opzione ha una volatilità maggiore rispetto a quella del titolo sottostante (questo perché l'elasticità dell'opzione rispetto al titolo è, in valore assoluto, maggiore di 1);
2. l'opzione, che è di tipo *put*, si muove in direzione opposta rispetto al prezzo del sottostante (quando S aumenta F diminuisce e viceversa).

Per stimare l'elasticità del derivato rispetto al sottostante non ci resta che utilizzare la funzione `ols`.

8.5 Stima dell'elasticità per ENI e un suo *warrant put*

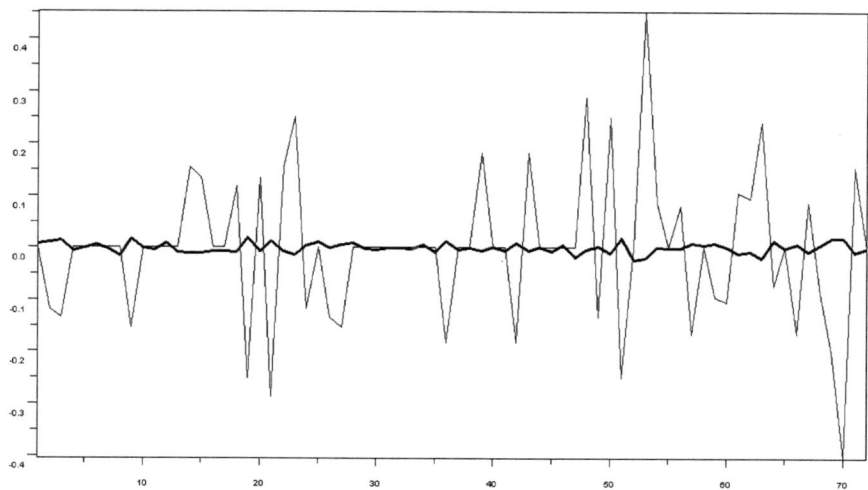

Figura 8.4. Rendimenti logaritmici dell'ENI (in grassetto) e del suo *warrant put* (in tondo) giugno 2007 (prezzo di esercizio 24), dal 12/12/2006 al 27/3/2007

```
-->ols(dlnF,[ones(size(dlnF,1),1) dlnS])
!  Numero osservazioni    72          !
!  Numero variabili       2           !
!  R2                     0.5751508   !
!  R2c                    0.5690815   !
!  coeff         t-statistic          !
!  -0.0107463    -0.9876909           !
!  -10.872699    -9.7346973           !
-->
```

L'analisi grafica del confronto tra i dati stimati e quelli reali è presentata nella Figura 8.5.

La regressione, questa volta, appare di qualità un po' inferiore rispetto alla precedente. Tuttavia dalle statistiche possiamo accettare l'ipotesi che la costante di regressione sia nulla. L'elasticità viene negativa (come deve essere per un'opzione *put*) e, in particolare, se si posseggono 1000 euro di azioni ENI, l'importo da investire nello *warrant put* al fine di immunizzare il portafoglio è dato da

$$\theta_F F = -\frac{\theta_S S}{\eta_{F,S}} = -\frac{1000}{-10.87} = 92 \text{ euro,}$$

e dunque occorre prendere una posizione lunga sullo *warrant*.

Sia nel caso dell'azione FIAT visto in precedenza sia nel caso in esame gli importi richiesti per l'immunizzazione del portafoglio risultano limitati rispetto agli importi investiti nel sottostante (questo è dovuto al cosiddetto «effetto leva» per cui con importi limitati si possono gestire grandi rischi).

8 Il rapporto di copertura (*hedge ratio*)

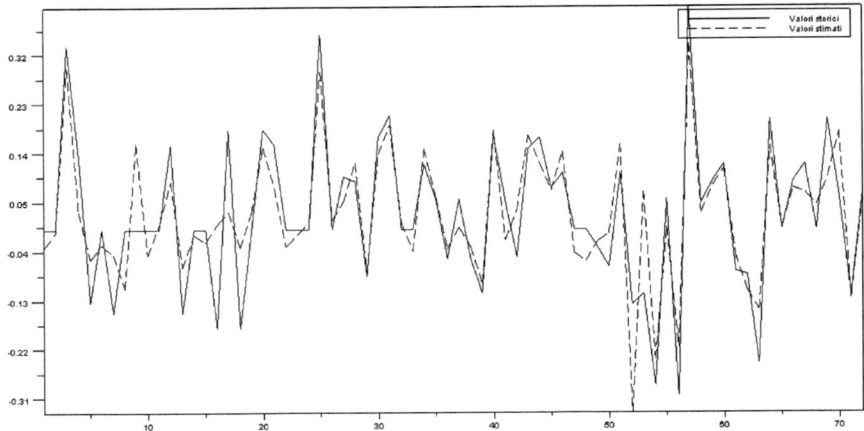

Figura 8.5. Confronto tra i rendimenti logaritmici dello *warrant put* ENI (linea continua) e i suoi valori stimati (linea tratteggiata) sui rendimenti logaritmici dell'ENI

L'intervallo di confidenza (al 95%) per il valore dell'elasticità, in questo caso, è dato da

$$-10.872699 \cdot \left(1 + \frac{1.667}{t}\right) = -9.0108,$$
$$-10.872699 \cdot \left(1 - \frac{1.667}{t}\right) = -12.735.$$

Di conseguenza, gli importi da investire nello *warrant* oscillano tra i seguenti valori:

$$-\frac{1000}{-9.0108} = 110.98,$$
$$-\frac{1000}{-12.735} = 78.524.$$

9
I tassi di interesse

9.1 Importare i dati

I tassi di interesse non sono direttamente quotati sui mercati finanziari. Essi, dunque, sono ricavati da altri strumenti finanziari il cui prezzo, invece, viene registrato sui mercati. La curva a termine dei tassi di interesse (quella *spot*), per esempio, si ricava dalle quotazioni dei titoli obbligazionari. Fortunatamente c'è chi fa il lavoro per noi. Nel caso degli Stati Uniti d'America i dati sono raccolti dal Federal Reserve System e si possono trovare, per quanto riguarda i tassi di interesse, sul sito

www.federalreserve.gov/releases/h15/data.htm

Tra tutti i tassi disponibili ci interessano particolarmente quelli dei Treasury Bill (che corrispondono ai nostri BOT) a 3 mesi. Per valutare il tasso di interesse privo di rischio, infatti, prendiamo il tasso di interesse sul titolo a più breve scadenza e con il minore rischio di credito (cioè un titolo di Stato). La frequenza dei dati, poi, sarà quella giornaliera.

Ho salvato i dati prima in un file di testo e poi in un file Excel che ho chiamato tb3m.xls. I dati vanno dall'1/4/1954 fino al 31/8/2007. Osservando il file Excel che si è scaricato si noterà che alcuni valori dei tassi di interesse sono mancanti. Vedremo come gestire questa problematica poco oltre.

Per importare in Scilab i dati da Excel uso il già noto sistema presentato nei capitoli iniziali.

```
-->r=readxls('tb3m.xls')
 r  =
     Foglio1: 14010x3
     Foglio2: 0x0
     Foglio3: 0x0
-->
```

9 I tassi di interesse

N.B. 9.1. Ho potuto non indicare il percorso del file nel comando `readxls` perché mi ero già sistemato nella *directory* che contiene il foglio Excel con i comandi «File» e «Change current directory...».

Per trasformare questi dati in un vettore che contenga solo ciò che ci interessa, procediamo come segue (procedure già viste nei primi capitoli).

```
-->r(1).value
 ans =
 Nan      Nan      Nan
 Nan      Nan      Nan
 Nan      Nan      Nan
 Nan      Nan      Nan
 Nan      Nan      Nan
 Nan      Nan      Nan
 Nan      Nan      Nan
 Nan      Nan      Nan
 Nan      Nan      Nan
 19815.   1.33     Nan
 19845.   1.28     Nan
 19876.   1.28     Nan
[Continue display? n (no) to stop, any other key to continue]
```

Qui osserviamo, dunque, che, della matrice ottenuta con `r(1).value` ci interessa solo la seconda colonna e a partire dalla decima riga. Possiamo allora dare il comando seguente.

```
-->r=r(1).value(10:$,2);
-->
```

All'interno del vettore r, tuttavia, permangono dei valori pari a *Nan* che significa «Not a number». Sono i valori in corrispondenza dei giorni in cui non si sono potuti rilevare i tassi di interesse. Per eliminare tali elementi del vettore dobbiamo ricorrere a una procedura ad hoc che è la seguente:

1. individuare i valori che, nel vettore r, non sono numeri (cioè i *Nan*); a questo scopo si usa la funzione

$$\texttt{isnan(r)}$$

che restituisce un vettore (con le stesse dimensioni di r) il quale contiene valori che sono T (*True*) se l'elemento corrispondente di r è *Nan* e F (*False*) se l'elemento corrispondente di r non è *Nan*;
2. poiché a noi interessano, invece, i valori che sono numerici, dobbiamo trasformare i risultati precedenti nel loro opposto logico (cioè i T devono diventare F e viceversa); a questo scopo usiamo la tilde che è l'operatore «not»:

$$\texttt{~isnan(r)}$$

9.1 Importare i dati 125

il risultato di tale comando è un vettore (delle stesse dimensioni di r) il quale presenta valore T se l'elemento corrispondente in r non è Nan e F nel caso contrario;
3. dobbiamo prendere, nel vettore r, solo gli elementi che non sono Nan (cioè solo gli elementi corrispondenti ai T del caso precedente); a questo scopo si usa il comando find che permette di prendere, da un vettore, solo i termini che rispettano una certa condizione. La sintassi è

$$r(find(\sim isnan(r)))$$

con la quale si dice che, nel vettore r, occorre prendere solo gli elementi che, nel vettore r stesso, sono diversi da Nan.

Il comando da dare a Scilab per creare il vettore r su cui lavorare, dunque, è il seguente.

```
-->r=r(find(~isnan(r)));
-->
```

Effettuando un plot del vettore r otteniamo quanto riportato nella Figura 9.1.

Nei paragrafi che seguono mostro come stimare i parametri dei modelli più comuni per i tassi di interesse *spot* (a un solo fattore di rischio):

$$dr = \mu_r(t, r) \, dt + \sigma_r(t, r) \, dW_r,$$

specificando diverse forme per la deriva μ_r e la diffusione σ_r del processo. Per una interessante disamina sui processi utilizzati per la rappresentazione dei tassi di interesse si consiglia Martellini e Priaulet (2000).

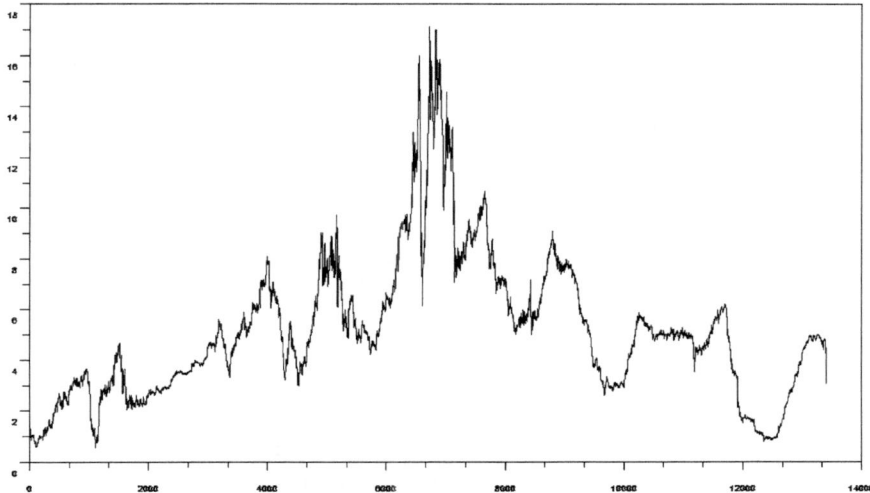

Figura 9.1. Tassi di interesse sui Treasury-Bill a 3 mesi, dall'1/4/1954 al 31/8/2007

Un'ultima precisazione. Poiché i valori di r sono espressi in termini percentuali, per avere i valori «assoluti» dei tassi di interesse è necessario dividere il vettore r per 100 e lavoreremo sempre su questo nuovo vettore.

```
-->r=r/100;
-->
```

9.2 Il modello di Merton

Il modello dei tassi di interesse inizialmente proposto da Merton (1970) è il più semplice possibile:
$$dr(t) = \mu_r dt + \sigma_r dW_r,$$
dove μ_r e σ_r sono due costanti. Per stimare tali costanti possiamo applicare il metodo dei momenti già visto in precedenza. A tal fine occorre ottenere la serie delle differenze nei tassi di interesse tra un giorno e l'altro (dr) e poi calcolarne media e varianza. Si ha, infatti,
$$\mathbb{E}[dr] = \mu_r dt,$$
$$\mathbb{V}[dr] = \sigma_r^2 dt,$$
da cui, evidentemente, una volta stimate la media e la varianza, si ha
$$\mu_r = \frac{1}{dt}\mathbb{E}[dr],$$
$$\sigma_r = \sqrt{\frac{1}{dt}\mathbb{V}[dr]}.$$

I due parametri del modello, dunque, sono ottenuti in modo molto diretto. Nel nostro caso, ponendo $dt = \frac{1}{258}$, come si era già fatto nel caso delle simulazioni dei prezzi azionari, si può scrivere quanto segue.

```
-->dr=diff(r);
-->mur=mean(dr)*258
 mur =
     0.0004965
-->sigmar=sqrt(mvvacov(dr)*258)
 sigmar =
     0.0151227
-->
```

Non ci resta, a questo punto, che simulare il processo di Merton (con i valori dei parametri appena determinati) come abbiamo già fatto per le simulazioni dei prezzi delle azioni. A questo scopo creiamo una funzione che sia del tutto simile alla funzione `euler` già creata in precedenza (e, magari, la chiamiamo `merton`).

9.2 Il modello di Merton

```
function [r]=merton(mu,sigma,dt,T,r0);
    dW=rand(T/dt,1,'normal')*sqrt(dt);
    r(1)=r0;
    for i=2:T/dt
        r(i)=r(i-1)+mu*dt+sigma*dW(i);
    end;
endfunction
```

Così come avevamo fatto per le azioni, poi, ripetiamo per alcune volte il processo di simulazione con:

1. l'intervallo temporale scelto $dt = \frac{1}{258}$;
2. l'orizzonte temporale T dato dal numero di righe del vettore r diviso per 258;
3. il valore iniziale del processo pari al primo tasso di interesse a nostra disposizione $r(1)$.

```
-->for i=1:30
rsim(:,i)=merton(mur,sigmar,1/258,13407/258,r(1));
end;
-->plot([rsim,r]);
```

Qui ho deciso di limitare le simulazioni a 30 per non rendere il grafico troppo «affollato» di simulazioni. Il risultato si mostra nella Figura 9.2 dove la curva in grassetto è quella dei tassi effettivamente osservati sul mercato.

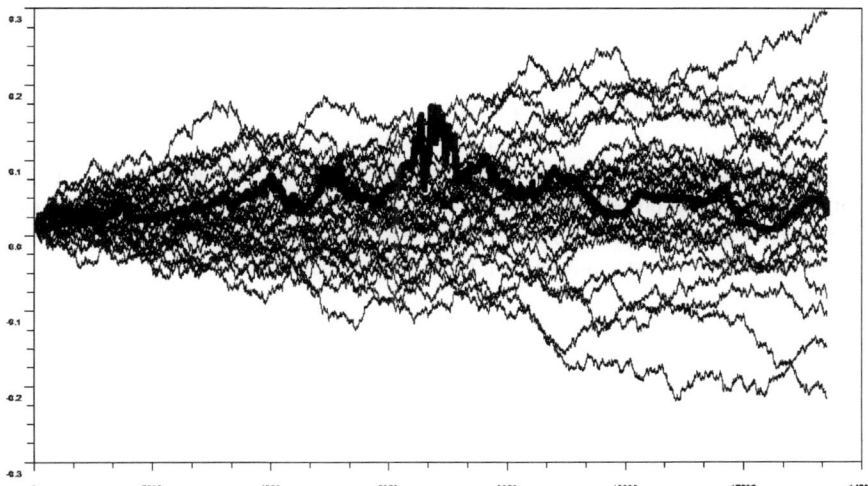

Figura 9.2. Simulazione di alcune traiettorie dei tassi di interesse per il modello di Merton (in grassetto la curva dei tassi di interesse di mercato)

Si nota immediatamente che il modello di Merton ammette tassi di interesse negativi e, questo, ne costituisce un difetto notevole. Inoltre i tassi di interesse effettivi hanno un andamento decisamente diverso da quello di tutte le simulazioni. In particolare, la parte «intermedia» del periodo analizzato, che presenta tassi di interesse particolarmente elevati, non è ben catturata dal modello. Vedremo che modelli più «evoluti» permettono di risolvere tale problema.

9.3 Merton in un colpo solo

Anziché effettuare due procedure diverse per stimare i parametri del modello di Merton e poi simularne le traiettorie, si può creare una funzione unica per tutte e due le procedure.

In questo caso occorre eliminare, tra i possibili *input*, i parametri μ_r e σ_r e inserire il vettore dei tassi storici r.

Desidero anche immettere, tra gli *input*, una variabile che indichi quante simulazioni del processo desideriamo ottenere.

La funzione può essere scritta come segue.

```
function [r]=merton2(r,dt,T,r0,n);
    mu=mean(diff(r))/dt;
    sigma=sqrt(mvvacov(diff(r))/dt);
    r=r0*ones(1,n);
    for j=1:n
        dW=rand(T/dt,1,'normal')*sqrt(dt);
        for i=2:T/dt
            r(i,j)=r(i-1,j)+mu*dt+sigma*dW(i);
        end;
    end;
endfunction
```

In questo modo abbiamo riassunto in un'unica funzione tutti i passaggi precedenti. Inserendo in `merton2` i tassi storici e i parametri del processo stocastico dt, T e r_0, si possono ottenere, immediatamente, n simulazioni.

Le parti di questa nuova funzione sono le seguenti:

1. vengono inizialmente stimati i parametri μ_r e σ_r;
2. ai valori iniziali di tutte le simulazioni viene dato valore r_0; questo è un vettore riga poiché, facendo n simulazioni, si otterrà una matrice contenente n colonne (e tante righe quanti saranno i valori simulati per ogni simulazione);
3. vi sono due cicli `for`: il più interno è come quello che si è già utilizzato nella funzione `merton`, il più esterno, invece, serve per ripetere n volte le simulazioni. L'*output*, dunque, sarà una matrice formata da n colonne (una per ogni simulazione) e T/dt righe.

9.4 Il modello di Vasiček

Il modello dei tassi di interesse proposto da Vasiček (1977) è il seguente:

$$dr(t) = a(b - r(t))dt + \sigma_r dW_r,$$

dove a, b e σ_r sono costanti. In particolare a misura la forza con cui il processo tende a ritornare sul suo valore medio (pari a b) mentre σ_r misura la volatilità del processo stesso.

Il parametro σ_r si può facilmente ottenere dalla serie delle differenze dr calcolandone la varianza. Si ha, infatti,

$$\mathbb{V}[dr(t)] = \sigma_r^2 dt,$$

da cui, banalmente

$$\sigma_r = \sqrt{\frac{1}{dt}\mathbb{V}[dr(t)]}.$$

Questo ci fa notare che la varianza stimata per il processo di Vasicek è la stessa del processo di Merton.

Una volta discretizzata, l'equazione differenziale stocastica dei tassi diviene

$$r(t+dt) - r(t) = a(b - r(t))dt + \sigma_r dW_r.$$

Se scriviamo questa equazione nei termini di una regressione econometrica otteniamo

$$r_{t+dt} = \beta_0 + \beta_1 r_t + \varepsilon_t,$$

dove

$$\beta_0 = ab \cdot dt,$$
$$\beta_1 = 1 - a \cdot dt.$$

Possiamo dunque applicare una semplice regressione dei minimi quadrati ordinari utilizzando la funzione ols. Poiché dobbiamo regredire i valori di r_{t+1} su quelli di r_t, possiamo scrivere il comando nel modo seguente:

```
ols(r(2:$),[ones(size(r,1)-1,1) r(1:$-1)])
```

dove r(2:$) sono i valori di r che vanno dal secondo fino all'ultimo e r(1:$-1) sono i valori di r che vanno dal primo fino al penultimo. Il comando ones è stato utilizzato per creare una matrice che contenga solo 1.

```
-->ols(r(2:$),[ones(size(r,1)-1,1) r(1:$-1)]);
 !   Numero osservazioni    13406          !
 !   Numero variabili       2              !
 !   R2                     0.9988643      !
 !   R2c                    0.9988642      !
 !   coeff        t-statistic              !
 !   0.0000345    2.0187078                !
 !   0.9993692    3433.4658                !
```

9 I tassi di interesse

I valori del test t ci dicono che il tasso del periodo precedente è significativo (a qualsiasi livello di confidenza) e che la costante di regressione è significativa, grosso modo, fino al 2.5% (questo si vede dalle tavole statistiche della distribuzione t).

Ottenuti i valori dei coefficienti, dunque, dobbiamo risolvere il seguente sistema:

$$\begin{cases} ab\frac{1}{258} = 0.0000345, \\ 1 - a\frac{1}{258} = 0.9993692, \end{cases}$$

che ha come unica soluzione

$$a = 0.16275,$$
$$b = 0.054692.$$

Tali valori ci dicono che, in media, il tasso di interesse ha oscillato intorno a un valore del 5.47% mentre la forza con cui è tornato su tale valore è stata pari a 0.16.

N.B. 9.2. Da molti studi sui tassi di interesse, la forza di ritorno sulla media si è sempre attestata tra lo 0.1 e lo 0.2. Il tasso di interesse medio prevalente sulle economie nel lungo periodo è sempre vicino al 5%.

Non ci resta che effettuare le simulazioni creando un apposito programma che, ovviamente, chiameremo `vasicek`.

```
function [r]=vasicek(a,b,sigma,dt,T,r0);
    dW=rand(T/dt,1,'normal')*sqrt(dt);
    r(1)=r0;
    for i=2:T/dt
        r(i)=r(i-1)+a*(b-r(i-1))*dt+sigma*dW(i);
    end;
endfunction
```

Il comando per creare 10 simulazioni con gli stessi valori dei parametri è il seguente.

```
-->for i=1:10
rsim(:,i)=vasicek(0.16275,0.054692,0.0151227,1/258,...
13407/258,r(1));
end;
-->plot([rsim,r]);
```

Graficamente si ottiene il risultato della Figura 9.3.

Questo modello è in grado di avvicinarsi un po' meglio al reale comportamento dei tassi. Nelle simulazioni, comunque, si hanno ancora tassi di interesse negativi. L'alta volatilità che si riscontra nel pezzo intermedio della serie storica influenza, ovviamente, tutto il processo. Poiché il modello di Vasicek ha

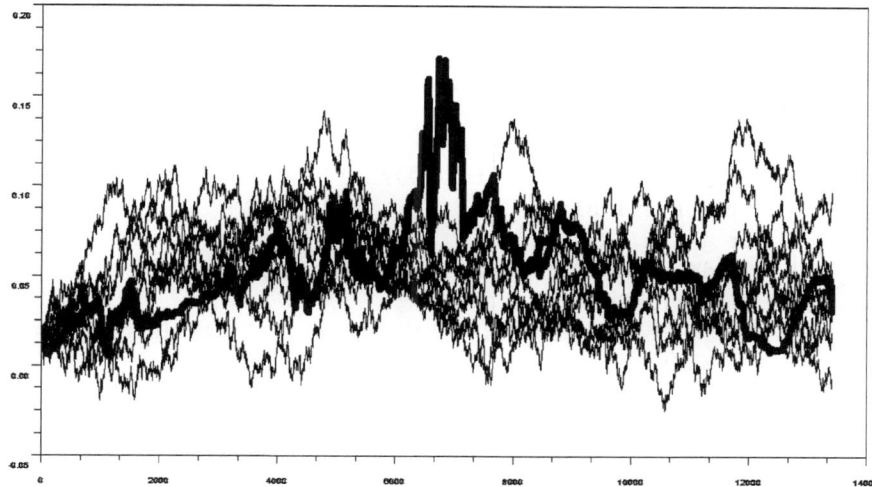

Figura 9.3. Simulazione di alcune traiettorie dei tassi di interesse per il modello di Vasicek (in grassetto la curva dei tassi di interesse di mercato)

volatilità costante, essa non può che coincidere con la volatilità media di tutto il processo la quale, ovviamente, risulta troppo elevata per i momenti in cui la volatilità del mercato è bassa e, viceversa, risulta troppo bassa per i momenti in cui la volatilità del mercato è alta.

Dal confronto tra simulazioni e dati reali, infatti, si nota che la volatilità dei processi simulati è tendenzialmente più elevata di quella dei tassi di interesse sul mercato.

Il prossimo modello ci aiuterà sia a eliminare il problema dei tassi di interesse negativi sia a tenere in conto volatilità diverse per diversi valori del tasso di interesse.

9.5 Vasiček in un colpo solo

Come si è già fatto per il modello di Merton, mostro qui come poter riassumere tutti i passaggi precedenti in un'unica funzione. Poiché per la stima dei parametri del modello di Vasicek si sono utilizzati gli stimatori dei minimi quadrati, allora possiamo richiamare la funzione `ols` oppure, in modo più semplice, calcolare i coefficienti della regressione. Nella funzione `vasicek2` scelgo questa seconda via.

```
function [r]=vasicek2(r,dt,T,r0,n);
    X=[ones(size(r,1)-1,1),r(1:$-1)];
    bhat=(X'*X)^(-1)*X'*r(2:$);
    a=(1-bhat(2))/dt;
    b=bhat(1)/(1-bhat(2));
    sigma=sqrt(mvvacov(diff(r))/dt);
    r=r0*ones(1,n);
    for j=1:n
        dW=rand(T/dt,1,'normal')*sqrt(dt);
        for i=2:T/dt
            r(i,j)=r(i-1,j)+a*(b-r(i-1,j))*dt+sigma*dW(i);
        end;
    end;
endfunction
```

Vediamo i componenti della funzione:

1. dapprima vengono stimati i componenti del vettore β considerando come variabile dipendente i tassi di interesse storici dal secondo fino all'ultimo e come variabili indipendenti un vettore di uno (la costante di regressione) e i tassi di interesse storici dal primo fino al penultimo;
2. dai valori di β si ricavano i parametri a e b; la soluzione del sistema

$$\beta_0 = ab \cdot dt,$$
$$\beta_1 = 1 - a \cdot dt,$$

è, infatti

$$a = \frac{1-\beta_1}{dt},$$
$$b = \frac{\beta_0}{1-\beta_1}.$$

Il primo componente del vettore β corrisponde a β_0 e il secondo componente corrisponde a β_1;
3. il valore di σ_r è ottenuto come nel caso di Merton;
4. come nel caso di Merton, vi sono due cicli `for`.

9.6 Il modello CIR

Qui si suppone che il tasso di interesse segua l'equazione differenziale stocastica

$$dr(t) = a(b - r(t))dt + \sigma_r\sqrt{r(t)}dW_r,$$

inizialmente proposta per i tassi *spot* da Cox, Ingersoll e Ross (1985), da cui l'acronimo CIR.

9.6 Il modello CIR

La differenza fondamentale rispetto ai modelli di Vasiček e di Merton sta nella volatilità. Essa, infatti, non è più costante ma dipende dal tasso di interesse stesso. In particolare, si ha

$$\mathbb{V}\left[dr\left(t\right)\right] = \sigma_r^2 r\left(t\right) dt,$$

ovvero quando i tassi di interesse sono elevati anche la loro volatilità è elevata mentre per tassi di interessi bassi anche la volatilità è bassa. Questa ipotesi è spesso verificata nella realtà: quando i tassi di interesse sono particolarmente elevati si è in un periodo di crisi e, dunque, la volatilità dei mercati tende a essere più elevata; quando, al contrario, la situazione economica è più stabile e la volatilità dei mercati è più bassa anche i tassi di interesse sono più bassi.

Se la volatilità del processo non è più costante, allora si perde la proprietà che gli econometrici chiamano **omoschedasticità** (e tale perdita non è indolore per la stima dei parametri). In questo tipo di modello, tuttavia, è possibile recuperarla effettuando un cambio di variabile. Definita la variabile

$$y\left(t\right) = 2\sqrt{r\left(t\right)},$$

il suo differenziale si calcola attraverso il lemma di Itô ottenendo

$$dy\left(t\right) = \left(\frac{1}{\sqrt{r\left(t\right)}} a\left(b - r\left(t\right)\right) - \frac{1}{2} \frac{1}{2r\left(t\right)^{\frac{3}{2}}} \sigma_r^2 r\left(t\right)\right) dt + \frac{1}{\sqrt{r\left(t\right)}} \sigma_r \sqrt{r\left(t\right)} dW_r.$$

Sostituendo a $r\left(t\right)$ il suo valore in termini di $y\left(t\right)$ si ottiene, infine,

$$dy\left(t\right) = \left(-\frac{1}{2} ay\left(t\right) + \left(2ab - \frac{1}{2}\sigma_r^2\right) \frac{1}{y\left(t\right)}\right) dt + \sigma_r dW_r,$$

dove si nota che il processo per $y\left(t\right)$ è omoschedastico (come ci piace che sia).

La prima operazione, dunque, sarà quella di trasformare il vettore r nel vettore y.

```
-->y=2*sqrt(r);
-->
```

La volatilità del processo è immediatamente ottenibile come nei casi precedenti:

$$\mathbb{V}\left[dy\left(t\right)\right] = \sigma_r^2 dt,$$

$$\sigma_r = \sqrt{\frac{1}{dt} \mathbb{V}\left[dy\left(t\right)\right]}.$$

```
-->sigmar=sqrt(mvvacov(diff(y))*258)
 sigmar  =
    0.0558072
-->
```

9 I tassi di interesse

Il valore di σ_r viene più elevato di quello ottenuto con Merton e Vasiček ma occorre ricordare che, in questo caso, esso va moltiplicato per la radice quadrata del tasso di interesse (dunque per un valore più piccolo di 1). Quindi la volatilità del processo iniziale $r(t)$ risulterà in linea con quelle di Merton e Vasiček.

Per calcolare i parametri a e b occorre utilizzare un metodo simile a quello visto per Vasiček: bisogna fare una regressione. Scriviamo, così, l'equazione da stimare:

$$y_{t+dt} = \beta_1 y_t + \beta_2 \frac{1}{y_t} + \varepsilon_t,$$

dove

$$\beta_1 = 1 - \frac{1}{2} a dt,$$

$$\beta_2 = \left(2ab - \frac{1}{2}\sigma_r^2\right) dt.$$

Poiché σ_r era già stato ottenuto in precedenza, le stime di β_1 e β_2 ci daranno la possibilità di calcolare, in modo univoco, i valori di a e b.

Per regredire y_{t+1} su y_t e su $\frac{1}{y_t}$ (faccio notare che non vi è la costante di regressione) utilizziamo la funzione ols.

```
-->ols(y(2:$),[y(1:$-1) y(1:$-1).^(-1)]);
!   Numero osservazioni    13406          !
!   Numero variabili       2              !
!   R2                     0.9991829      !
!   R2c                    0.9991828      !
!   coeff        t-statistic   !
!   0.9997998    8408.9211     !
!   0.0000392    1.9174344     !
```

Risolvendo il sistema

$$\begin{cases} 1 - \frac{1}{2} a \frac{1}{258} = 0.9997998, \\ \left(2ab - \frac{1}{2}(0.0558072)^2\right) \frac{1}{258} = 0.0000392, \end{cases}$$

con $\sigma_r = 0.0558072$ (come ottenuto poco sopra), si ricava

$$a = 0.1033,$$
$$b = 0.056488.$$

In questo caso, dunque, la forza di ritorno sulla media (a) è un po' più bassa rispetto a quella del modello di Vasiček, mentre il tasso di interesse di equilibrio (b) è un poco più alto.

Non ci resta che effettuare le simulazioni creando un apposito programma che, ovviamente, chiameremo cir.

9.6 Il modello CIR

```
function [r]=cir(a,b,sigma,dt,T,r0);
    dW=rand(T/dt,1,'normal')*sqrt(dt);
    r(1)=r0;
    for i=2:T/dt
        r(i)=r(i-1)+a*(b-r(i-1))*dt+sigma*sqrt(r(i-1))*dW(i);
    end;
endfunction
```

Il comando per creare 10 simulazioni con gli stessi valori dei parametri è il seguente.

```
-->for i=1:10
rsim(:,i)=cir(0.1033,0.056488,0.0558072,1/258,13407/258,r(1));
end;
-->plot([rsim,r]);
```

Graficamente si ottiene il risultato della Figura 9.4.

Notiamo che questo tipo di modello riesce a evitare i tassi di interesse negativi e riesce a catturare un po' meglio l'andamento dei tassi di interesse effettivi sul mercato. Le punte estreme, in alto e in basso, sono catturate piuttosto bene. Ciò che il modello non riesce a fare è di individuare la corretta alternanza tra periodi di alta e di bassa volatilità. Il modello teorico, infatti, prevede che abbiano alta volatilità solo i periodi con tassi di interesse elevati. Invece, nella pratica, esistono anche momenti di alta volatilità con tassi di interesse bassi.

I modelli teorici e le tecniche econometriche adatti per catturare tali fenomeni sono al di fuori degli scopi di questo testo e, quindi, mi fermo a questo punto.

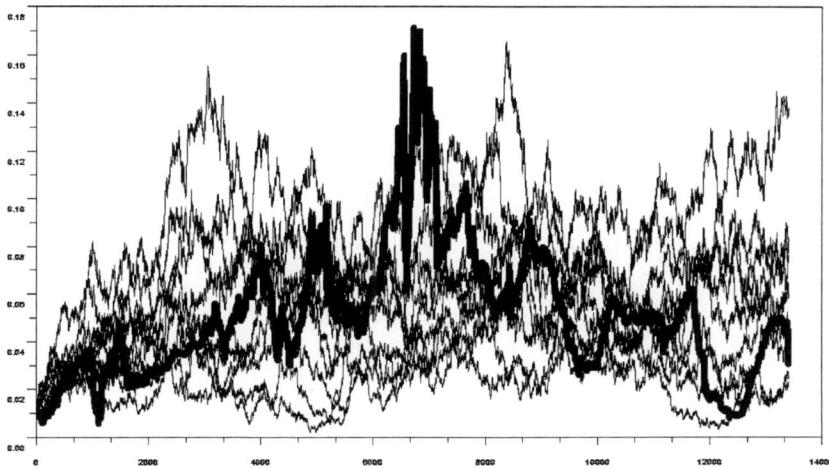

Figura 9.4. Simulazione di alcune traiettorie dei tassi di interesse per il modello di CIR (in grassetto la curva dei tassi di interesse di mercato)

9.7 CIR in un colpo solo

Il caso CIR è molto simile a quello di Vasiček perché occorre utilizzare gli stessi strumenti di stima. La regressione, in questo caso, non viene fatta sui tassi storici (r) ma su una loro trasformazione $(2\sqrt{r})$.

Il programma è il seguente.

```
function [r]=cir2(r,dt,T,r0,n);
    sigma=sqrt(mvvacov(diff(2*sqrt(r)))/dt);
    X=[2*sqrt(r(1:$-1)),(2*sqrt(r(1:$-1))).^(-1)];
    bhat=(X'*X)^(-1)*X'*(2*sqrt(r(2:$)));
    a=2*(1-bhat(1))/dt;
    b=(bhat(2)+sigma^2*dt/2)/(4*(1-bhat(1)));
    r=r0*ones(1,n);
    for j=1:n
        dW=rand(T/dt,1,'normal')*sqrt(dt);
        for i=2:T/dt
            r(i,j)=r(i-1,j)+a*(b-r(i-1,j))*dt...
                +sigma*sqrt(r(i-1,j))*dW(i);
        end;
    end;
endfunction
```

Ne analizziamo le tappe:

1. la volatilità è stimata come nel caso di Vasiček ma, anziché usare il vettore r, si utilizza il vettore $2\sqrt{r}$ (come si vede nella prima riga della funzione);
2. i parametri della regressione (β) sono stimati prendendo come variabili indipendenti $2\sqrt{r}$ e $\frac{1}{2\sqrt{r}}$;
3. i valori dei parametri a e b sono ricavati risolvendo il sistema

$$\beta_1 = 1 - \frac{1}{2}adt,$$
$$\beta_2 = \left(2ab - \frac{1}{2}\sigma_r^2\right)dt,$$

da cui si ha

$$a = 2\frac{1-\beta_1}{dt},$$
$$b = \frac{\beta_2 + \frac{1}{2}\sigma_r^2 dt}{4(1-\beta_1)};$$

4. alla fine del programma, poi, si utilizzano i due cicli for che avevamo già utilizzato nel caso di Merton e di Vasiček.

10
Il portafoglio media-varianza

10.1 Introduzione

Nei capitoli precedenti si sono già stimati il vettore μ (di dimensione n) e la matrice Σ (di dimensione $n \times n$) di un mercato i cui prezzi seguano il processo stocastico

$$I_S^{-1} dS = \mu dt + \Sigma' dW.$$

Per completare la descrizione del mercato ci serve ancora un titolo privo di rischio (che, nel mercato italiano, sarà il BOT a tre mesi) il cui rendimento chiamo r.

Ora indico con θ_S il vettore (di dimensione n) che contiene il numero di titoli da detenere in portafoglio. Il valore del portafoglio autofinanziato (che chiamo R) si evolve nel modo seguente

$$dR = \left(Rr + \theta_S' I_S (\mu - r\mathbf{1})\right) dt + \theta_S' I_S \Sigma' dW.$$

Dividendo entrambi i membri per R e chiamando w_S le percentuali di ricchezza investite nei singoli titoli, cioè

$$w_S \equiv \frac{1}{R} I_S \theta_S,$$

si può riscrivere

$$\frac{dR}{R} = (r + w_S'(\mu - r\mathbf{1})) dt + w_S' \Sigma' dW.$$

Per determinare quale sia il portafoglio ottimo in media-varianza, cioè il portafoglio che minimizzi la varianza di $\frac{dR}{R}$ per ogni dato livello di rendimento, si deve risolvere il seguente problema:

$$\begin{aligned} \min_{w_S} \ & w_S' \Sigma' \Sigma w_S \\ s.v. \ & \\ & r + w_S'(\mu - r\mathbf{1}) = \mu_R \end{aligned} \quad (10.1)$$

Menoncin F.: Misurare e gestire il rischio finanziario.
© Springer-Verlag Italia, Milano 2009

Risolvendo il problema di minimo si ottiene il seguente portafoglio ottimo

$$w_S^* = \frac{\mu_R - r}{(\mu - r\mathbf{1})'(\Sigma'\Sigma)^{-1}(\mu - r\mathbf{1})}(\Sigma'\Sigma)^{-1}(\mu - r\mathbf{1}),$$

che ha varianza pari a

$$\sigma_R^2 = w_S^{*\prime}\Sigma'\Sigma w_S^* = \frac{(\mu_R - r)^2}{(\mu - r\mathbf{1})'(\Sigma'\Sigma)^{-1}(\mu - r\mathbf{1})}. \qquad (10.2)$$

Quest'ultima equazione mette in relazione il rendimento atteso del portafoglio (μ_R) con la sua varianza (σ_R^2). La relazione tra rendimento atteso e volatilità (σ_R) è, dunque, lineare (posto che si vuole ottenere dal portafoglio un rendimento sicuramente non inferiore a quello privo di rischio).

Un problema analogo a quello appena presentato consiste nel calcolare il portafoglio ottimo che sia formato solo da titoli rischiosi. Il problema, dunque, diventa

$$\begin{aligned} &\min_{w_S} w_S'\Sigma'\Sigma w_S \\ &s.v. \\ &w_S'\mu = \hat{\mu}_R \\ &w_S'\mathbf{1} = 1 \end{aligned} \qquad (10.3)$$

la cui soluzione è

$$\hat{w}_S^* = \hat{\mu}_R(\Sigma'\Sigma)^{-1}\left(\frac{\mathbf{1}'(\Sigma'\Sigma)^{-1}\mathbf{1}}{\phi}\mu - \frac{\mu'(\Sigma'\Sigma)^{-1}\mathbf{1}}{\phi}\mathbf{1}\right)$$
$$+ (\Sigma'\Sigma)^{-1}\left(\frac{\mu'(\Sigma'\Sigma)^{-1}\mu}{\phi}\mathbf{1} - \frac{\mathbf{1}'(\Sigma'\Sigma)^{-1}\mu}{\phi}\mu\right),$$

dalla quale si ottiene

$$\hat{\sigma}_R^2 = \hat{w}_S^{*\prime}\Sigma'\Sigma\hat{w}_S^* = \hat{\mu}_R^2\frac{\mathbf{1}'(\Sigma'\Sigma)^{-1}\mathbf{1}}{\phi} - 2\hat{\mu}_R\frac{\mathbf{1}'(\Sigma'\Sigma)^{-1}\mu}{\phi} + \frac{\mu'(\Sigma'\Sigma)^{-1}\mu}{\phi}, \qquad (10.4)$$

dove

$$\phi \equiv \left(\mu'(\Sigma'\Sigma)^{-1}\mu\right)\left(\mathbf{1}'(\Sigma'\Sigma)^{-1}\mathbf{1}\right) - \left(\mathbf{1}'(\Sigma'\Sigma)^{-1}\mu\right)^2.$$

Anche la funzione (10.4) mette in relazione la varianza del portafoglio (senza titolo privo di rischio) $\hat{\sigma}_R^2$ con il suo rendimento $\hat{\mu}_R$. Le due frontiere dei portafogli media-varianza (10.2) e (10.4) hanno un solo punto in comune e questo lo si può dimostrare mettendo a sistema le due equazioni. Il punto unico in comune è un punto di tangenza le cui coordinate sono

$$\sigma_T^2 = \frac{\sqrt{(\mu - r\mathbf{1})'(\Sigma'\Sigma)^{-1}(\mu - r\mathbf{1})}}{\mathbf{1}'(\Sigma'\Sigma)^{-1}(\mu - r\mathbf{1})},$$

$$\mu_T = r + \frac{(\mu - r\mathbf{1})'(\Sigma'\Sigma)^{-1}(\mu - r\mathbf{1})}{\mathbf{1}'(\Sigma'\Sigma)^{-1}(\mu - r\mathbf{1})}.$$

Il portafoglio che coincide con il punto di tangenza è

$$w_T^* = \frac{1}{\mathbf{1}'\left(\Sigma'\Sigma\right)^{-1}(\mu - r\mathbf{1})}\left(\Sigma'\Sigma\right)^{-1}(\mu - r\mathbf{1}),$$

nel quale non vi è il titolo privo di rischio poiché vale $w_T^{*\prime}\mathbf{1} = 1$ (cioè tutta la ricchezza a disposizione è investita nei titoli rischiosi). Tutti gli altri portafogli possibili possono essere ottenuti come combinazione lineare del titolo privo di rischio e del portafoglio tangente

$$w_S^* = \alpha w_T^*,$$

avendo così la percentuale investita nel titolo privo di rischio (w_G) pari a

$$w_G = 1 - w_S^{*\prime}\mathbf{1} = 1 - \alpha w_T^{*\prime}\mathbf{1} = 1 - \alpha.$$

Non ci resta che scrivere un programma che calcoli il portafoglio tangente una volta conosciuti i prezzi dei titoli che si vogliono inserire nel portafoglio. Quanto qui esposto è mostrato, in assai maggiore dettaglio, in Menoncin (2006a).

N.B. 10.1. Il portafoglio ottimo in termini di media-varianza così calcolato è valido per un solo istante. Occorrerebbe, istante per istante, ricalcolare μ, Σ e r per modificare opportunamente il portafoglio. Questa strategia è significativamente costosa (a causa dei costi di transazione sui titoli). Se i nuovi μ, Σ e r non sono significativamente diversi dai precedenti, conviene non riallocare il portafoglio.

10.2 Il portafoglio tangente e le frontiere

Vediamo come scrivere un programma che ci permetta di ottenere, inserendo i prezzi dei titoli rischiosi e il tasso privo di rischio, il portafoglio tangente. Poiché in Scilab non esistono le lettere greche, utilizzerò la seguente notazione

$$\begin{aligned}
\mu &= \text{mu}, & \sigma &= \text{sigma}, \\
\mu_T &= \text{muT}, & \sigma_T &= \text{sigmaT}, \\
\mu_R &= \text{muR}, & \sigma_R &= \text{sigmaR}, \\
\hat{\mu}_R &= \text{muRhat}, & \hat{\sigma}_R &= \text{sigmaRhat},
\end{aligned}$$

dove ho usato il termine inglese *hat* [cappello] per indicare l'accento circonflesso.

Articoliamo il programma in tre parti. In una prima parte calcoliamo i valori di μ e di Σ dai prezzi dei titoli rischiosi (chiamiamo Sp la matrice dei prezzi storici).

```
function [muT,sigmaT,wT]=frontiera(Sp,r,dt);
//
// Calcolo di varianze, covarianze e rendimenti
//
dlnSp=diff(log(Sp),1,1);
SS=mvvacov(dlnSp)/dt;
mu=mean(dlnSp,1)'/dt+1/2*diag(SS);
```

La funzione che stiamo creando viene chiamata «frontiera» e riceve, come dati, i prezzi dei titoli che si vogliono inserire nel portafoglio, il tasso privo di rischio e la frequenza dei dati (se i dati sono mensili dt sarà pari a $\frac{1}{12}$)[1]. La prima parte del programma che ho scritto calcola le differenze logaritmiche dei prezzi e, da esse, la matrice delle varianze e covarianze insieme al vettore dei rendimenti attesi.

Adesso occorre calcolare il rendimento, la volatilità e la composizione del portafoglio tangente. Rispettivamente: μ_T, σ_T e w_T^*. Non ci resta che applicare le formule viste nel paragrafo precedente.

```
function [muT,sigmaT,wT]=frontiera(Sp,r,dt);
//
// Calcolo di varianze, covarianze e rendimenti
//
dlnSp=diff(log(Sp),1,1);
SS=mvvacov(dlnSp)/dt;
mu=mean(dlnSp,1)'/dt+1/2*diag(SS);
//
// Calcolo del portafoglio tangente
//
u=ones(size(mu,1),1);
muT=r+(mu-r)'*SS^(-1)*(mu-r)/(u'*SS^(-1)*(mu-r));
sigmaT=sqrt((mu-r)'*SS^(-1)*(mu-r))/(u'*SS^(-1)*(mu-r));
wT=(muT-r)/((mu-r)'*SS^(-1)*(mu-r))*SS^(-1)*(mu-r);
```

Si è anche creato, per comodità, il vettore u di dimensioni pari al vettore μ e che contiene solo 1 (corrisponde al vettore **1** dell'analisi algebrica).

Per concludere il programma desidero inserire anche una parte grafica che permetta di visualizzare le due frontiere efficienti: quella con e quella senza il titolo privo di rischio. Il programma completo è il seguente.

---

[1] Nell'esempio dei titoli che utilizzeremo noi (con dati a frequenza giornaliera) sarà $dt = \frac{1}{258}$ come nei casi visti nei capitoli precedenti.

10.2 Il portafoglio tangente e le frontiere

```
function [muT,sigmaT,wT]=frontiera(Sp,r,dt);
//
// Calcolo di varianze, covarianze e rendimenti
//
dlnSp=diff(log(Sp),1,1);
SS=mvvacov(dlnSp)/dt;
mu=mean(dlnSp,1)'/dt+1/2*diag(SS);
//
// Calcolo del portafoglio tangente
//
u=ones(size(mu,1),1);
muT=r+(mu-r)'*SS^(-1)*(mu-r)/(u'*SS^(-1)*(mu-r));
sigmaT=sqrt((mu-r)'*SS^(-1)*(mu-r))/(u'*SS^(-1)*(mu-r));
wT=(muT-r)/((mu-r)'*SS^(-1)*(mu-r))*SS^(-1)*(mu-r);
//
// Rappresentazione grafica della frontiera
// con titolo privo di rischio
//
xtitle('Frontiera media-varianza','Volatilità','Media');
muR=[0:0.01:2];
sigmaR=sqrt((muR-r)^2)/sqrt((mu-r)'*SS^(-1)*(mu-r));
plot(sigmaR,muR,'black');
//
// Rappresentazione grafica della frontiera
// senza titolo privo di rischio
//
phi=mu'*SS^(-1)*mu*u'*SS^(-1)*u-(mu'*SS^(-1)*u)^2;
muRhat=[0:0.01:2];
sigmaRhat=sqrt(u'*SS^(-1)*u/phi*muRhat.^2...
    -2*mu'*SS^(-1)*u/phi*muRhat+mu'*SS^(-1)*mu/phi);
plot(sigmaRhat,muRhat,'red');
endfunction
```

Poiché le due frontiere non rappresentano funzioni invertibili, ci conviene dare dei valori definiti a μ_R, calcolare di conseguenza σ_R e poi rappresentare su un piano cartesiano i μ_R come ordinate e i σ_R come ascisse. È proprio quello che si è fatto nel programma. In particolare, si è scelto di dare a μ_R i valori da 0 fino a 2 (con passo 0.01). I valori di σ_R (chiamato, nel programma, sigmaR) e di $\hat{\sigma}_R$ (chiamato sigmaRhat) sono calcolati usando le formule presentate nel capitolo precedente.

Il valore massimo di 2 per il rendimento atteso (pari al 200%) può sembrare eccessivo ma permette di osservare con maggiore chiarezza come le due frontiere si comportano per valori elevati.

Il comando plot disegna le due frontiere mettendo sull'asse orizzontale i valori di muR e di muRhat mentre, sull'asse verticale, sono riportati i valori di sigmaR e di sigmaRhat. La prima frontiera viene disegnata in nero mentre l'altra viene disegnata in rosso (nei comandi scriviamo, rispettivamente, black e red).

N.B. 10.2. Quando il comando plot contiene due argomenti, Scilab intende il primo come vettore dei valori da attribuire alle ascisse e il secondo come vettore dei valori da attribuire alle ordinate. Per capire meglio questo meccanismo invito il lettore a provare il comando plot([1 3 5 2],[10 20 15 30]).

Per provare il programma usiamo i prezzi già scaricati da internet per Italcementi, ENI e FIAT usati nei capitoli precedenti (con $dt = \frac{1}{258}$). Come tasso privo di rischio si prende il 3%. Una volta eseguito, il programma dà il seguente risultato (e graficamente la Figura 10.1).

```
-->[muT,sigmaT,wT]=frontiera([ita eni fiat],0.03,1/258)
 wT  =
       0.4151264
      -4.0940253
       4.6788989
 sigmaT  =
       1.2742135
 muT  =
       3.5488964
-->
```

Il portafoglio tangente contiene il 41.51% del primo titolo (Italcementi), il 467.89% del terzo titolo (FIAT) mentre si deve vendere allo scoperto il 409.40% del secondo titolo (ENI). Si osserva immediatamente che le quote del portafoglio tangente sono fatte in modo da non dare spazio, nel portafoglio stesso, al titolo privo di rischio. Vale, infatti, quanto segue.

```
-->sum(wT)
 ans  =
       1.
-->
```

Le quote del portafoglio tangente sommano a 1 (come si era già mostrato nella parte teorica all'inizio di questo capitolo). Il portafoglio tangente ha un rendimento atteso molto elevato, pari al 354.89% ma ha, anche, una varianza estremamente elevata pari al 127.42%. Ci aspettiamo che gli investitori desiderino una volatilità molto inferiore (dovendo, ovviamente, accettare un rendimento assai inferiore).

L'indice di Sharpe del portafoglio tangente (che è costante lungo tutta la frontiera rettilinea) è dato da $\frac{\mu_T - r}{\sigma_T}$ e lo si può, dunque, calcolare come segue.

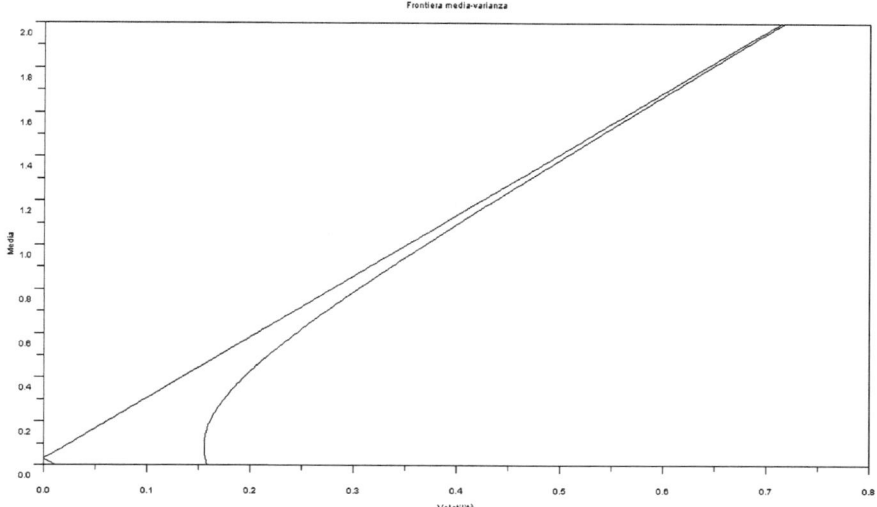

Figura 10.1. Frontiere efficienti per il portafoglio che contiene Italcementi, ENI e FIAT

```
-->Sh=(muT-0.03)/sigmaT
   Sh =
       2.7616223
-->
```

Se vogliamo avere, da un portafoglio formato con i tre titoli qui analizzati, un rendimento del 10% (cioè $\mu_R = 0.1$) sappiamo che dobbiamo incorrere in una volatilità σ_R pari al livello che risolve l'equazione

$$\frac{\mu_R - r}{\sigma_R} = 2.7616223,$$

ovvero

$$\frac{0.1 - 0.03}{\sigma_R} = 2.7616223,$$

$$\sigma_R = 0.0253.$$

Poiché si vuole un rendimento atteso (μ_R) più piccolo di μ_T, allora si ha una volatilità (σ_R) più piccola di σ_T.

10.3 Un portafoglio con rendimento atteso o varianza desiderati

Una volta trovato il portafoglio tangente se ne può ricavare un qualsiasi portafoglio che abbia rendimento atteso o varianza desiderati. Ricordiamo che il rendimento atteso di un portafoglio è dato da

$$\mu_R = r + w_S^{*\prime}(\mu - r\mathbf{1}).$$

Investire nei titoli rischiosi in percentuale pari a αw_T^* significa investire $1 - \alpha$ della propria ricchezza nel titolo privo di rischio. Se, infatti, si pone

$$w_S^* = \alpha w_T^*,$$

dalla relazione precedente si ottiene

$$\begin{aligned}\mu_R &= r + \alpha w_T^{*\prime}(\mu - r\mathbf{1}) \\ &= r + \alpha w_T^{*\prime}\mu - r\alpha w_T^{*\prime}\mathbf{1},\end{aligned}$$

ma, poiché vale $w_T^{*\prime}\mathbf{1} = 1$, come già dimostrato in precedenza, si ha

$$\mu_R = (1 - \alpha)r + \alpha\mu_T,$$

da cui

$$\alpha = \frac{\mu_R - r}{\mu_T - r}.$$

Questo significa che, una volta deciso quanto si vuole ricavare, in termini di rendimento atteso μ_R, dal proprio portafoglio, si può calcolare quanto investire (α) nel portafoglio tangente.

Prendiamo i dati del paragrafo precedente: $\mu_T = 3.5488964$ e $r = 0.03$. In questo caso, se si vuole ottenere dal proprio portafoglio un rendimento atteso del 10% (cioè $\mu_R = 0.1$) si deve investire nel portafoglio tangente una percentuale di ricchezza pari a

$$\alpha = \frac{\mu_R - r}{\mu_T - r} = \frac{0.1 - 0.03}{3.5488964 - 0.03} = 1.989\%,$$

e, dunque, il restante 98.011% della ricchezza andrà investito nel titolo privo di rischio.

Il vettore che indica quanta ricchezza investire nei singoli titoli rischiosi è, così, dato da

$$\alpha w_T^* = \frac{0.1 - 0.03}{3.5488964 - 0.03}\begin{bmatrix}0.4151264 \\ -4.0940253 \\ 4.6788989\end{bmatrix} = \begin{bmatrix}0.0082579 \\ -0.081441 \\ 0.093075\end{bmatrix}.$$

Dunque nel primo titolo occorre investire lo 0.826% della ricchezza, il secondo titolo va venduto allo scoperto per l'8.144% della ricchezza e il terzo titolo va comprato per il 9.307% della ricchezza (per un totale, come si desiderava, dell'1.989% della ricchezza).

10.4 Il problema delle vendite allo scoperto (una soluzione euristica)

Nel paragrafo precedente abbiamo calcolato il portafoglio tangente nel caso in cui si voglia investire in tre titoli: Italcementi, ENI e FIAT. L'indicazione che si è ottenuta è quella di vendere allo scoperto (e per importi notevoli) il titolo ENI. Nella realtà, tuttavia, molti investitori sono soggetti a pesanti restrizioni circa le vendite allo scoperto.

Quando le vendite allo scoperto non sono possibili si presentano due possibili soluzioni:

1. riscrivere il problema di minima varianza sotto i vincoli che le quote del portafoglio siano tutte positive; il vantaggio di questa soluzione è che tutti i titoli desiderati vengono tenuti in conto per determinare il portafoglio ottimo ma il principale svantaggio è che si perde la relazione algebrica della frontiera media-varianza; il problema con i vincoli, infatti, non ha più soluzione chiusa in forma algebrica;
2. riscrivere il problema eliminando quei titoli che, nella prima soluzione, entravano con segno negativo; nonostante in questo modo si eliminino artificialmente dei titoli dal portafoglio, si mantiene la relazione algebrica media-varianza già osservata nei precedenti paragrafi. Può accadere che il nuovo portafoglio contenga ancora titoli da vendere allo scoperto. Questi si possono eliminare ancora una volta e ricalcolare il portafoglio. Il procedimento continua fino a quando non rimangono solo quote positive.

Nel prossimo capitolo affronto la prima soluzione mentre, in questo paragrafo, mostro, in modo molto semplice, che cosa accade con il secondo approccio. Facendo girare il programma `frontiera` già scritto con i soli titoli che, nel paragrafo precedente, entravano nel portafoglio con quote positive, si ottiene quanto segue.

```
-->[muT,sigmaT,wT]=frontiera([ita fiat],0.03,1/258)
 wT =
    -0.0653460
     1.0653460
 sigmaT =
     0.2932941
 muT =
     0.7491844
-->
```

Il rendimento e la volatilità del portafoglio tangente (μ_T, σ_T) sono circa la metà di quelli che si erano ottenuti con un portafoglio formato da tre titoli.

Il grafico che si ottiene è riportato nella Figura 10.2. Si nota immediatamente la differenza rispetto al portafoglio precedente. Si è ottenuto, ancora una volta, un portafoglio tangente che contiene una vendita allo scoperto (del

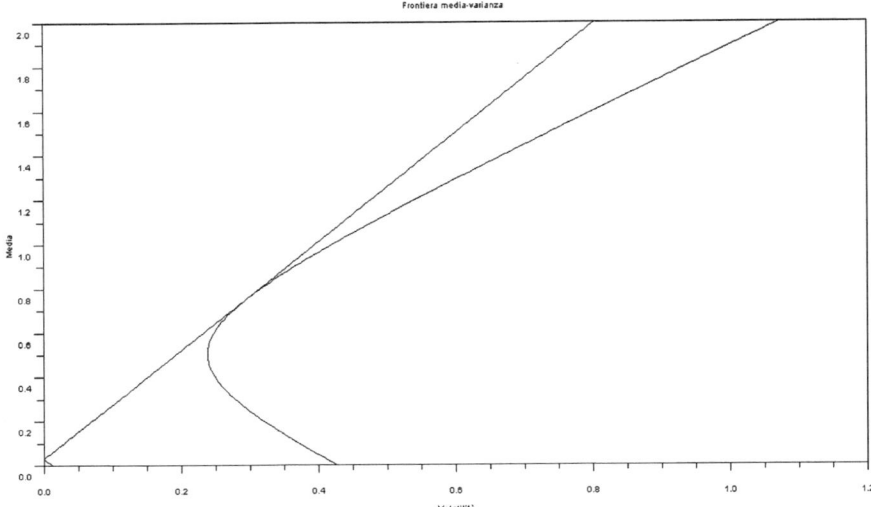

Figura 10.2. Frontiera efficiente per il portafoglio che contiene solo Italcementi e FIAT

primo titolo). Bisogna, in particolare, vendere allo scoperto il titolo Italcementi per il 6.53% della ricchezza e comprare il titolo FIAT per il 106.54% della ricchezza. Questo risultato ci porta a concludere che, se non sono consentite vendite allo scoperto, si deve acquistare solo il titolo FIAT che risulta il migliore dal punto di vista media-varianza.

Ovviamente l'indice di Sharpe di questo portafoglio è più piccolo del precedente poiché, a causa del vincolo di non poter vendere allo scoperto, si riesce ad allocare il portafoglio in modo meno efficiente (ogni problema di ottimo vincolato genera, sempre, un risultato non migliore del corrispondente ottimo non vincolato). Si ha, infatti, quanto segue.

```
-->Sh=(muT-0.03)/sigmaT
  Sh =
     2.4520933
-->
```

L'indice di Sharpe non è molto più basso di quello che si era ottenuto nel paragrafo precedente. In questo modo possiamo concludere che aver tolto il titolo ENI non determina modifiche rilevanti nel rapporto media-varianza dei portafogli efficienti.

Se, con questo nuovo portafoglio, vogliamo ottenere un rendimento del 10%, come nel paragrafo precedente, dobbiamo sopportare la volatilità σ_R

10.4 Il problema delle vendite allo scoperto (una soluzione euristica)

che risolve l'equazione

$$\frac{0.1 - 0.03}{\sigma_R} = 2.4520933,$$

da cui si ottiene $\sigma_R = 0.028547$. Nel portafoglio tangente, allora, devo investire una percentuale pari a

$$\alpha = \frac{\mu_R - r}{\mu_T - r} = \frac{0.1 - 0.03}{0.7491844 - 0.03} = 0.097332.$$

Il portafoglio deve essere, dunque, formato da

$$\alpha w_T^* = 0.097332 \begin{bmatrix} -0.0653460 \\ 1.0653460 \end{bmatrix} = \begin{bmatrix} -0.0063603 \\ 0.10369 \end{bmatrix},$$

ovvero per il 10.369% dal secondo titolo e dalla vendita alla scoperto del primo titolo per lo 0.636%. Il restante 90.267% della ricchezza sarà investito nel titolo privo di rischio.

11
Il portafoglio con vincoli di disuguaglianza (la funzione quapro)

11.1 Introduzione

Nel capitolo precedente si è risolto, in forma algebrica, il problema di minima varianza soggetto a uno o due vincoli di uguaglianza (mediante l'utilizzo dei moltiplicatori di Lagrange). Gli operatori sul mercato finanziario, tuttavia, si devono spesso confrontare con vincoli di disuguaglianza; si pensi, per esempio, a chi non può o non vuole vendere allo scoperto delle azioni oppure a chi, come alcuni investitori istituzionali, sono soggetti a vincoli legislativi che impongono soglie massime per la detenzione di determinati strumenti finanziari.

Il metodo di Lagrange deve essere opportunamente modificato per potersi applicare anche a un problema di ottimizzazione sottoposto a vincoli di disuguaglianza. Noi, tuttavia, non abbiamo bisogno di conoscere tale tecnica di ottimizzazione poiché Scilab è in grado, con un apposito comando, di effettuare da solo la minimizzazione di una forma quadratica (e lineare) soggetta a vincoli di disuguaglianza.

Il problema generale che Scilab è in grado di risolvere assume la forma

$$\min_{x_i \leq x \leq x_s} \frac{1}{2} \underset{1 \times n}{x'} \underset{n \times n}{Q} \underset{n \times 1}{x} + \underset{1 \times n}{p'} \underset{n \times 1}{x}$$

$s.v.$

$$\underset{m \times n}{C} \underset{n \times 1}{x} \leq \underset{m \times 1}{b}.$$

Come risultato della minimizzazione si accettano solo i valori di x compresi tra un minimo (x_i) e un massimo (x_s).

A Scilab si può comunicare che un certo numero di vincoli, all'interno del sistema dei vincoli (diciamo i primi $m_e \leq m$), devono intendersi come uguaglianze strette. Esiste un comando apposito, in Scilab, per l'ottimizzazione quadratica. Tuttavia, per poterlo sfruttare, occorre installare un pacchetto esterno (fino alla versione 4 di Scilab il comando era interno al *software* mentre dalla versione 5 non è più così a causa di problemi di *copyright*). Il pacchetto

11 Il portafoglio con vincoli di disuguaglianza (la funzione quapro)

si trova tra i *toolbox* di Scilab all'indirizzo

http://www.scilab.org/contrib/index_contrib.php?page=download

sotto *optimization tools* e poi quapro (per Windows bisogna scaricare il file exe della versione a 32 bit). Una volta installato (nella *directory* di Scilab), occorre aprire (per esempio con notepad) il file scilab.start che si trova nella *directory* scilab-5.0.2/etc e inserire, nell'ultima riga, il comando:

exec('C:/scilab-5.0.2/quapro-toolbox-1.0/loader.sce');

dove il percorso C:/... può, ovviamente, essere diverso per ognuno. Con questa modifica del *file*, il pacchetto quapro viene caricato ogni volta che Scilab si avvia.

Il comando di Scilab per risolvere tale problema è il seguente

$$[\text{x},\text{lagr},\text{f}]=\text{quapro}(\text{Q},\text{p},\text{C},\text{b},\underbrace{\text{xi},\text{xs},\text{me},\text{x0}}_{\text{valori opzionali}})$$

dove x_0 è un vettore che indica a Scilab una ipotesi di soluzione del problema. Il nome quapro sta per *quadratic programming* [programmazione quadratica]. Gli *output* della funzione sono: il valore ottimo della variabile (x), i valori dei moltiplicatori di Lagrange (lagr) e il valore della funzione obiettivo nel punto di ottimo (f).

Se la variabile di controllo x non ha limite superiore (x_s) né inferiore (x_i), allora è sufficiente definire x_i e x_s come vettori vuoti, cioè $x_i = []$ e $x_s = []$.

Questo tipo di comando, dunque, consente di implementare in modo molto semplice i vincoli per cui la variabile di controllo x può assumere valori solo all'interno di dati intervalli.

N.B. 11.1. Il problema risolto dalla funzione quapro è unicamente un problema di minimo. Se, dunque, si vuole risolvere un problema di massimo, occorrerà definire la funzione obiettivo come l'opposto di quella desiderata. Vale, infatti

$$\max_x f(x) = \min_x -f(x).$$

Tutti i vincoli devono essere espressi come disuguaglianze utilizzando il simbolo $\leq$. Se vi sono dei vincoli di uguaglianza essi devono essere posti nelle prime righe del sistema dei vincoli. Se, dunque, le prime m_e righe della matrice C contengono i vincoli di uguaglianza, il sistema dei vincoli deve assumere la forma

$$\underset{m_e \times n}{C_1} \underset{n \times 1}{x} = \underset{m_e \times 1}{b_1},$$
$$\underset{(m-m_e) \times n}{C_2} \underset{n \times 1}{x} \leq \underset{(m-m_e) \times 1}{b_2}.$$

11.2 Il caso del portafoglio

Vediamo, nel nostro caso, come si può riscrivere il problema di Scilab in modo che si adatti al calcolo del portafoglio ottimo media-varianza.

1. Il vettore x coincide con il vettore del portafoglio w_S.
2. La matrice Q è la matrice delle varianze e covarianze.
3. Il vettore p deve essere nullo (nella funzione obiettivo del portafoglio ottimo non vi è la parte lineare).
4. La matrice C e il vettore b devono essere tali da riprodurre il vincolo. Nel caso in cui vi sia il titolo privo di rischio, il vincolo

$$r + w'_S (\mu - r\mathbf{1}) = \mu_R,$$

si può scrivere come

$$(\mu - r\mathbf{1})' w_S = \mu_R - r,$$

e quindi vale

$$C = (\mu - r\mathbf{1})', \quad b = \mu_R - r.$$

Nel caso in cui, invece, non si abbia il titolo privo di rischio, i vincoli sono

$$w'_S \mu = \mu_R,$$
$$w'_S \mathbf{1} = 1,$$

e, quindi, si possono scrivere come

$$\begin{bmatrix} \mu' \\ \mathbf{1}' \end{bmatrix} w_S = \begin{bmatrix} \mu_R \\ 1 \end{bmatrix},$$

avendo, dunque

$$C = \begin{bmatrix} \mu' \\ \mathbf{1}' \end{bmatrix}, \quad b = \begin{bmatrix} \mu_R \\ 1 \end{bmatrix}.$$

5. Il valore di m_e, cioè il numero di vincoli da considerarsi come uguaglianza stretta, è pari a 1 per il portafoglio con il titolo privo di rischio (si ha, infatti, un solo vincolo di uguaglianza: $(\mu - r\mathbf{1})' w_S = \mu_R - r$) mentre è pari a 2 per il portafoglio senza il titolo privo di rischio (si hanno, infatti, i due vincoli $w'_S \mu = \mu_R$ e $w'_S \mathbf{1} = 1$).
6. Se desideriamo implementare i vincoli di non-negatività delle quote di portafoglio (cioè si impedisce di vendere allo scoperto) allora occorre definire

$$x_i = \begin{bmatrix} 0 \\ \dots \\ 0 \end{bmatrix},$$

mentre non si pone alcun vincolo superiore $x_s = []$.

```
function [portaf,varoptim]=markowitz(Sp,muR,r,dt);
    //
    // Calcolo di varianze, covarianze e rendimenti medi
    //
    dlnSp=diff(log(Sp),1,1);
```

```
        Q=mvvacov(dlnSp)/dt;
        mu=mean(dlnSp,1)'/dt+1/2*diag(Q);
        //
        // Definizione dei vettori p e xi
        //
        p=zeros(size(Sp,2),1);
        xi=zeros(size(Sp,2),1);
        //
        // Calcolo di portafoglio e varianza ottime
        //
        [w,lagr,var]=quapro(2*Q,p,(mu'-r)/dt,(muR-r)/dt,xi,[],1);
        [wr,lagrr,varr]=quapro(2*Q,p,...
            [mu'/dt;ones(size(Sp,2),1)'],[muR/dt;1],xi,[],2);
        portaf=[w,wr];
        varoptim=[var,varr];
endfunction
```

La funzione markowitz (Markowitz, 1952) è stata creata in modo che, introducendo la matrice dei prezzi storici (prezzi), il rendimento atteso desiderato del portafoglio (muR), il tasso privo di rischio (r) e la frequenza delle osservazioni (dt), restituisca due matrici:

1. un vettore riga che contiene, a sinistra, la varianza del portafoglio ottimi con il titolo privo di rischio e a destra la varianza nel caso in cui non ci sia il titolo privo di rischio;
2. una matrice che contiene i vettori delle quote ottime di portafoglio w; nella colonna di sinistra vi sono le quote di portafoglio senza il titolo privo di rischio mentre a destra vi sono le quote di portafoglio con il titolo privo di rischio.

Osserviamo che cosa accade quando usiamo la funzione markowitz sui prezzi dei titoli Italcementi, ENI e FIAT e richiediamo un rendimento atteso del 10% con un tasso privo di rischio del 4%.

```
-->Sp=[ita, eni, fiat];
-->[portaf,variance]=markowitz(Sp,0.1,0.04,1/258)
    variance =
      0.0006177    0.0242200
    portaf =
      0.            0.1255218
     -1.476D-18    0.7983674
      0.0875297    0.0761108
-->
```

La varianza del portafoglio ottimo è minore nel caso in cui vi sia il titolo privo di rischio (il quale riduce la variabilità del rendimento del portafoglio).

Le quote ottime dei titoli, poi, sommano a 1 nel caso del portafoglio che non contiene il titolo privo di rischio (nella colonna di destra) mentre la loro somma è inferiore a 1 quando si tiene conto anche del titolo privo di rischio (nella colonna a sinistra). In quest'ultimo caso, infatti, la differenza tra 1 e la somma delle quote è quanto occorre investire nel titolo privo di rischio.

Notiamo, ancora, che sulla colonna di sinistra (il caso con il titolo privo di rischio) si ottiene lo stesso tipo di risultato che avevamo ricavato in precedenza iterando il problema di minimo senza vincoli e togliendo dal problema, ogni volta, tutti quei titoli i cui pesi di portafoglio risultavano negativi: rimaneva solo il titolo FIAT.

11.3 Il ruolo dei vincoli

Nel paragrafo precedente si sono risolti due problemi di ottimo implementando il vincolo per cui non si possono vendere allo scoperto i titoli. Tale vincolo, tuttavia, rende irraggiungibili alcuni portafogli. Se non si può vendere allo scoperto alcun titolo, infatti, l'unica parte della frontiera che si può raggiungere è quella compresa tra l'asse delle ordinate e il portafoglio di tangenza. Spostarsi a destra del portafoglio di tangenza (avendo rendimenti più elevati) non è più possibile.

Appare ovvio, in seguito a una banale intuizione finanziaria, che senza vendite allo scoperto il rendimento massimo che si può raggiungere è dato dall'elemento più elevato del vettore μ. Il rendimento massimo, in questo caso, è infatti determinato dando peso 1 al titolo con il rendimento maggiore e peso zero a tutti gli altri titoli.

Data la matrice dei prezzi storici (di Italcementi, ENI e FIAT), vediamo quali valori si trovano nel vettore μ.

```
-->dlnSp=diff(log(Sp),1,1);
-->Q=mvvacov(dlnSp)/dt
    Q =
      0.0673240   0.0167811   0.0417788
      0.0167811   0.0259091   0.0181067
      0.0417788   0.0181067   0.0812518
-->mu=mean(dlnSp,1)'/dt+1/2*diag(Q)
    mu =
      0.3655690
     -0.0009478
      0.7311057
-->
```

Il rendimento più elevato del vettore μ è pari a poco più del 73% annuale. Che cosa accade se chiediamo alla funzione `markowitz` di creare un portafoglio con rendimento, per esempio, dell'80%? Vediamolo.

```
-->[portaf,variance]=markowitz(Sp,0.8,0.04,1/258)
 !--error 127
no feasible solution
at line 41 of function quapro called by :
line 18 of function markowitz called by :
[portaf,variance]=markowitz(Sp,0.8,0.04,1/258)
-->
```

Scilab ci restituisce un messaggio di errore comunicandoci che non è in grado di trovare una soluzione a questo problema: *no feasible solution* [nessuna soluzione fattibile]. Ovviamente lo stesso tipo di risultato di non fattibilità si otterrebbe chiedendo un rendimento atteso minore del valore più piccolo del vettore μ. Vediamo un esempio.

```
-->[portaf,variance]=markowitz(Sp,-0.001,0.04,1/258)
 !--error 127
no feasible solution
at line 41 of function quapro called by :
line 18 of function markowitz called by :
[portaf,variance]=markowitz(Sp,-0.001,0.04,1/258)
-->
```

Con il vincolo di non poter vendere allo scoperto i titoli, una parte della frontiera, dunque, non esiste più.

11.4 Le frontiere media-varianza

Si può completare la funzione `markowitz` in modo che disegni anche le frontiere media-varianza (come fatto nel capitolo precedente, mettiamo lo scarto quadratico medio sulle ascisse e la media sulle ordinate). Con i vincoli di non poter vendere allo scoperto, il rendimento medio (sulle ordinate) può essere compreso tra l'elemento più grande e quello più piccolo del vettore dei rendimenti medi μ. Può accadere (come accade con i nostri titoli Italcementi, ENI e FIAT) che uno dei rendimenti sia negativo. Poiché non è verosimile richiedere che l'ottimizzazione porti a un rendimento atteso negativo, l'intervallo per il quale disegnare le frontiere è quello compreso tra il più grande valore di μ e il massimo tra zero e il valore più piccolo di μ. Dunque, se chiamiamo `ord` la variabile che contiene tutti i possibili rendimenti attesi del portafoglio (μ_R), essa sarà compresa tra `ordi=max(0,min(mu))` e `ords=max(mu)`. Per rappresentare le frontiere occorre prendere i valori di μ_R compresi nell'intervallo tra `ordi` e `ords` e, per ognuno di essi, disegnare il corrispondente scarto quadratico medio. Più valori si prendono e migliore è la rappresentazione delle frontiere, tuttavia al crescere del numero dei valori anche il carico di calcoli per Scilab aumenta poiché ogni punto sulla frontiera richiede di risolvere un distinto problema di minimo. Per il nostro esempio potremmo suddividere l'intervallo in 100 parti.

11.4 Le frontiere media-varianza

La funzione `markowitz` scritta nel paragrafo precedente, dunque, può essere completata come segue.

```
function [portaf,varoptim]=markowitz(Sp,muR,r,dt);
    //
    // Calcolo di varianze, covarianze e rendimenti medi
    //
    dlnSp=diff(log(Sp),1,1);
    Q=mvvacov(dlnSp)/dt;
    mu=mean(dlnSp,1)'/dt+1/2*diag(Q);
    //
    // Definizione dei vettori p e xi
    //
    p=zeros(size(Sp,2),1);
    xi=zeros(size(Sp,2),1);
    //
    // Calcolo di portafoglio e varianza ottimi
    //
    [w,lagr,var]=quapro(2*Q,p,(mu'-r)/dt,(muR-r)/dt,xi,[],1);
    [wr,lagrr,varr]=quapro(2*Q,p,...
        [mu'/dt;ones(size(Sp,2),1)'],[muR/dt;1],xi,[],2);
    portaf=[w,wr];
    varoptim=[var,varr];
    //
    // Definizione delle ordinate
    //
    ordi=max(0,min(mu));
    ords=max(mu);
    ord=[ordi:(ords-ordi)/100:ords];
    //
    // Calcolo e disegno delle frontiere
    //
    for i=1:size(ord,2)
        [w,lagr,x(i)]=quapro(2*Q,p,(mu'-r)/dt,...
            (ord(i)-r)/dt,xi,[],1);
        [wr,lagrr,xr(i)]=quapro(2*Q,p,...
            [mu'/dt;ones(size(Sp,2),1)'],...
            [ord(i)/dt;1],xi,[],2);
    end
    xtitle('Frontiera media-sqm',...
        'Scarto quadratico medio','Rendimento medio');
    plot2d(sqrt(x),ord);
    plot2d(sqrt(xr),ord);
endfunction
```

156   11 Il portafoglio con vincoli di disuguaglianza (la funzione `quapro`)

Una volta salvata la nuova versione della funzione e richiamata in memoria, il risultato del comando seguente è riportato nella Figura 11.1.

```
-->[portaf,variance]=markowitz(Sp,0.1,0.04,1/258)
   variance =
     0.0006177    0.0242200
   portaf =
     0.           0.1255218
    -1.476D-18    0.7983674
     0.0875297    0.0761108
-->
```

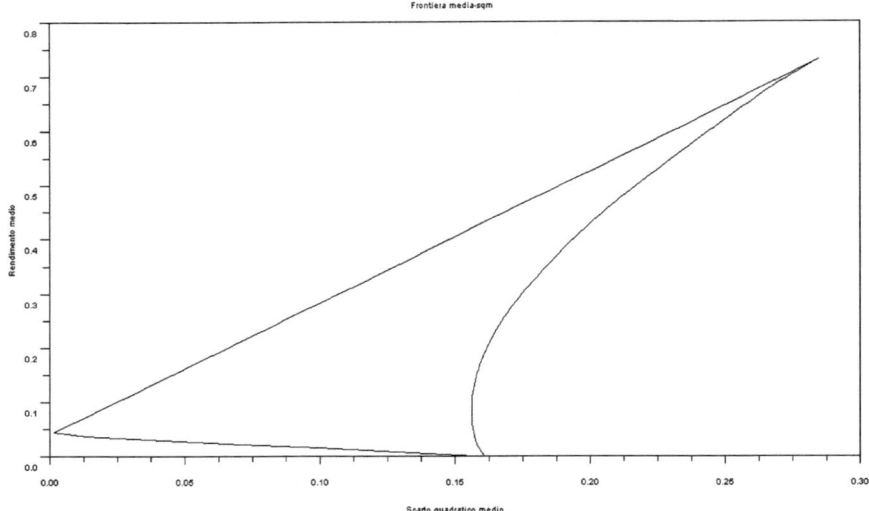

Figura 11.1. Frontiere efficienti con e senza titolo privo di rischio per il portafoglio composto da Italcementi, ENI e FIAT

11.5 Eseguire dei comandi condizionatamente (la funzione `if`)

All'interno di un programma può accadere che vi sia una parte di comandi che non è sempre utile eseguire. Nella funzione che abbiamo sviluppato nel paragrafo precedente, per esempio, può non essere fondamentale disegnare le frontiere (tale operazione, infatti, può richiedere un impiego di tempo e di memoria che non dà un'utilità immediata). Vediamo, qui, come rendere opzionali determinati comandi all'interno di un programma usando la funzione `if` (se). In particolare, possiamo fare in modo che Scilab chieda espressamente

11.5 Eseguire dei comandi condizionatamente (la funzione `if`)

se si desidera che le frontiere vengano disegnate utilizzando la funzione `input`. Essa ha la seguente sintassi:

$$x=\text{input}('messaggio',\underbrace{'string'}_{\text{opzionale}})$$

e fa in modo che Scilab visualizzi sullo schermo quanto riportato nella variabile messaggio e aspetti, poi, l'inserimento, da tastiera, della variabile x. Se si inserisce anche l'opzione `string`, allora Scilab considera quanto verrà inserito dalla tastiera come stringa.

Possiamo far eseguire a Scilab il seguente semplice esempio.

```
-->x=input('Scrivi il tuo nome: ','string')
Scrivi il tuo nome: -->Francesco
    x =

       Francesco
-->
```

Nel nostro caso, dunque, possiamo fare in modo che Scilab ci chieda se desideriamo rappresentare le frontiere e condizionare i comandi per la rappresentazione delle frontiere alla nostra risposta affermativa (mediante `if`).

La funzione `if` (se) ha la seguente sintassi:

```
if condizione1 then
    comandi1
elseif condizione2 then
    comandi2
else
    comandi3
end
```

Questo tipo di funzione, dunque, esegue i «comandi1» se si verifica la «condizione1», esegue i «comandi2» se si verifica la «condizione2» e, infine, esegue i «comandi3» se non si sono verificate né la «condizione1» né la «condizione2».

All'interno della funzione `if` si può inserire il comando `elseif` molte volte. Vediamo il nuovo programma.

```
function [portaf,varoptim]=markowitz(Sp,muR,r,dt);
    //
    // Calcolo di varianze, covarianze e rendimenti medi
    //
    dlnSp=diff(log(prezzi),1,1);
    Q=mvvacov(dlnSp)/dt;
    mu=mean(dlnSp,1)'/dt+1/2*diag(Q);
```

```
//
// Definizione dei vettori p e xi
//
p=zeros(size(Sp,2),1);
xi=zeros(size(Sp,2),1);
//
// Calcolo di portafoglio e varianza ottimi
//
[w,lagr,var]=quapro(2*Q,p,(mu'-r)/dt,(muR-r)/dt,xi,[],1);
[wr,lagrr,varr]=quapro(2*Q,p,...
    [mu'/dt;ones(size(Sp,2),1)'],[muR/dt;1],xi,[],2);
portaf=[w,wr];
varoptim=[var,varr];
frontiera=input('Disegno frontiere? (s/n) ','string');
if frontiera=='s' then
    //
    // Definizione delle ordinate
    //
    ordi=max(0,min(mu));
    ords=max(mu);
    ord=[ordi:(ords-ordi)/100:ords];
    //
    // Calcolo e disegno delle frontiere
    //
    for i=1:size(ord,2)
        [w,lagr,x(i)]=quapro(2*Q,p,(mu'-r)/dt,...
            (ord(i)-r)/dt,xi,[],1);
        [wr,lagrr,xr(i)]=quapro(2*Q,p,...
            [mu'/dt;ones(size(Sp,2),1)'],...
            [ord(i)/dt;1],xi,[],2);
    end
    xtitle('Frontiera media-sqm',...
        'Scarto quadratico medio','Rendimento medio');
    plot2d(sqrt(x),ord);
    plot2d(sqrt(xr),ord);
else end
endfunction
```

Con questo nuovo programma possiamo dire a Scilab se desideriamo, o meno, disegnare le frontiere. Faccio vedere di seguito il comando senza il disegno delle frontiere.

11.5 Eseguire dei comandi condizionatamente (la funzione `if`)

```
-->[portaf,variance]=markowitz(Sp,0.1,0.04,1/258)
Disegno frontiere? (s/n) -->n
    variance =
      0.0006177    0.0242200
    portaf =
      0.           0.1255218
     -1.476D-18    0.7983674
      0.0875297    0.0761108
-->
```

Se, invece di inserire la lettera n, si fosse inserita la lettera s, allora Scilab avrebbe disegnato anche le frontiere.

12
Misurare il rischio

12.1 La simulazione storica

Il metodo della simulazione storica è utilizzato da Chase Manhattan (nei suoi sistemi $Charisma^{TM}$ e $Risk\$^{TM}$) per misurare il rischio legato a ogni titolo indipendentemente dalla distribuzione dei suoi rendimenti. Tale metodo consiste nel calcolare un certo numero di variazioni passate che ci sono state nel prezzo di un titolo (o di più titoli) applicando, poi, le stesse variazioni ai prezzi correnti del titolo per determinare quali potranno essere i prezzi del periodo successivo. Si ipotizza, dunque, che la variazione tra il prezzo futuro e il prezzo corrente possa assumere uno qualsiasi dei valori che le variazioni del prezzo del titolo hanno avuto in passato.

Il metodo della simulazione storica è già stato introdotto in un capitolo precedente. Qui utilizzo la stessa notazione (Sp sono i prezzi storici dei titoli, Rp sono i rendimenti passati e Sf sono i prezzi futuri). Per effettuare la simulazione riprendo i prezzi dei titoli Italcementi, ENI e FIAT.

```
-->Sp=[ita eni fiat];
-->Rp=diff(Sp,1,1)./Sp(1:$-1,:);
-->
```

Il comando per creare la lista dei possibili prezzi futuri è, dunque, il seguente (già osservato in un capitolo precedente).

```
-->Sf=(1+Rp)*diag(Sp($,:));
-->
```

Il vettore delle possibili variazioni di prezzo tra oggi e il periodo successivo (dSf) si può calcolare in vario modo:

1. si può applicare il comando diff al vettore Sf;
2. si può utilizzare il vettore Rp moltiplicandolo per i prezzi dei titoli contenuti nel vettore Sp;

3. si può, come farò qui, utilizzare direttamente il vettore Sp (visto che sia Rp sia Sf erano stati da esso derivati).

```
-->dSf=diff(Sp,1,1)./Sp(1:$-1,:)*diag(Sp($,:));
-->
```

12.2 L'*Expected Shortfall*

Una volta ottenute le possibili variazioni di prezzo tra il periodo corrente (oggi) e il periodo successivo (domani), al fine di ottenere un indice di rischio coerente non resta che prendere in considerazione un valore atteso delle peggiori di queste variazioni.

Al fine di calcolare il valore atteso bisogna conoscere la probabilità con cui ogni evento si può manifestare. La stima di tali probabilità è il momento più difficile del calcolo di ogni misura di rischio. L'ipotesi più semplice è che tutti i possibili risultati (guadagni e perdite) si verifichino con la stessa probabilità. Se sono stati presi $n+1$ prezzi passati, allora le loro variazioni sono in numero di n e, quindi, sono n anche le possibili variazioni del prezzo tra oggi e domani e si suppone che ognuna si verifichi con probabilità $\frac{1}{n}$.

L'indice di rischio che si chiama *Expected Shortfall* (ES_α) è dato dall'opposto[1] della media delle α (percento) perdite peggiori. Si può dimostrare che l'*Expected Shortfall* è una misura di rischio coerente (Artzner, Delbaen, Eber e Heath, 1999).

Se si conosce la funzione di ripartizione delle perdite (F) e la si può invertire, allora l'ES_α è dato da

$$ES_\alpha = -\frac{1}{\alpha} \int_0^\alpha F^{-1}(p)\, dp.$$

Nel nostro caso in cui si crea una funzione di probabilità discreta, allora lo stimatore dell'ES_α diviene

$$ES_\alpha = -\frac{1}{n\alpha} \sum_{i=1}^{n\alpha} \vec{X}_i, \qquad (12.1)$$

dove ho indicato con $\vec{X}$ i valori delle perdite posti in ordine crescente. Faccio notare che $n\alpha$ può non essere un numero intero. Ritornerò su questo punto più avanti in questo paragrafo.

---

[1] Le perdite vengono prese con segno negativo affinché l'indice di rischio sia «coerente». La spiegazione più semplicistica è che i risultati peggiori (ovvero le perdite) hanno segno negativo e, prendendone l'opposto della media, si ottiene un numero positivo. L'indice di rischio, quindi, assume valori positivi. Nel caso in cui l'ES_α assumesse valore negativo, la media delle α peggiori perdite sarebbe, dunque, positiva e ci sarebbe, cioè, tra gli scenari possibili, un forte guadagno.

12.2 L'*Expected Shortfall*

Per calcolare l'*ES*, allora, è necessario mettere in ordine crescente le perdite e i guadagni. Per fare questo esiste il comando `gsort`[2] che funziona nel modo seguente

$$\text{gsort(X,'a','b')}$$

dove:
1. X è la matrice da ordinare;
2. a può assumere il valore 'r' o il valore 'c' a seconda che si desideri ordinare la matrice X rispetto alle righe o alle colonne;
3. b può assumere il valore 'i' o il valore 'd' a seconda che si voglia ordinare gli elementi di X in modo crescente (*increasing*) o decrescente (*decreasing*).

Vediamo come scrivere un programma per il calcolo dell'*Expected Shortfall* avendo come dati la matrice dei prezzi dei titoli e il livello α a cui si vuole effettuare il calcolo.

```
function [ES]=es(Sp,alfa);
    dSf=diff(Sp,1,1)./Sp(1:$-1,:)*diag(Sp($,:));
    dSforder=gsort(dSf,'r','i');
    ES=-mean(dSforder(1:$*alfa,:),1);
endfunction
```

L'ultimo comando ci permette di calcolare la media dei valori ordinati del vettore dSf (che contiene i risultati della simulazione storica) dal primo fino all'ultimo ($) moltiplicato per α (ovvero dal primo elemento fino a quello che occupa la posizione α). Tale calcolo è la traduzione, in linguaggio di Scilab, dell'Equazione (12.1).

Una volta salvata la funzione così creata e richiamata su Scilab, si può effettuare il calcolo sui valori dei titoli Italcementi, ENI e FIAT (i cui prezzi sono già stati inseriti nella matrice Sp).

```
-->ES1=es(Sp,0.01)
 ES1  =
     1.2731517    0.7170570    0.7222681
-->ES5=es(Sp,0.05)
 ES5  =
     0.7755896    0.5324450    0.5088349
-->ES10=es(Sp,0.1)
 ES10 =
     0.609271    0.4321545    0.3846527
-->
```

---

[2] In Scilab esiste anche il comando `sort(x,y)` dove x è un vettore o una matrice da ordinare e y può assumere valore 1 o 'r' (se si vuole ordinare riga per riga) oppure 2 o 'c' (se si vuole ordinare colonna per colonna). Il comando `sort`, tuttavia, ordina la matrice x solo in senso decrescente. A noi, invece, serve un comando che consenta di porre gli elementi della matrice x in ordine crescente. Questo comando, appunto, è `gsort` (ovvero *generalized sort*).

12 Misurare il rischio

Aumentando il valore di α il valore dell'ES_α si riduce poiché, pesando perdite sempre meno gravi, si ottiene un rischio sempre più basso. In tutti e tre i casi studiati (con $\alpha = 1\%$, $\alpha = 5\%$ e $\alpha = 10\%$) il titolo più rischioso rimane il primo (il titolo Italcementi) mentre gli altri due titoli hanno rischi molto simili. Ricordo al lettore che l'ES_α è una misura di rischio espressa in euro che si possono (mediamente) perdere su ogni titolo acquistato. Un confronto tra diversi titoli può essere effettuato calcolando l'ES_α relativo come mostrerò in un paragrafo successivo.

Il programma appena approntato è molto semplice e, tuttavia, risente di una imprecisione nel calcolo dell'ES_α. Nel comando finale

```
ES=-mean(dSforder(1:$*alfa,:),1);
```

il valore $*alfa è, nella maggior parte dei casi, un numero non intero. Questo significa che Scilab si ferma al numero intero precedente $*alfa. Vediamo come Scilab si comporta, in questo caso, con il seguente esempio.

```
-->v=[1
-->2
-->3]
    v  =
        1.
        2.
        3.
-->v(1:2.8)
    ans =
        1.
        2.
-->
```

Dicendo a Scilab di prendere gli elementi del vettore v dal primo fino a quello di posizione 2.8, il programma si ferma alla posizione 2. Allo stesso modo, nel calcolo dell'ES_α, quando $*alfa non è un numero intero, Scilab si ferma all'intero subito precedente. Così, tuttavia, non viene considerata una parte di perdita che, invece, noi vorremmo considerare.

Vediamo come ovviare a questo inconveniente attraverso un semplice esempio. Partiamo dai seguenti prezzi

$$Sp = \begin{bmatrix} 10 \\ 9 \\ 10 \\ 9.5 \\ 9.4 \\ 9.2 \end{bmatrix},$$

12.2 L'*Expected Shortfall*

da cui si ottiene la tabella delle variazioni:

dSforder	prob.	prob. cumulata
−0.9200	0.2	0.2
−0.4600	0.2	0.4
−0.1957	0.2	0.6
−0.0968	0.2	0.8
1.0222	0.2	1.0

Volendo calcolare l'$ES_{25\%}$ con il programma che abbiamo approntato poco sopra, si otterrebbe

$$ES_{25\%} = -(-0.9200) = 0.9200,$$

il quale, tuttavia, non coincide esattamente con l'ES che volevamo calcolare. Per migliorare il calcolo occorre dividere la seconda osservazione del vettore dSforder in due osservazioni identiche ma che hanno probabilità diversa. La seconda osservazione, in particolare, dovrebbe avere probabilità pari a quanto manca per raggiungere il livello α dell'ES desiderato. Vediamo, in pratica, come fare per l'$ES_{25\%}$:

dSforder	prob.	prob. cum.
−0.9200	0.20	0.20
−0.4600	0.05	0.25
−0.4600	0.15	0.40
−0.1957	0.20	0.60
−0.0968	0.20	0.80
1.0222	0.20	1.00

Questa nuova distribuzione è identica alla precedente dal punto di vista statistico (ha gli stessi momenti) e, tuttavia, ci consente di calcolare l'$ES_{25\%}$ come

$$ES_{25\%} = -\frac{-0.9200 \times 0.2 + (-0.4600) \times 0.05}{0.25} = 0.828,$$

che è un valore inferiore rispetto a quello calcolato in precedenza.

L'Equazione (12.1), allora, può essere riscritta nel modo seguente:

$$ES_\alpha = -\frac{\sum_{i=1}^{k} \frac{1}{n}\vec{X}_i + \left(\alpha - \sum_{i=1}^{k} \frac{1}{n}\right)\vec{X}_{k+1}}{\sum_{i=1}^{k} \frac{1}{n} + \left(\alpha - \sum_{i=1}^{k} \frac{1}{n}\right)},$$

dove k è il valore intero del numero reale $n\alpha$. Questa nuova equazione è una media ponderata: i valori (ordinati) del vettore $\vec{X}$ hanno peso $\frac{1}{n}$ fino al valore k e, poi, si prende il valore di posizione $k+1$ dandogli, come peso, la massa di probabilità che ci resta ancora da attribuire. Questa massa è data dalla differenza tra il valore α che vogliamo raggiungere e la somma dei pesi che sono

12 Misurare il rischio

già stati attribuiti $\sum_{i=1}^{k} \frac{1}{n}$ (ricordiamo, infatti, che ad ogni evento si attribuisce probabilità $\frac{1}{n}$). Al denominatore della formula, ovviamente, compare la somma dei pesi.

La formula si semplifica come segue:

$$ES_\alpha = -\frac{\frac{1}{n}\sum_{i=1}^{k}\vec{X}_i + \left(\alpha - \frac{k}{n}\right)\vec{X}_{k+1}}{\alpha}.$$

Il comando per chiedere a Scilab di calcolare il valore intero di un numero reale è

$$\text{int(x)}$$

per il quale osserviamo i seguenti esempi.

```
-->int(4.2),int(4.5),int(4.8)
 ans =
 4.
 ans =
 4.
 ans =
 4.
-->
```

Non ci resta, adesso, che cercare di tradurre quanto è stato appena fatto in modo che possa essere capito da Scilab. Vediamo i passaggi:

1. occorre calcolare la somma di tutti i termini del vettore dSforder che vanno dal primo fino a quello di ordine k, dove k è calcolato tramite il comando
$$\text{int(size(dSforder,1)*alfa)}.$$
Tale somma va pesata per la probabilità $\frac{1}{n}$ dove n è il numero di righe del vettore dSforder;
2. alla somma pesata ottenuta nel punto precedente occorre aggiungere l'elemento di dSforder che si trova nella posizione k+1 il quale va pesato per la differenza che c'è tra α e la somma dei pesi $\frac{1}{n}$ che si era raggiunta nel punto precedente; tale somma è data da $\frac{k}{n}$;
3. tutta la somma così ottenuta deve essere divisa per α in modo da calcolare la media.

Il precedente programma per il calcolo dell'ES_α, così, si può riscrivere nei termini che seguono.

12.2 L'*Expected Shortfall*

```
function [ES]=es(Sp,alfa);
    dSf=diff(Sp,1,1)./Sp(1:$-1,:)*diag(Sp($,:));
    dSforder=gsort(dSf,'r','i');
    n=size(dSforder,1);
    k=int(size(dSforder,1)*alfa);
    ES=-(sum(dSforder(1:k,:),1)/n...
        +dSforder(k+1,:)*(alfa-k/n))/alfa;
endfunction
```

N.B. 12.1. Nella riga del programma in cui si calcola l'*ES* avremmo potuto sostituire n e k con i valori indicati nelle due righe precedenti. Questo avrebbe ridotto le righe del programma ma avrebbe anche reso assai meno comprensibile la riga di calcolo dell'*ES*.

Vediamo come funziona questo programma introducendo, nella linea di comando di Scilab, l'esempio di *Sp* su cui abbiamo effettuato i conti precedenti.

```
-->Sp=[10
-->9
-->10
-->9.5
-->9.4
-->9.2]
    Sp =
        10.
         9.
        10.
         9.5
         9.4
         9.2
-->es(Sp,0.25)
    ans =
        0.828
-->
```

Abbiamo così verificato che il programma dà a Scilab le istruzioni giuste. Con questo nuovo programma, allora, possiamo ricalcolare gli *ES* dei nostri tre titoli: Italcementi, ENI e FIAT.

```
-->ES1=es(Sp,0.01)
    ES1 =
        1.0987464   0.6855408   0.695256
-->ES5=es(Sp,0.05)
    ES5 =
        0.7550593   0.5178900   0.4954821
```

```
-->ES10=es(Sp,0.1)
   ES10 =
      0.5987374   0.4261212   0.3776375
-->
```

Notiamo, rispetto al caso precedente, che i valori dell'ES si sono un poco ridotti. Questo è dovuto al fatto che sono stati presi in considerazione, anche se con un peso minimo, risultati economici migliori di quelli che venivano presi in considerazione precedentemente.

Il calcolo dell'ES in termini assoluti è del tutto corretto per capire quanto denaro rischiamo di perdere su un titolo o su un gruppo di titoli. Tuttavia, esso non risulta adatto se si vuole effettuare un confronto di rischiosità tra più titoli. Perdere 1 euro su un titolo che vale 10 euro oppure perdere 1 euro su un titolo che vale 25 euro, non è lo stesso tipo di rischio anche se, in valore monetario, la perdita è identica. In termini relativi, tuttavia, si può affermare che il primo titolo è più rischioso del secondo poiché 1 euro su un totale di 10 rappresenta una perdita del 10% mentre 1 euro su un prezzo di 25 è una perdita del 4%.

Per calcolare l'ES (o altre misure di rischio) in termini relativi occorre, dunque, dividere l'importo della possibile perdita per il prezzo attuale del titolo che si sta considerando.

Nei nostri esempi in cui Sp è la matrice dei prezzi storici dei titoli, i prezzi più recenti si trovano nell'ultima riga della matrice. Per il calcolo degli indici di rischio relativi, allora, è necessario dividere per l'ultima riga di Sp i valori ottenuti con le funzioni costruite nei paragrafi precedenti.

Vediamo, come esempio, l'$ES_{0.01}$ calcolato sui nostri tre titoli sia in termini assoluti sia in termini relativi.

```
-->es(Sp,0.01)
    ans =
        1.0987464   0.6855408   0.695256
-->es(Sp,0.01)./Sp($,:)
    ans =
        0.0550198   0.0293342   0.0553107
-->
```

In termini assoluti la perdita maggiore si aveva per il primo titolo. Tuttavia, in termini relativi, tale perdita risulta molto più piccola. L'ordine della rischiosità, nel passaggio dall'ES assoluto a quello relativo, viene alterato. Vediamo, per maggiore chiarezza, quanto valgono i prezzi dei tre titoli.

```
-->Sp($,:)
    ans =
        19.97   23.37   12.57
-->
```

L'*ES* assoluto sul secondo e sul terzo titolo sono simili, tuttavia i loro prezzi sono molto diversi. Il prezzo del secondo titolo è quasi il doppio rispetto al prezzo del terzo titolo. Questo significa che, in termini relativi, il secondo titolo è meno rischioso del terzo (come si nota dal calcolo dell'*ES* relativo).

12.3 L'*Expected Shortfall* e la varianza

Appare di particolare interesse calcolare la varianza (giornaliera) dei rendimenti dei nostri tre titoli in modo da confrontare la rischiosità misurata tramite lo scarto quadratico medio con la rischiosità misurata tramite l'*ES* (relativo).

I rendimenti giornalieri dei titoli si trovano nel vettore Rp che è già stato calcolato nei paragrafi precedenti. Non resta che calcolare la matrice delle varianze e covarianze di Rp per calcolare, poi, la radice quadrata degli elementi della diagonale principale. Si ottiene, così, quanto segue.

```
-->mvvacov(Rp)
  ans =
      0.0002575   0.0000640   0.0001600
      0.0000147   0.0000998   0.0000693
      0.0001600   0.0000693   0.0003131
-->sqrt(diag(ans))
  ans =
      0.0160475
      0.0099681
      0.0176944
-->
```

Lo scarto quadratico medio giornaliero è pari, per Italcementi, ENI e FIAT, all'1.6%, all'1% e all'1.77% rispettivamente. Utilizzando lo scarto quadratico medio, dunque, il titolo più rischioso sembrerebbe essere il titolo FIAT. L'ordine di rischiosità ottenuto con lo scarto quadratico medio, dunque, risulta del tutto analogo a quello ottenuto con l'*ES* relativo.

Ricordiamo che la varianza misura gli scostamenti dalla media, siano essi negativi o positivi. L'*ES*, invece, si interessa solo della coda sinistra della distribuzione. Se la varianza fosse elevata e l'*ES* basso, allora, avremmo un indizio che sono più frequenti gli scostamenti positivi dalla media.

Poiché, nel nostro caso, varianza ed *ES* restituiscono un ordinamento analogo dei titoli, tali titoli dovrebbero avere asimmetria negativa.

Il riscontro nei dati di quanto appena argomentato si può ottenere con gli istogrammi di frequenza del vettore Rp per i tre titoli i quali, riportati nella Fig. 12.1, si ottengono con i seguenti comandi.

12 Misurare il rischio

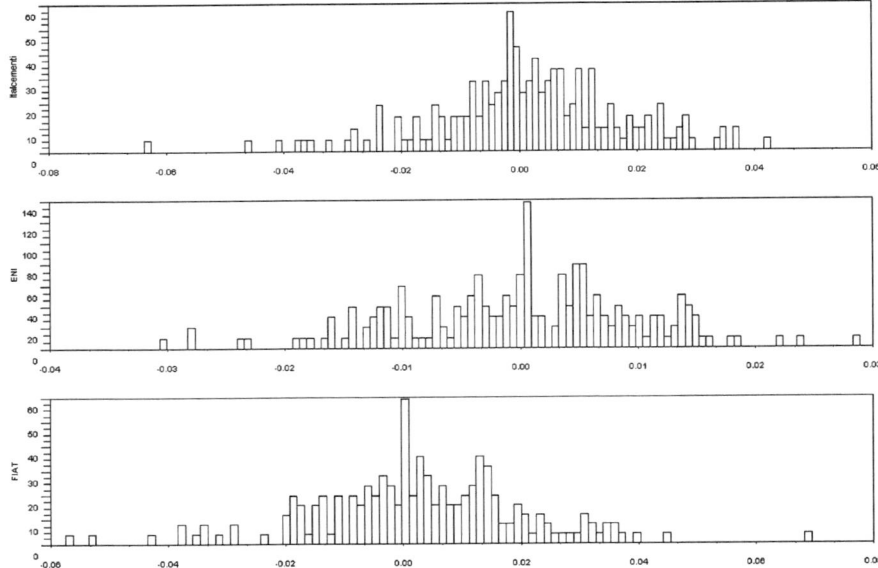

Figura 12.1. Istogrammi di frequenza dei rendimenti giornalieri dei titoli Italcementi, ENI e FIAT

```
-->subplot(3,1,1); xtitle(' ',' ','Italcementi');
histplot(100,Rp(:,1));
-->subplot(3,1,2); xtitle(' ',' ','ENI');
histplot(100,Rp(:,2));
-->subplot(3,1,3); xtitle(' ',' ','FIAT');
histplot(100,Rp(:,3));
-->
```

Dal grafico si nota immediatamente che il titolo Italcementi ha un'asimmetria negativa più accentuata di quella del titolo FIAT (il quale presenta rendimenti più elevati della media in frequenza maggiore rispetto al titolo Italcementi).

Questa caratteristica dei titoli si può osservare anche tramite il calcolo del momento del terzo ordine che, come ben sappiamo, misura l'asimmetria di una distribuzione. In Scilab il comando per il calcolo del **momento centrale**[3] di ordine n è

$$\text{cmoment}(X,n,'a')$$

---

[3] Con il termine «momento centrale di ordine n» si intende la media degli scarti del fenomeno dalla sua media elevati alla potenza n. La varianza, dunque, è il momento centrale di ordine 2. Il momento semplice di ordine n (che in Scilab si richiama con il comando **moment**), invece, misura la media delle osservazioni elevate alla potenza n.

dove

1. X è la matrice che contiene i dati su cui calcolare il momento;
2. n è l'ordine del momento da calcolare;
3. 'a' può assumere il valore 'r' nel caso il calcolo vada fatto rispetto alle righe oppure 'c' nel caso il calcolo vada fatto rispetto alle colonne.

Vediamo i momenti centrali del terzo ordine dei nostri tre titoli.

```
-->cmoment(Rp,3,'r')
 ans =
   - 0.0000019   - 0.0000003   - 0.0000008
-->
```

Possiamo anche verificare che il momento centrale di ordine due è effettivamente la varianza.

```
-->cmoment(Rp,2,'r')
 ans =
    0.0002575   0.0000994   0.0003131
-->
```

Dove ci conforta il fatto che questi valori sono gli stessi che si trovano sulla diagonale principale della matrice ottenuta in precedenza con il comando mvvacov.

L'indice di asimmetria, tuttavia, è dato dal momento centrale del terzo ordine diviso per il momento centrale del secondo ordine (varianza) elevato tre mezzi. Se chiamiamo M_k il momento (centrale) di ordine k, allora l'indice di asimmetria (in inglese *skewness*) è dato da

$$\frac{M_3}{(M_2)^{\frac{3}{2}}}.$$

Calcoliamo gli indici di asimmetria per i nostri tre titoli.

```
-->cmoment(Rp,3,'r')./cmoment(Rp,2,'r')^(3/2)
 ans =
   - 0.4591048   - 0.2611466   - 0.1461531
-->
```

Questo risultato di forte asimmetria ci permette di capire perché vi è disparità tra la varianza e l'ES come misure di rischio.

12.4 Il VaR

A differenza dell'ES_α, che è una media delle α peggiori perdite, il VaR_α è la α^{esima} peggior perdita. Esso, dunque, coincide con l'estremo superiore

12 Misurare il rischio

dell'intervallo su cui si calcola l'ES_α. Da questa considerazione si capisce immediatamente che il VaR_α è sempre più piccolo dell'ES_α e, dunque, tende a sottovalutare il rischio.

Cerchiamo di costruire una funzione per calcolare il VaR_α e poterlo, poi, confrontare con l'ES_α. Ancora una volta, come nel caso del calcolo dell'ES, possono sorgere dei problemi quando il prodotto tra α e il numero degli stati del mondo non è un numero intero.

Partiamo dall'esempio offerto per l'ES con le due tabelle di probabilità, quella originale e quella rivista per il calcolo dell'$ES_{25\%}$:

dSforder	prob.	prob. cum.
−0.9200	0.2	0.2
−0.4600	0.2	0.4
−0.1957	0.2	0.6
−0.0968	0.2	0.8
1.0222	0.2	1.0

dSforder	prob.	prob. cum.
−0.9200	0.20	0.20
−0.4600	0.05	0.25
−0.4600	0.15	0.40
−0.1957	0.20	0.60
−0.0968	0.20	0.80
1.0222	0.20	1.00

Se volessimo calcolare il $VaR_{25\%}$, dunque, dovremmo concludere che esso è pari a 0.46. Il calcolo, così, è più semplice di quello dell'ES. Dato il vettore dSforder delle variazioni future ordinate, dobbiamo fermarci all'elemento $*alfa se tale numero è intero, altrimenti dobbiamo fermarci all'elemento successivo. In parole ancora più semplici, dobbiamo fermarci all'elemento dato dal numero $*alfa arrotondato sempre per eccesso. In Scilab esiste la funzione

$$\text{ceil(x)}$$

che restituisce, dato un numero reale x, il numero intero più vicino e sempre arrotondato per eccesso (il comando viene dall'inglese *ceiling* che significa, infatti, soffitto). Ne vediamo un semplice esempio.

```
-->ceil(2.1)
 ans =
    3.
-->ceil(2)
 ans =
    2.
-->ceil(2.9)
 ans =
    3.
-->
```

A questo punto abbiamo tutti gli elementi per poter calcolare il VaR come nella funzione seguente.

12.4 Il VaR

```
function [VaR]=var(Sp,alfa);
    dSf=diff(Sp,1,1)./Sp(1:$-1,:)*diag(Sp($,:));
    dSforder=gsort(dSf,'r','i');
    VaR=-dSforder(ceil(size(dSforder,1)*alfa),:);
endfunction
```

Invito il lettore a notare le differenze con la funzione scritta nel paragrafo precedente per l'ES. In precedenza si prendeva la media dei primi α valori del vettore dSf (una volta messo in ordine crescente). Adesso, invece, si prende il valore che, in dSf ordinato, occupa il posto α.

Ecco i risultati sullo stesso campione di titoli usati per il calcolo dell'ES_α (dopo aver salvato ed eseguito la funzione var).

```
-->VaR1=var(Sp,0.01)
 VaR1 =
     0.9225794    0.6537063    0.6679710
-->VaR5=var(Sp,0.05)
 VaR5 =
     0.5605614    0.38    0.3689824
-->VaR10=var(Sp,0.1)
 VaR10 =
     0.3763621    0.2987505    0.2295391
-->
```

Confrontando i valori così ottenuti con quelli del paragrafo precedente, si nota che tutti i VaR sono più piccoli dei corrispondenti ES.

A questa regola, ovviamente, fa eccezione il VaR più piccolo possibile poiché la perdita peggiore rimane la stessa sia che la si calcoli con un indice sia con un altro. Poiché abbiamo preso in esame 200 valori, il sistema della simulazione storica ci permette di calcolare 199 scenari, ognuno dei quali si suppone accada con probabilità $\frac{1}{199}$ ovvero circa dello 0.5%. Calcolando, dunque, l'ES e il VaR allo 0.5% (o a un livello inferiore) dovremmo ottenere gli stessi valori. Lo verifichiamo nei passaggi seguenti.

```
-->VaRx=var(Sp,0.005)
 VaRx =
     1.2731517    0.7170570    0.7222681
-->ESx=es(Sp,0.005)
 ESx =
     1.2731517    0.7170570    0.7222681
-->
```

Il VaR può essere anche significativamente inferiore all'ES (soprattutto per valori elevati di α) e, come si sa dalla teoria circa gli indici di rischio, può condurre a scelte incoerenti (vedremo meglio questo punto in un paragrafo seguente).

12 Misurare il rischio

Con l'*ES* il primo titolo rimane significativamente più rischioso degli altri anche per $\alpha = 10\%$ mentre, con il VaR, la differenza nella rischiosità tende a ridursi molto.

Anche il VaR può essere calcolato in termini relativi, così come si è fatto per l'*ES*, al fine di effettuare un confronto tra più titoli. Nel caso di $\alpha = 0.01$, per esempio, si ottiene quanto segue.

```
-->var(Sp,0.01)
    ans =
          0.9225794    0.6537063    0.6679710
-->var(Sp,0.01)./Sp($,:)
    ans =
          0.0461983    0.0279720    0.0531401
-->
```

Anche in questo caso, come per l'*ES*, l'ordine iniziale viene alterato. Secondo il VaR relativo, infatti, il titolo più rischioso è il terzo. Tale ordine di rischiosità viene rispettato anche dall'*ES* il quale, tuttavia, non fa sembrare il terzo titoli così «tanto» più rischioso rispetto al primo come fa, invece, il VaR.

12.5 *ES* e *VaR* a confronto sulla diversificazione

Sappiamo bene che la diversificazione del portafoglio consente di ridurne il rischio. Inoltre, la diversificazione è tanto migliore quanto minore è la correlazione tra i titoli in cui si investe. Se sul mercato esistessero titoli tra loro indipendenti, per esempio, ci aspetteremmo che una buona misura di rischio consigliasse di investire in tali titoli in modo da aumentare la diversificazione e ridurre il rischio.

Per constatare che cosa ci prescrivono di fare le due misure di rischio qui analizzate (l'*ES* e il VaR) costruiamo un mercato particolare formato da titoli rappresentabili attraverso la stessa funzione di densità, ma tra loro indipendenti.

Ipotizziamo che ognuno dei titoli in esame rimborsi alla pari con probabilità del 97% e che, invece, subisca un *default* (non rimborsando nulla) con probabilità 3%. Se oggi, in un mercato privo di arbitraggio e sotto la probabilità neutrale al rischio, il titolo è quotato 97 (il valore atteso dei suoi flussi di cassa futuri), la variazione del prezzo del titolo (ΔS) si può scrivere come

$$\Delta S = \begin{cases} -97 & 3 \\ 0.03 & 0.97 \end{cases}$$

infatti, con probabilità 3% si perdono i 97 euro del valore di oggi e, con probabilità 97%, si guadagnano 3 euro (poiché il rimborso avviene alla pari).

12.5 ES e VaR a confronto sulla diversificazione

Ora, sul mercato vi siano tanti titoli come quello appena descritto, tutti identicamente e indipendentemente distribuiti (i.i.d.). Quest'ultima ipotesi implica che la probabilità che n titoli falliscano contemporaneamente è data da 0.03^n (e ci consente di semplificare molto i calcoli).

Supponiamo di voler comporre un portafoglio che contiene n titoli e tutti in egual misura. In questo caso, il valore della ricchezza R è dato da

$$R = \sum_{i=1}^{n} \frac{1}{n} S_i,$$

dove S_i è il prezzo del titolo i e $\frac{1}{n}$ è la quantità acquistata di ogni titolo.[4] La variazione della ricchezza, dunque, è data da

$$\Delta R = \sum_{i=1}^{n} \frac{1}{n} \Delta S_i.$$

Tale variazione può assumere, nel periodo successivo, diversi valori con diverse probabilità a seconda del numero di titoli presenti in portafoglio.

Nel caso il portafoglio contenga un titolo solo ($n = 1$), ovviamente, la variazione della ricchezza coincide con la variazione del titolo stesso.

Nel caso vi siano 2 titoli, per esempio, si hanno 3 possibili stati del mondo:

1. nessun titolo fallisce (il che avviene con probabilità 0.97×0.97) e, in questo caso, la variazione della ricchezza è data da

$$\frac{1}{2} \times 3 + \frac{1}{2} \times 3 = 3,$$

dove $\frac{1}{2}$ è la quota di portafoglio di ciascun titolo;

2. tutti i titoli falliscono (il che avviene con probabilità 0.03×0.03) e, in questo caso, la variazione della ricchezza è data da

$$\frac{1}{2} \times (-97) + \frac{1}{2} \times (-97) = -97;$$

3. un titolo fallisce e l'altro no (il che avviene con probabilità $0.03 \times 0.97 + 0.97 \times 0.03 = 0.0582$, dovendo considerare i due casi possibili: fallisce il primo ma non il secondo e non fallisce il primo ma fallisce il secondo)[5] e, in questo caso, la variazione della ricchezza è data da

$$\frac{1}{2} \times 3 + \frac{1}{2} \times (-97) = -47.$$

---

[4] Si noterà che le quote di portafoglio $\frac{1}{n}$ sommano a 1 senza bisogno di doverlo imporre come vincolo esterno.

[5] Faccio notare che la somma delle probabilità dei casi elencati nei tre punti è, ovviamente, pari a 1 poiché abbiamo esaurito tutti i casi possibili.

Con due titoli, allora, la variazione della ricchezza si può scrivere come

$$\Delta R = \begin{cases} -97 & -47 & 3 \\ 0.0009 & 0.0582 & 0.9409 \end{cases}$$

Con tre titoli i calcoli sono del tutto analoghi e, più in generale, con n titoli, si ottiene che l'evento per cui si hanno k titoli che non falliscono avviene con probabilità

$$\binom{n}{k} 0.97^k 0.03^{n-k},$$

dove ho usato le **combinazioni** di n elementi di classe k che si possono scrivere come

$$\binom{n}{k} = \frac{n!}{k!\,(n-k)!}.$$

Il *payoff* che si ottiene nel caso in cui k titoli non falliscano è

$$\frac{1}{n}k3 - \frac{1}{n}(n-k)97,$$

poiché i k titoli che non falliscono hanno un *payoff* pari a 3 e gli $n-k$ titoli che falliscono hanno *payoff* pari a -97. Qui k può assumere tutti i valori tra 0 e n (estremi compresi).

La domanda che ci poniamo è: quale numero di titoli n devo comprare per minimizzare il rischio del portafoglio? Dapprima occorre scegliere una misura di rischio. Vediamo come calcolare l'ES e il VaR per questo tipo di portafoglio e minimizzare il rischio in base ad essi. Prima di fare riscorso a Scilab iniziamo confrontando i due casi più semplici: il portafoglio con un solo titolo e quello con due titoli.

Calcoliamo, per esempio, gli indici di rischio a un livello di confidenza del 5%. Gli eventi opportunamente ordinati si possono scrivere come

ΔR_1	prob.	prob. cum.
-97	0.03	0.03
3	0.97	1.00

ΔR_2	prob.	prob. cum.
-97	0.0009	0.0009
-47	0.0582	0.0591
3	0.9409	1.00

dove il pedice di ΔR indica il numero di titoli contenuti nel portafoglio.

Per calcolare ES e VaR al 5% possiamo sdoppiare un evento, in ognuno dei due casi, nel modo seguente:

ΔR_1	prob.	prob. cum.
-97	0.03	0.03
3	0.02	0.05
3	0.95	1.00

ΔR_2	prob.	prob. cum.
-97	0.0009	0.0009
-47	0.0491	0.0500
-47	0.0091	0.0591
3	0.9409	1.00

12.5 ES e VaR a confronto sulla diversificazione

da cui ricaviamo i valori dell'ES come

$$ES_{0.05}(\Delta R_1) = -\frac{-97 \times 0.03 + 3 \times 0.02}{0.05} = 57,$$

$$ES_{0.05}(\Delta R_2) = -\frac{-97 \times 0.0009 - 47 \times 0.0491}{0.05} = 47.9,$$

e i valori del VaR come

$$VaR_{0.05}(\Delta R_1) = -3,$$
$$VaR_{0.05}(\Delta R_2) = 47.$$

Già da questa prima analisi scopriamo che l'ES ci consiglia di comprare due titoli anziché uno solo (l'ES sulla ricchezza formata da due titoli, infatti, è minore dell'ES calcolato su un titolo solo) mentre il VaR consiglia di comprare un titolo solo (il VaR su un solo titolo è addirittura negativo indicando che, con probabilità 5%, si rischia di guadagnare e non di perdere).

Per effettuare l'analisi più completa, comunque, vediamo come creare su Scilab una procedura che ci permetta di calcolare rapidamente ES e VaR per diversi valori di n (numero di titoli in portafoglio).

La funzione, che chiameremo `default`, deve avere:

1. come *input*: la probabilità di *default* (q) che, nel nostro esempio, era del 3%, i due *payoffs* in caso di *default* (F_0) e in caso di non-*default* (F_1), nel nostro esempio -97 e 3 rispettivamente, il numero di titoli presenti sul mercato N (per esempio, si potrebbe studiare il caso di 100 titoli e vedere come l'ES e il VaR si modificano inserendone, nel portafoglio, 1, 2, 3 e così via), infine, poi, si dovrà inserire il livello di confidenza (α);
2. come *output*: i vettori che contengono i valori dell'ES e del VaR per 1, 2, 3, ..., n titoli in portafoglio.

I possibili *payoffs*, già ordinati dal peggiore al migliore, sono dati da

$$\Delta S = \frac{k}{n}3 - 97\left(1 - \frac{k}{n}\right),$$

dove k varia tra 0 e n (inclusi). Quando $k = 0$ tutti i titoli falliscono contemporaneamente e si ha il risultato peggiore mentre, quando $k = n$ nessun titolo fallisce e si ha il risultato migliore. Le probabilità corrispondenti a tali *payoffs* sono

$$p = \binom{n}{k}0.97^k 0.03^{n-k}.$$

Un primo pezzo della funzione, così, sarà dedicato al calcolo del vettore dei *payoffs* e del vettore delle probabilità. Vediamo, di seguito, uno stralcio del programma dove si suppone che siano già state inserite le variabili: n (numero di titoli), q (probabilità di fallimento) e i due *payoffs*, in caso di *default* (F_0) e in caso di non-*default* (F_1).

12 Misurare il rischio

```
k=[0:n]';
p=(1-q)^k.*q^(n-k)...
    *factorial(n)./(factorial(k).*factorial(n-k));
dS=F1*k/n+F0*(1-k/n);
```

Qui si è utilizzato l'operatore «punto» per fare in modo che una stessa operazione si compia su tutti gli elementi del vettore $(1-q)^k$ e la funzione `factorial` per calcolare il fattoriale di un numero.

N.B. 12.2. Gli stessi comandi si sarebbero potuti esprimere attraverso un ciclo `for`. Tale procedura, tuttavia, sarebbe stata poco efficiente per Scilab che è assai più rapido nel calcolo matriciale.

Una volta creati i vettori p e ΔS possiamo procedere al calcolo di ES_α e VaR_α. A tal fine occorre calcolare le probabilità cumulate e, dal vettore delle probabilità, prendere solo le probabilità per le quali le cumulate sono inferiori ad α. A questo vettore, diciamo di dimensione m, poi, occorre aggiungere la probabilità che manca per raggiungere il livello di α. L'ES_α, dunque, si calcola come media delle $m+1$ perdite peggiori, mentre il VaR_α è la perdita peggiore di posto $m+1$.

Vediamo il listato del programma, dove si suppone che sia già stato dato un opportuno valore alla variabile α (livello di confidenza).

```
k=[0:n]';
p=(1-q)^k.*q^(n-k)...
    *factorial(n)./(factorial(k).*factorial(n-k));
dS=F0*(1-k/n)+F1*k/n;
P=cumsum(p);
m=size(P(P<alfa),1);
ES=-1/alfa*[p(1:m); alfa-P(m)]'*dS(1:m+1);
VaR=-dS(m+1);
```

Nel programma si sono inserite la variabile P che misura la probabilità cumulata e la variabile m che indica il numero di elementi di P che sono più piccoli di α. L'ES, poi, viene calcolato come media delle $m+1$ perdite con la $m+1^{esima}$ che è pesata non per la sua probabilità complessiva ma per quella parte di probabilità che manca per arrivare al livello α.

Queste operazioni appena elencate vanno effettuate tante volte quanti sono i titoli disponibili sul mercato (N)[6]. Quindi la variabile n deve andare da 1 fino a N e le operazioni precedenti devono essere racchiuse in un ciclo `for`. A questo punto, però, le variabili `ES` e `VaR` dovranno possedere un indice poiché, alla fine del processo, desidero avere N valori per l'ES e N valori per il VaR.

Il listato finale della funzione, così, sarà il seguente.

---

[6] Per ogni numero di titoli preso in esame esiste un portafoglio solo poiché, ricordiamo, abbiamo supposto che i titoli siano i.i.d.

12.5 ES e VaR a confronto sulla diversificazione

```
function [ES,VaR]=default(q,F0,F1,N,alfa);
   for n=1:N
      k=[0:n]';
      p=(1-q)^k.*q^(n-k)...
         *factorial(n)./(factorial(k).*factorial(n-k));
      dS=F0*(1-k/n)+F1*k/n;
      P=cumsum(p);
      m=size(P(P<alfa),1);
      ES(n)=-1/alfa*[p(1:m); alfa-P(m)]'*dS(1:m+1);
      VaR(n)=-dS(m+1);
   end;
endfunction
```

Si noti che, rispetto al listato precedente, le variabili ES e VaR sono diventati vettori che hanno N elementi.

Una volta salvata la funzione in memoria e richiamata su Scilab, possiamo dare i seguenti comandi.

```
-->[ES,VaR]=default(0.03,-97,3,100,0.05);
-->plot(ES); plot(VaR);
-->
```

Il risultato grafico è mostrato nella Figura 12.2 dove si nota che l'ES è strettamente decrescente e, quindi, consiglia la massima diversificazione possibile. Il VaR, invece, ha un andamento a dente di sega con tanti minimi locali e, questo, comporta numerose problematiche per il calcolo di un portafoglio ottimo per cui si voglia minimizzare il VaR.

Può essere di qualche interesse mostrare, in questo caso, che cosa succede se si utilizza, come misura di rischio, la varianza.

Il valore atteso del fenomeno che stiamo indagando è dato da

$$\mathbb{E}[\Delta R_n] = \sum_{k=0}^{n} \underbrace{\binom{n}{k}(1-q)^k q^{n-k}}_{\text{probabilità}} \underbrace{\left(\frac{k}{n}F_1 + F_0\left(1-\frac{k}{n}\right)\right)}_{\text{payoffs}} = 0,$$

dove i simboli sono quelli già utilizzati in precedenza. Poiché tale fenomeno ha media zero, allora la sua varianza è

$$\mathbb{V}[\Delta R_n] = \sum_{k=0}^{n} \underbrace{\binom{n}{k}(1-q)^k q^{n-k}}_{\text{probabilità}} \underbrace{\left(\frac{k}{n}F_1 + F_0\left(1-\frac{k}{n}\right)\right)^2}_{\text{quadrato dei }payoffs}$$

$$= \frac{q(1-q)(F_1+F_0)^2}{n} + (1-q)F_1^2 - q(1-q)(F_1+F_0)^2 + qF_0^2.$$

Tralascio la dimostrazione del calcolo delle sommatorie poiché del tutto estranea ai nostri fini!

180   12 Misurare il rischio

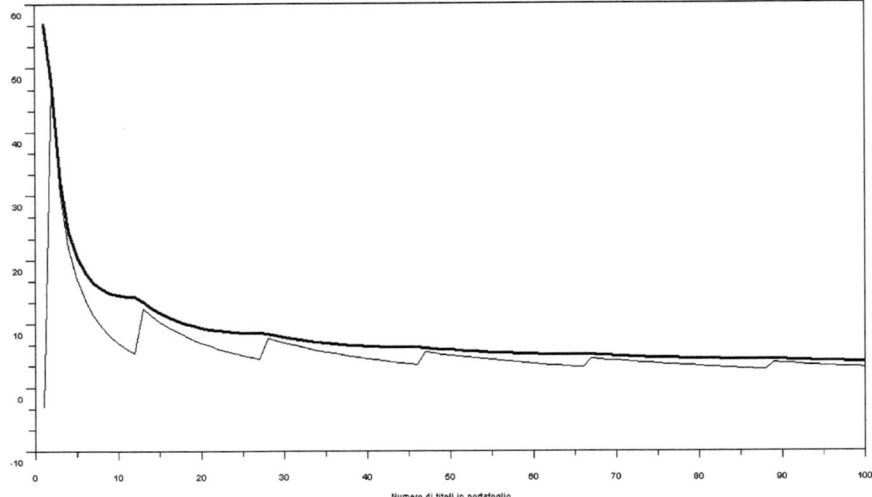

Figura 12.2. ES (in grassetto) e VaR (in tondo) per un portafoglio composto da titoli i cui *payoffs* sono indipendentemente e identicamente distribuiti

Si nota immediatamente che la varianza è costantemente decrescente in n e, dunque, la minimizzazione della varianza (che è una funzione convessa in n) porta a desiderare un portafoglio con il numero massimo possibile di titoli. La varianza, in effetti, conduce allo stesso risultato dell'ES perché sono entrambe misure di rischio subadditive. Il VaR che, invece, non gode della subadditività, può condurre a indicazioni incoerenti riguardo la diversificazione del portafoglio.

12.6 Il *backtesting*

Ricordiamo la definizione di VaR: esso è la massima perdita che si rischia di avere su un dato orizzonte temporale e con un dato livello di confidenza. Una volta calcolato il VaR_α, dunque, ci si aspetta che la frequenza di perdite superiori al livello VaR_α sia molto prossimo ad α per un numero di simulazioni sufficientemente alto.

Per verificare la validità del VaR_α, dunque, ci vorrebbe molto tempo (per aspettare che il numero di verifiche sia elevato). Per evitare questo inconveniente si ricorre allo stratagemma di verificare il VaR_α sui dati passati (e su parte dei quali il VaR è stato calcolato). La tecnica, proprio perché guarda all'indietro, viene chiamata *backtesting*.

Il Comitato di Basilea, nei suoi regolamenti, accoglie questa forma di test e dà un'indicazione di come deve essere sviluppata.

12.6 Il *backtesting*

Il *backtesting* proposto da Basilea prende in considerazione 250 giorni (cioè i giorni lavorativi in un anno[7]) e confronta la perdita subita in ogni giorno con il VaR calcolato sul giorno precedente. Se chiamiamo $dSp(t)$ il *payoff* del titolo al tempo t (cioè la differenza $Sp(t) - Sp(t-1)$), e $VaR_\alpha(t-1)$ il VaR_α calcolato al tempo $t-1$, si può creare una funzione indicatrice il cui valore è 1 se si ha una perdita più grande di quella prevista dal VaR_α e 0 altrimenti. Si può, quindi, scrivere

$$Y_\alpha(t) \equiv \mathbb{I}_{dSp(t) < -VaR_\alpha(t-1)} = \begin{cases} 1, & dSp(t) < -VaR_\alpha(t-1), \\ 0, & dSp(t) \geq -VaR_\alpha(t-1), \end{cases} \quad (12.2)$$

dove t andrà da 2 fino a 250 (vogliamo, infatti, verificare il VaR_α su 250 osservazioni giornaliere).

Il VaR_α, ovviamente, dovrà essere calcolato su un certo numero di giorni precedenti (in base, per esempio, alla simulazione storica). Possiamo calcolare il VaR_α sui 250 giorni precedenti e, dunque, per effettuare una simulazione del *backtesting* dobbiamo scaricare due anni di dati. In questo modo dovremmo avere circa 500 osservazioni: sulle prime 250 calcoliamo il VaR_α e, a partire dall'osservazione 251, confrontiamo i *payoff* con quanto previsto dal VaR_α.

N.B. 12.3. Al fine di avere un numero sufficiente di osservazioni per calcolare tutti i VaR e per effettuare il *backtest*, ho scaricato, da Yahoo, due anni di quotazioni del titolo FIAT (dal 17/2/2006 al 17/2/2008) ed è su questi prezzi che effettuo i calcoli che seguono.

Ad ogni passaggio, poi, aggiorniamo il calcolo del VaR_α. In questo modo, dunque, il primo VaR_α sarà calcolato sui dati dalla posizione 1 alla posizione 250. Il secondo VaR_α, invece, sarà calcolato sui dati dalla posizione 2 alla posizione 251 e così via (sarà, dunque, necessario utilizzare un ciclo `for`).

Le tappe per costruire la funzione di *backtest*, quindi, devono essere le seguenti (qui presento la funzione per un titolo solo).

1. Si calcola il vettore delle differenze (già chiamato, in precedenza, `dSf`) per tutto il campione scelto che, ovviamente, dovrà contenere almeno 500 osservazioni.
2. Attraverso un ciclo `for` si calcolano i $VaR_{0.01}$ (Basilea, infatti, si basa sul VaR all'1%); chiamando t l'ultima data a disposizione, si prendono dapprima i dati che vanno dal momento $t - 500 + 1$ fino al momento $t - 251 + 1$, poi i dati che vanno da $t - 500 + 2$ fino a $t - 251 + 2$ e così via. In genere, dunque, si prenderanno i dati dal momento $t - 500 + i$ fino al momento $t - 251 + i$ per i che varia da 1 fino a 250.

---

[7] In alcune applicazioni precedenti avevamo usato 258 perché era il numero di giorni durante i quali, effettivamente, si erano avute le quotazioni dei titoli. Scaricando due anni di quotazioni da Yahoo, infatti, si erano ottenuti 516 valori. Nella prassi finanziaria, invece, l'anno «standard» si considera di 250 giorni.

3. Una volta ottenuto il vettore di tutti i 250 $VaR_{0.01}$ che ci interessano, possiamo (ormai al di fuori del ciclo `for`) osservare quante volte la perdita effettiva è stata più grave di quella indicata dal $VaR_{0.01}$. A questo fine utilizzerò la funzione

   bool2s(condizione)

   la quale restituisce il valore 1 se la variabile `condizione` è vera e 0 altrimenti. Essa funziona anche sulle matrici e sui vettori. Se l'argomento della funzione è un confronto tra vettori, allora il risultato sarà un vettore che contiene tutti 1 e 0.[8]
4. Infine, per visualizzare graficamente quanto effettuato nella funzione, si farà disegnare a Scilab, sullo stesso grafico, il vettore delle ultime 250 differenze dSf e il vettore dei $VaR_{0.01}$.

Segue il listato della funzione di Scilab dove gli *input* sono i prezzi storici (Sp) e il livello di confidenza desiderato (α). L'*output*, invece, è il numero di volte per cui le perdite sono peggiori del VaR (`exception`).

```
function [exception]=backtest(Sp,alfa);
//
// Calcolo dei payoffs
//
dSf=diff(Sp,1,1)./Sp(1:$-1,:)*diag(Sp($,:));
//
// Calcolo di 250 valori del VaR
//
for i=1:250
dSforder=gsort(dSf($-500+i:$-251+i),'r','i');
VaR(i)=-dSforder(ceil(size(dSforder,1)*alfa),:);
end;
//
// Calcolo del numero di perdite che,
// in valore assoluto, sono più grandi del VaR
//
exception=sum(bool2s(dSf($-249:$)<-VaR));
//
// Disegno dei payoffs e dei VaR
//
plot(dSf($-249:$));
plot(-VaR,'red');
endfunction
```

---

[8] Per provare la funzione consiglio di scrivere, sulla riga di comando di Scilab, `bool2s([1 2 3 4]>[4 3 2 1])`.

12.6 Il *backtesting*

Una volta che la funzione è salvata in memoria, richiamata ed eseguita, si ottiene quanto segue (ricordo che, qui, Sp contiene i prezzi della FIAT dal 17/2/2006 al 17/2/2008).

```
-->x=backtest(Sp,0.01)
 x =
    9.
-->
```

Graficamente, invece, si ottiene quanto riportato nella Figura 12.3.

Il numero 9, che indica le volte per cui la perdita è stata peggiore rispetto a quella prevista dal $VaR_{0.01}$ conta, esattamente, i picchi che, nel grafico, vanno al di sotto della linea del VaR.

Non ci resta che vedere come interpretare questo numero. Basilea dà le seguenti indicazioni:

1. zona verde (da 0 a 4 eccezioni): il VaR funziona in modo accurato;
2. zona gialla (da 5 a 9 eccezioni): prima di prendere qualsiasi decisione il VaR dovrebbe essere affiancato da informazioni aggiuntive;
3. zona rossa (da 10 eccezioni in poi): il VaR funziona in modo non accurato.

Nel nostro caso, con 9 eccezioni, siamo al limite tra la zona gialla e la zona rossa. Basilea, dunque, consiglierebbe di prendere decisioni crica l'investimento nel titolo FIAT integrando il VaR con altre informazioni!

Il tipo di test che ho presentato in questo paragrafo è molto rudimentale (lo stesso Comitato di Basilea ne è consapevole) e la letteratura, ovviamente,

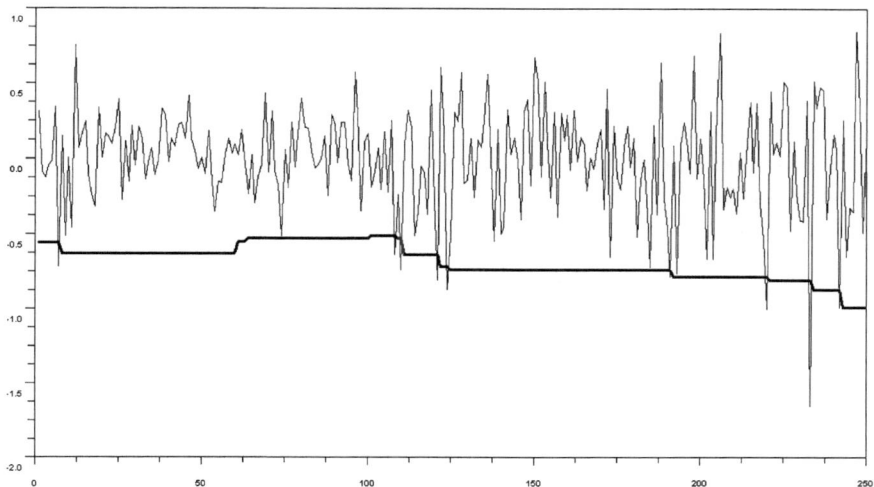

Figura 12.3. Differenze nelle quotazioni giornaliere del titolo FIAT (dal 17/2/2006 al 17/2/2008) e VaR all'1% (linea in grassetto)

sta producendo sempre nuovi test. Tuttavia trovo che la semplicità di quanto esposto contribuisca a fare meglio capire il procedimento logico che vi sta alla base.

Nel prossimo paragrafo vediamo come si è giunti a determinare i valori soglia indicati in precedenza.

12.7 Le soglie del *backtesting*

Riprendiamo la funzione $Y_\alpha(t)$ definita nella (12.2) e che misura il numero di volte in cui si è avuto uno sforamento del VaR_α. Poiché ricordiamo che il valore atteso della funzione indicatrice di un evento deve essere proprio uguale alla probabilità teorica dell'evento, ovvero

$$\mathbb{E}\left[Y_\alpha(t)\right] = \alpha,$$

allora, sul campione, si dovrebbe avere

$$\frac{1}{n}\sum_{k=t}^{t+n} Y_\alpha(k) = \alpha.$$

Un'altra caratteristica desiderabile per la funzione $Y_\alpha(t)$ è che essa goda della proprietà di indipendenza o, in altri termini, il valore $Y_\alpha(t)$ deve essere indipendente dal valore $Y_\alpha(t+i)$ per qualsiasi i. In inglese, le due proprietà precedenti vengono definite, rispettivamente, *unconditional coverage property* e *independence property*.

Richiedere che valgano le due proprietà suddette è del tutto equivalente a richiedere che la variabile $Y_\alpha(t)$ sia distribuita come una binomiale (di Bernoulli) con probabilità α. Questo è il motivo per cui la maggior parte dei test che si utilizzano per la verifica del VaR sono basati proprio sulla distribuzione binomiale. Anche nel caso di Basilea il numero di eccessi che determina il passaggio tra le diverse zone (verde, gialla e rossa) è calcolato in base a una legge di probabilità binomiale.

Se chiamiamo N il numero di osservazioni totali (nel caso annuale esse si assumono pari a 250) e α il livello di confidenza del VaR (per esempio l'1%), allora la probabilità che si verifichino k sforamenti del VaR_α è data da

$$\mathbb{P}_{N,\alpha}(k) = \binom{N}{k}\alpha^k(1-\alpha)^{N-k},$$

dove $\binom{N}{k}$ sono le combinazioni di N elementi di classe k pari a

$$\binom{N}{k} = \frac{N!}{(N-k)!k!}.$$

Attraverso un comando apposito, Scilab è in grado di fornire il vettore di tutte le probabilità $\mathbb{P}_{N,\alpha}(k)$ per k che va da zero fino a N. Tale comando è

```
binomial(alfa,N)
```

N.B. 12.4. Il comando binomial restituisce un vettore riga (che ha $N+1$ colonne). Bisogna tenere sempre presente questo quando si effettuano operazioni sul vettore delle probabilità.

Nel caso la probabilità α di un evento sia pari al 40% e vi siano 2 estrazioni da una binomiale, allora l'evento in questione si può verificare:

1. nessuna volta, con probabilità $0.6 \times 0.6 = 0.36$;
2. una volta sola, con probabilità $0.4 \times 0.6 + 0.6 \times 0.4 = 0.48$;
3. due volte, con probabilità $0.4 \times 0.4 = 0.16$.

Possiamo osservare queste probabilità nell'esempio che segue.

```
-->binomial(0.4,2)
 ans =
 0.36 0.48 0.16
-->
```

Nel caso di 250 osservazioni e con una probabilità dell'1%, i primi valori del vettore delle probabilità si vedono di seguito.

```
-->binomial(0.01,250)'
 ans =
 0.0810585
 0.2046932
 0.2574172
 0.2149477
 0.1340709
 0.0666292
 0.0274817
 0.0096761
 0.0029688
 0.0008063
 0.0001963
 0.0000433
 0.0000087
 0.0000016
 0.0000003
 4.374D-08
 6.489D-09
 9.022D-10
 1.180D-10
 1.455D-11
 1.697D-12
 1.877D-13
 1.976D-14
```

```
1.998D-15
2.220D-16
0.
0.
0.
0.
0.
0.
0.
0.
0.
0.
0.
0.
0.
0.
0.
[Continue display? n (no) to stop, any other key to continue]
-->
```

Per stabilire le soglie (verde, gialla e rossa) del numero di perdite che eccedono il VaR, il comitato di Basilea si basa sulla funzione di probabilità cumulata, la quale si può ottenere con il comando cumsum già visto in un capitolo precedente. In particolare, il comitato di Basilea stabilisce le seguenti soglie:

1. la zona gialla inizia dal primo numero di perdite per cui la probabilità cumulata è maggiore o uguale al 95%;
2. la zona rossa inizia dal primo numero di perdite per cui la probabilità cumulata è maggiore o uguale al 99.99%.

Le probabilità cumulate, per il caso con $N = 250$ e $\alpha = 0.01$, sono mostrate nel seguente esempio.

```
-->cumsum(binomial(0.01,250))'
  ans =
  0.0810585
  0.2857517
  0.5431690
  0.7581167
  0.8921876
  0.9588168
  0.9862986
  0.9959747
  0.9989435
```

```
    0.9997498
    0.9999461
    0.9999894
    0.9999981
    0.9999997
    0.9999999
    1.0000000
    1.
    1.
    1.
    1.
    1.
    1.
    1.
    1.
    1.
    1.
    1.
    1.
    1.
    1.
    1.
    1.
    1.
    1.
    1.
    1.
    1.
    1.
    1.
    1.
[Continue display? n (no) to stop, any other key to continue]
-->
```

Da questi valori osserviamo che la zona gialla inizia da un numero di perdite in eccesso rispetto al VaR pari a 5; ricordiamo, infatti, che il primo termine del vettore sopra calcolato corrisponde a un numero di eccessi pari a zero. La zona rossa, invece, inizia da un numero di eccessi pari a 10.

Ora vogliamo creare una funzione di Scilab che restituisca i valori degli eccessi che determinano la separazione sia tra la zona verde e quella gialla, sia tra la zona gialla e quella rossa.

Per fare questo ci avvaliamo della funzione **find** già esposta in precedenza. Attraverso essa possiamo chiedere a Scilab di restituire le coordinate degli elementi che, nel vettore delle probabilità cumulate, corrispondono a valori

12 Misurare il rischio

maggiori di quelli che ci interessano. Di queste coordinate, poi, dovremo prendere solo la prima poiché siamo interessati solo alla posizione del primo valore per cui la probabilità cumulata è maggiore della soglia stabilita.

Con il comando

```
find(cumsum(binomial(0.01,250)))>=0.95)
```

per esempio, otteniamo le posizioni degli elementi, all'interno del vettore delle probabilità cumulate, che sono maggiori o uguali al 95%. Di tutti questi valori, tuttavia, dobbiamo prendere solo il primo e dobbiamo ridurlo di un'unità. Poiché il primo elemento del vettore delle probabilità corrisponde a un numero di eventi pari a zero, allora l'elemento k dello stesso vettore, corrisponderà a $k-1$ perdite che eccedono il VaR. Ecco, così, che si possono ottenere le soglie di Basilea attraverso i seguenti comandi.

```
-->x=find(cumsum(binomial(0.01,250))>=0.95); x(1)-1
 ans =
    5.
-->x=find(cumsum(binomial(0.01,250))>=0.9999); x(1)-1
 ans =
    10.
-->
```

Possiamo così scrivere una funzione, che chiamiamo, ovviamente, basilea, la quale, inseriti come *input* il numero di osservazioni e il livello di confidenza del VaR, restituisca le soglie per le zone verde-giallo e giallo-rosso. Ecco, di seguito, la funzione.

```
function [z1,z2]=basilea(alfa,N)
    z1=find(cumsum(binomial(alfa,N))>=0.95);
    z1=z1(1)-1;
    z2=find(cumsum(binomial(alfa,N))>=0.9999);
    z2=z2(1)-1;
endfunction
```

Ecco, poi, alcune sue applicazioni.

```
-->[z1,z2]=basilea(0.01,250)
 z2 =
    10.
 z1 =
    5.
-->[z1,z2]=basilea(0.01,500)
 z2 =
    15.
```

```
z1 =
    9.
-->[z1,z2]=basilea(0.05,500)
z2 =
    45.
z1 =
    33.
-->
```

12.8 Le misure di rischio spettrali

Un indice di rischio M si definisce **spettrale** se esiste una funzione ϕ tale che l'indice stesso possa essere scritto nel modo seguente:

$$M = -\int_0^1 \phi(p) F^{-1}(p) \, dp, \qquad (12.3)$$

dove p è la probabilità di ogni possibile manifestazione di un certo fenomeno e F è la funzione di ripartizione del fenomeno stesso.

Un indice di rischio spettrale è coerente se e solo se lo spettro rispetta tre condizioni (per un dettaglio analitico si veda Acerbi, 2002):

1. $\phi(p)$ non è mai negativo:

$$\phi(p) \geq 0, \quad \forall p \in [0,1],$$

2. $\phi(p)$ non è mai crescente:

$$\frac{\partial \phi(p)}{\partial p} \leq 0, \quad \forall p \in [0,1],$$

3. $\phi(p)$ somma a 1:

$$\int_0^1 \phi(p) \, dp = 1.$$

Ai fini del calcolo numerico, tuttavia, ci è più comodo riscrivere le misure di rischio spettrali in funzione del fenomeno (x) che vogliamo studiare e non della sua probabilità. Sapendo che vale

$$p = F(x),$$

ovvero

$$dp = f(x) \, dx,$$

dove $f(x)$ è la funzione di densità del fenomeno x, allora si può riscrivere l'integrale della (12.3) per sostituzione come segue:

$$M = -\int_{F(0)}^{F(1)} \phi(F(x)) x f(x) \, dx,$$

dove $F(0)$ e $F(1)$ sono, rispettivamente, la manifestazione più piccola e quella più grande del fenomeno x.

L'approssimazione più semplice nel discreto si può effettuare, come nel caso della simulazione storica, ipotizzando che $f(x)$ sia costante. Si può, quindi, scrivere

$$M = -\frac{1}{n}\sum_{i=1}^{n}\phi_i \vec{x}_i,$$

dove n è il numero di osservazioni del fenomeno x e con $\vec{x}$ si è indicato il fenomeno x messo in ordine crescente (dalla perdita maggiore al guadagno più elevato). Per avere coerenza, ϕ_i deve soddisfare le condizioni suddette che, in questo caso, si scrivono come:

1. $\phi_i \geq 0, \quad \forall i \in [1, n]$;
2. $\phi_{i+1} \leq \phi_i, \quad \forall i \in [1, n-1]$;
3. la terza condizione deve essere riscritta, dapprima, per la funzione continua attraverso la sostituzione della variabile $p = F(x)$ avendo, così

$$\int_{F(0)}^{F(1)} \phi(F(x)) f(x) \, dx = 1,$$

da cui, se $f(x) = \frac{1}{n}$, si ha la formula discreta

$$\frac{1}{n}\sum_{i=1}^{n}\phi_i = 1.$$

Se si ha già a disposizione il vettore dei pesi $\phi \in \mathbb{R}_+^n$, calcolare la misura di rischio spettrale diviene estremamente semplice poiché si tratta di moltiplicare tra loro il vettore $\vec{x}$ (trasposto) e il vettore ϕ, dividendo poi il risultato per il numero di elementi di $\vec{x}$ (o di ϕ).

Uno dei principali problemi legati alle misure di rischio spettrali, tuttavia, consiste proprio nel determinare i valori dello spettro. Nel prossimo paragrafo mostro come generare una misura di rischio con spettro lineare.

12.9 Una misura di rischio con spettro lineare

In questo paragrafo mostro come creare una misura di rischio spettrale con uno spettro lineare nella forma

$$\phi_i = \begin{cases} a - bi, & 1 \leq i \leq u, \\ 0, & u < i \leq n, \end{cases}$$

dove a e b sono due costanti (positive) e u indica il posto occupato, nel vettore x, dalla perdita (o guadagno) oltre la quale si vuole dare peso zero ai risultati economici (se, dunque, si pone $u = 5$, il peso dei risultati economici viene annullato a partire dal sesto risultato peggiore).

12.9 Una misura di rischio con spettro lineare

Affinché lo spettro sia continuo, e dunque non abbia salti, impongo la condizione che, in corrispondenza del valore u esso sia nullo:

$$a - bu = 0,$$

da cui ricavo già uno dei valori di a o di b:

$$a = bu.$$

Ecco, allora, che lo spettro si può scrivere come

$$\phi_i = \begin{cases} bu - bi, & 1 \leq i \leq u, \\ 0, & u < i \leq n. \end{cases}$$

Una delle condizioni affinché esso sia coerente è che valga

$$\frac{1}{n} \sum_{i=1}^{u} (bu - bi) = 1,$$

ovvero

$$bu^2 - b\frac{(1+u)u}{2} = n,$$

da cui si ricava il valore di b:

$$b = \frac{2n}{u(u-1)}.$$

Affinché lo spettro sia decrescente occorre che b sia positivo e, dunque, che u sia maggiore di 1. Imponiamo, allora, che valga

$$u \geq 2.$$

Infine, dunque, lo spettro assume la forma seguente:

$$\phi_i = \begin{cases} \frac{2n}{u(u-1)}(u-i), & 1 \leq i \leq u, \\ 0, & u < i \leq n. \end{cases}$$

La forma grafica di questo spettro si può vedere nella Figura 12.4.

Sotto la condizione $u \geq 2$ lo spettro rispetta tutte le condizioni per generare una misura di rischio coerente.

Vediamo, ora, come creare questa misura di rischio in Scilab attraverso una funzione. Gli *input* della funzione dovranno essere, ovviamente, la matrice dei prezzi storici e il livello u (oltre il quale si vuole dare peso zero ai risultati economici). Il valore di u può essere inserito sia come numero compreso tra 2 e n, sia come percentuale (α) di perdite che si vuole prendere in considerazione. In quest'ultimo caso il valore di u sarà dunque dato da $n\alpha$ arrotondato all'intero precedente (con l'accortezza che occorre porre $u = 2$ se $u < 2$).

12 Misurare il rischio

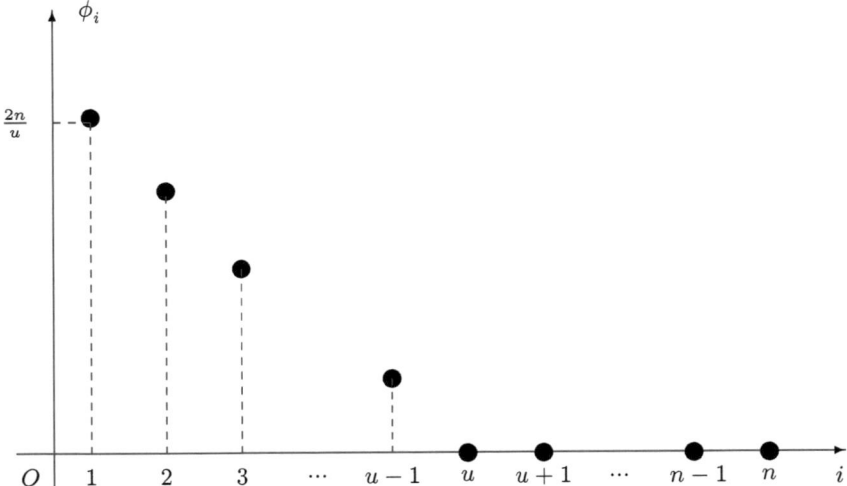

Figura 12.4. Rappresentazione di uno spettro lineare

Lo spettro, poi, sarà dato, per i che va da 1 fino a n, dal massimo valore tra la funzione $\frac{2n}{u(u-1)}(u-i)$ e 0, ovvero

$$\phi_i = \max\left(\frac{2n}{u(u-1)}(u-i), 0\right).$$

Il valore della misura di rischio spettrale, infine, sarà pari al prodotto tra il vettore $\vec{x}$ (delle osservazioni ordinate) e il vettore ϕ dei pesi. Se $\vec{x}$ è una matrice (cioè vi sono più titoli), lo spettro sarà dato da

$$M = -\frac{1}{n}\phi'\vec{x}.$$

Vediamo come scrivere tale funzione.

```
function [M]=spettrolin(Sp,alfa);
    dSf=diff(Sp,1,1)./Sp(1:$-1,:)*diag(Sp($,:));
    dSforder=gsort(dSf,'r','i');
    n=size(dSforder,1);
    u=size(dSforder(1:$*alfa,:),1);
    if u<2 then u=2, end;
    fi=max(2*n*(u-[1:n]')/(u*(u-1)),0);
    M=-fi'*dSforder/n;
endfunction
```

Dopo aver salvato e caricato le funzione, possiamo applicarla alla nostra matrice Sp e confrontarla con la funzione es scritta nei paragrafi precedenti, ottenendo quanto segue.

12.9 Una misura di rischio con spettro lineare

```
-->[spettrolin(Sp,0.01); es(Sp,0.01)]
    ans =
        1.2731517    0.7170570    0.7222681
        1.0987464    0.6855408    0.695256
-->[spettrolin(Sp,0.05); es(Sp,0.05)]
    ans =
        0.8936906    0.6046559    0.5733249
        0.7550593    0.5178900    0.4954821
-->[spettrolin(Sp,0.1); es(Sp,0.1)]
    ans =
        0.7260117    0.5015426    0.4676780
        0.5987374    0.4261212    0.3776375
-->
```

Osserviamo che la misura di rischio spettrale è sempre maggiore dell'ES. Questo è un risultato ovvio poiché l'ES_α dà lo stesso peso alle α perdite peggiori mentre lo spettro che abbiamo calcolato dà peso più elevato alle perdite più grandi e tale peso si riduce sempre di più fino a quando alla perdita di quantile α si dà peso zero.

13
La programmazione lineare

13.1 L'*ES* come risultato di un'ottimizzazione

Il problema di ottimizzazione del portafoglio che si è studiato nei capitoli precedenti si basava sulla minimizzazione di una funzione quadratica e convessa (la varianza) sotto uno o più vincoli lineari. Quando, tuttavia, al posto della varianza, si vuole utilizzare una misura di rischio coerente (come l'*ES*), il problema matematico non ha più le «belle» caratteristiche viste in precedenza. Si può tuttavia dimostrare che l'*ES* si può scrivere come risultato di un problema di programmazione lineare e, dunque, anche l'ottimizzazione del portafoglio basata sull'*ES* può diventare un problema di programmazione lineare (per i dettagli algebrici si vedano Rockafellar e Uryasev, 2000).

Si inizia definendo la seguente funzione:

$$H_\alpha(v) = -v + \frac{1}{\alpha} \int_{-\infty}^{v} (v - x) f(x) \, dx, \tag{13.1}$$

dove x è una variabile aleatoria[1], $f(x)$ la sua funzione di densità e α è un parametro positivo compreso tra 0 e 1 che misura una probabilità (in particolare la probabilità della perdita massima che si desidera inserire nel calcolo dell'*ES*).

La funzione $H_\alpha(v)$ è sempre convessa, infatti si ha:

$$\frac{\partial H_\alpha(v)}{\partial v} = -1 + \frac{1}{\alpha} \int_{-\infty}^{v} f(x) \, dx,$$

$$\frac{\partial^2 H_\alpha(v)}{\partial v^2} = \frac{1}{\alpha} f(v) > 0.$$

---

[1] Nel caso in esame si è supposto che x sia definita su tutti i numeri reali. Se x avesse un dominio più ristretto, allora l'estremo inferiore dell'integrale nella formula precedente non sarebbe $-\infty$, ma coinciderebbe con l'estremo inferiore del dominio di x.

Menoncin F.: Misurare e gestire il rischio finanziario.
© Springer-Verlag Italia, Milano 2009

Questo significa che annullando la derivata prima si ottiene un punto di minimo. Il valore v^* che annulla la derivata prima è tale da soddisfare l'equazione

$$-1 + \frac{1}{\alpha} \int_{-\infty}^{v^*} f(x)\, dx = 0.$$

L'integrale nella formula è pari alla funzione di distribuzione della variabile x nel punto v^* e, assumendo che tale funzione $F(\cdot)$ sia invertibile, si può scrivere

$$-1 + \frac{1}{\alpha} F(v^*) = 0,$$
$$v^* = F^{-1}(\alpha).$$

Questo ci consente di concludere che v^* è l'opposto del VaR_α:

$$v^* = -VaR_\alpha.$$

Una volta sostituito v^* nella funzione obiettivo si ottiene

$$H_\alpha(v^*) = -v^* + \frac{1}{\alpha} \int_{-\infty}^{v^*} (v^* - x) f(x)\, dx$$
$$= -v^* + \frac{1}{\alpha} v^* \int_{-\infty}^{v^*} f(x)\, dx - \frac{1}{\alpha} \int_{-\infty}^{v^*} x f(x)\, dx$$
$$= -v^* + \frac{1}{\alpha} v^* F(v^*) - \frac{1}{\alpha} \int_{-\infty}^{v^*} x f(x)\, dx,$$

ma, poiché vale $F(v^*) = \alpha$, si può concludere

$$H_\alpha(v^*) = -\frac{1}{\alpha} \int_{-\infty}^{v^*} x f(x)\, dx,$$

che è l'ES_α. Vale, quindi

$$ES_\alpha = \min_v H_\alpha(v),$$
$$VaR_\alpha = -\arg\min_v H_\alpha(v).$$

Una sola minimizzazione, così, permette di calcolare contemporaneamente l'ES e il VaR. Nella Figura 13.1 mostro il grafico della funzione $H_\alpha(v)$ che ha due asintoti obliqui.

13.2 Stima dell'ES

Avendo a disposizione K osservazioni sulla variabile x (chiamiamo x_i ciascuna di queste osservazioni), l'ES_α si può stimare risolvendo il seguente problema di minimo:

$$ES_\alpha = \min_v \left[-v + \frac{1}{\alpha} \frac{1}{K} \sum_{i=1}^{K} \max(v - x_i, 0) \right],$$

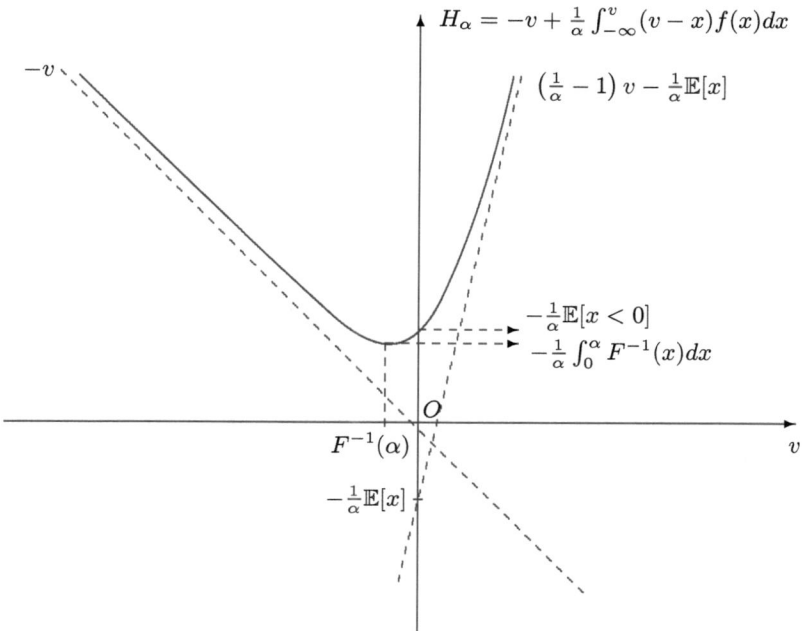

Figura 13.1. Grafico della funzione $H_\alpha(v)$

dove l'integrale dell'Equazione (13.1) è stato sostituito da una sommatoria e si è supposto che la funzione di densità sia uniforme ($f(x) = \frac{1}{K}$) adottando, dunque, l'ipotesi alla base della simulazione storica già vista nei capitoli precedenti.

Tale problema di minimo ha una funzione obiettivo non lineare. Esso, tuttavia, si può trasformare in un problema di programmazione lineare scrivendolo attraverso l'introduzione di un'altra variabile che chiamiamo z. Se, infatti, definiamo

$$z_i \equiv \max(v - x_i, 0),$$

e imponiamo il vincolo che z_i non sia mai negativo, allora deve anche valere

$$z_i \geq v - x_i.$$

Il problema di minimo, dunque, si scrive come

$$\min_{v, z_i \geq 0} \left[-v + \frac{1}{\alpha} \frac{1}{K} \sum_{i=1}^{K} z_i \right] \quad (13.2)$$

$$z_i \geq v - x_i, \quad \forall i \in \{1, ..., K\}.$$

Tale problema, così, va risolto rispetto a $K+1$ variabili di controllo ed è soggetto a K vincoli. Vediamo, ora, come risolvere in Scilab un problema di programmazione lineare.

13.3 La programmazione lineare in Scilab

Il comando per risolvere un problema di programmazione lineare in Scilab è linpro. La sintassi di tale comando è la seguente

$$[\text{y},\text{lagr},\text{f}]=\text{linpro}(\text{p},\text{C},\text{b},\underbrace{\text{yi},\text{ys},\text{eq},\text{y0}}_{\text{parametri opzionali}})$$

ed esso risolve il problema

$$\min_{yi \leq y \leq ys} \underset{1\times n}{p'} \underset{n\times 1}{y} \quad (13.3)$$

$$\underset{m\times n}{C} \underset{n\times 1}{y} \leq \underset{m\times 1}{b},$$

con n variabili di controllo e m vincoli. Notiamo la stretta analogia con il comando quapro che si era già utilizzato per il calcolo del portafoglio ottimo con il metodo media-varianza. Vediamo i ruoli degli argomenti del programma:

1. p è il vettore che contiene i coefficienti delle variabili di controllo all'interno della funzione obiettivo;
2. le variabili matriciali C e b definiscono i vincoli lineari sulle variabili di controllo;
3. oltre ai suddetti vincoli esistono anche i vincoli $yi \leq y \leq ys$ dove yi è il limite inferiore che possono assumere le variabili di controllo (se non vi è limite inferiore, basta porre $yi = []$), mentre ys è il limite superiore (se non vi è limite superiore, basta porre $ys = []$);
4. eq: è il numero di righe della matrice C (e del vettore b) che determinano vincoli di uguaglianza. Nel sistema $Cy \leq b$, dunque, i primi eq vincoli sono da intendersi con il segno di uguale;
5. $y0$: è un punto dal quale si suggerisce di partire per trovare le soluzioni.

Tra gli *output* troviamo:

1. *y*: si tratta del vettore dei valori ottimi delle variabili di controllo;
2. *lagr*: è il vettore dei valori dei moltiplicatori di Lagrange;
3. *f*: è il valore ottimo della funzione obiettivo (che, in economia, si chiama **funzione valore**).

N.B. 13.1. Il comando linpro risolve sempre un problema di minimo! Se si ha a che fare con un problema di massimo, è sufficiente cambiare il segno della funzione obiettivo. Vale, infatti, che $\max_y f(y) = \min_y -f(y)$.

Vediamo, ora, come ricondurre il nostro Problema (13.2) alla forma (13.3). Occorre, dapprima, definire il vettore y delle variabili di controllo. Nel nostro caso abbiamo

$$\underset{(1+K)\times 1}{y} = \begin{bmatrix} v \\ z_1 \\ \dots \\ z_K \end{bmatrix},$$

13.3 La programmazione lineare in Scilab

e, dunque, il vettore p è dato da

$$\underset{(1+K)\times 1}{p} = \begin{bmatrix} -1 \\ \frac{1}{\alpha K} \\ \dots \\ \frac{1}{\alpha K} \end{bmatrix},$$

in questo modo, infatti, si ha

$$p'y = \begin{bmatrix} -1 \\ \frac{1}{\alpha K} \\ \dots \\ \frac{1}{\alpha K} \end{bmatrix}' \begin{bmatrix} v \\ z_1 \\ \dots \\ z_K \end{bmatrix} = -v + \frac{1}{\alpha K} \sum_{i=1}^{K} z_i.$$

Nel nostro problema i vincoli (nel numero di K) sono

$$z_i \geq v - x_i,$$

ma poiché devono essere espressi come

$$Cy \leq b,$$

allora li riscriviamo nei seguenti termini:

$$v - z_i \leq x_i,$$

da cui osserviamo che occorre definire C e b nel modo seguente:

$$\underset{K\times(K+1)}{C} = \begin{bmatrix} 1 & -1 & 0 & \dots & 0 \\ 1 & 0 & -1 & \dots & 0 \\ 1 & 0 & 0 & \dots & 0 \\ \dots & \dots & \dots & \dots & \dots \\ 1 & 0 & 0 & \dots & -1 \end{bmatrix}, \quad \underset{K\times 1}{b} = \begin{bmatrix} x_1 \\ \dots \\ x_K \end{bmatrix}.$$

Nel nostro caso, dunque, il vettore b coincide con il vettore x.

Poiché, in questo caso, non abbiamo vincoli di uguaglianza (e, quindi, possiamo tralasciare il parametro eq), non ci resta che definire i limiti yi e ys. Le variabili di controllo non hanno limite superiore (e, quindi, si metterà $ys = [\,]$) mentre le z_i hanno il limite inferiore dello zero. Conviene, così, definire

$$\underset{(K+1)\times 1}{yi} = \begin{bmatrix} -100000 \\ 0 \\ \dots \\ 0 \end{bmatrix},$$

dove, per la prima variabile di controllo (v) si è scelto un valore sufficientemente piccolo in modo che il vincolo, di fatto, non sia operativo (vi è infatti l'inconveniente che non si possono definire vincoli solo su alcune delle variabili di controllo).

13.4 Un programma per il calcolo dell'ES e del VaR

Quando vogliamo scrivere un programma che ci restituisca i valori dell'ES e del VaR in base a quanto definito in precedenza, dobbiamo porre, come *input*, il livello di probabilità α e la serie storica su cui calcolare gli indici di rischio (chiamata x nei paragrafi precedenti).

La nostra funzione, poi, si baserà sui seguenti passaggi:

1. creazione del vettore p, di dimensioni $K+1$, che contiene, come primo elemento, -1 e poi elementi tutti uguali e pari a $\frac{1}{\alpha K}$ dove K è il numero di righe della matrice x;
2. creazione della matrice C che contiene una colonna formata tutta di 1, affiancata dall'opposto di una matrice identità che ha dimensioni $K \times K$;
3. creazione del vettore b, di dimensioni K, che coincide con il vettore x;
4. creazione del vettore yi, di dimensioni $K+1$, che ha come primo elemento -100000 e contiene, poi, tutti zeri.

Chiamo la funzione **vares** poiché essa, allo stesso tempo, permette di calcolare il VaR e l'ES.

```
function [VaR,ES]=vares(x,alfa);
    K=size(x,1);
    p=[-1;ones(K,1)/(alfa*K)];
    C=[ones(K,1), -eye(K,K)];
    ys=[];
    yi=[-100000; zeros(K,1)];
    [y,lagr,ES]=linpro(p,C,x,yi,ys);
    VaR=-y(1);
endfunction
```

Dopo aver salvato e caricato la funzione appena scritta, proviamo a calcolare ES e VaR sulle azioni Italcementi, ENI e FIAT che abbiamo già scaricato da yahoo. Carichiamo, dunque, nuovamente in memoria i prezzi storici dei tre titoli nella matrice Sp. Adesso, tuttavia, l'*input* della funzione **vares** non sono i prezzi storici bensì i possibili *payoffs* dell'azione. Al fine di calcolare i *payoffs* scriviamo quanto segue.

```
-->Sp=[ita eni fiat];
-->dSf=diff(Sp,1,1)./Sp(1:$-1,:)*diag(Sp($,:));
-->
```

A questo punto si possono calcolare l'ES e il VaR usando il programma **vares** nel quale si pongono, come *input*, sia il valore del livello di confidenza (α), sia la colonna della matrice **dSf** relativa al titolo che ci interessa. Qui di seguito mostro i calcoli relativi a un livello di α pari all'1%.

```
-->[VaR,ES]=vares(dSf(:,1),0.01)
    ES =
        1.0987464
    VaR =
        0.9225794
-->[VaR,ES]=vares(dSf(:,2),0.01)
    ES =
        0.6855408
    VaR =
        0.6537063
-->[VaR,ES]=vares(dSf(:,3),0.01)
    ES =
        0.695256
    VaR =
        0.6679710
-->
```

N.B. 13.2. Scilab risolve un programma di programmazione lineare alla volta. Questo è il motivo per cui non si può inserire, nel programma vares, la matrice dSf originale ma si può solo inserire, una alla volta, le singole colonne della matrice dSf.

Ci è di immediato conforto osservare che questi risultati sono identici a quelli che avevamo già trovato nei paragrafi precedenti calcolando separatamente ES e VaR all'1%. Lascio al lettore l'edificante compito di verificare che anche a tutti gli altri livelli di confidenza i risultati sono uguali a quelli che si erano già determinati in precedenza.

N.B. 13.3. Ovviamente anche in questo caso vale quanto detto in un paragrafo precedente riguardo alla differenza tra indici di rischio assoluti e indici relativi. I calcoli qui effettuati riguardano gli indici assoluti. Per ottenere gli indici relativi basta dividere i risultati ottenuti per i prezzi dei titoli (contenuti nell'ultima riga della matrice Sp).

Immagino la domanda del lettore: se il metodo qui presentato dà gli stessi risultati di quello già visto nel capitolo precedente e quest'ultimo è più semplice (non si è fatto ricorso ad alcuna ottimizzazione), perché si dovrebbe passare attraverso la programmazione lineare? La risposta è che con un modello di programmazione lineare possiamo risolvere anche un problema di ottimizzazione del portafoglio basato sull'ES. Lo vediamo nella sezione successiva.

13.5 Portafoglio a minimo ES

Abbiamo già visto in un capitolo precedente come calcolare il portafoglio che minimizza la varianza. Sappiamo bene, tuttavia, che la varianza non è una buona misura di rischio. Un problema più interessante, dunque, sarebbe quello di trovare il portafoglio che minimizza l'ES. Il problema, cioè, si può scrivere in forma algebrica come

$$\min_w ES_\alpha(w)$$
$$w'\mu = \mu_R,$$
$$w'\mathbf{1} = 1,$$

il quale ha un immediato analogo nel problema visto per la minimizzazione della varianza (10.3). Qui w è il vettore che contiene i pesi di portafoglio per n titoli che si vogliono selezionare sul mercato.

Risolvere il problema di minimo ES nella sua forma originale presenta un problema serio: l'$ES(w)$ è una funzione non derivabile in tutti i punti di w. La trasformazione del problema non lineare in un problema lineare, invece, consente di risolvere questa limitazione. In un problema di programmazione lineare, inoltre, diviene più semplice implementare i vincoli di non negatività delle quote di portafoglio (per evitare le vendite allo scoperto).

In questo capitolo si è mostrato come calcolare l'ES attraverso un problema di programmazione lineare, utilizzando un qualsiasi vettore x di manifestazioni di una variabile aleatoria. Nel caso qui in esame il vettore x dovrà essere sostituito con il vettore dei rendimenti di portafoglio nei vari stati del mondo.

Partiamo dalla matrice Rp che già conosciamo bene: cioè la matrice dei rendimenti storici dei titoli che ci interessano. Essa ha tante righe (K) quanti sono i periodi passati per i quali si sono calcolati i rendimenti e tante colonne quanti sono i titoli. Se definiamo w il vettore dei pesi di portafoglio (di dimensioni pari al numero di titoli), allora i rendimenti storici ottenuti da questo portafoglio sono misurati dal seguente prodotto matriciale

$$\underset{K\times 1}{x} = \underset{K\times n}{Rp} \times \underset{n\times 1}{w}.$$

Il problema (13.2), dunque, può essere riformulato nel modo seguente:

$$\min_{v, z_i \geq 0, w \geq 0} \left[-v + \frac{1}{\alpha}\frac{1}{K} \sum_{i=1}^{K} z_i \right]$$
$$z_i \geq v - Rp_i w,$$
$$w'\mu = \mu_R,$$
$$w'\mathbf{1} = 1,$$
(13.4)

dove Rp_i indica la riga i della matrice Rp (quindi si tratta di un vettore riga).

N.B. 13.4. In questo caso, poiché i calcoli vengono effettuati sui rendimenti, il programma che stiamo risolvendo darà come risultato l'ES e il VaR relativi (cioè espressi come percentuali di perdita e non come euro che si rischia di perdere).

13.5 Portafoglio a minimo ES

Non ci resta che riscrivere il problema nel modo più consono a Scilab ovvero utilizzando la formulazione (13.3). Proseguiamo con la definizione delle variabili in gioco.

1. Le variabili di scelta sono: v, le z_i in numero di K e gli elementi di w in numero di n. Si può, quindi, scrivere

$$\underset{(1+K+n)\times 1}{y} = \begin{bmatrix} v \\ z_1 \\ \dots \\ z_K \\ w_1 \\ \dots \\ w_n \end{bmatrix}.$$

2. Il vettore p (che moltiplica y nella funzione obiettivo) è dato da

$$\underset{(1+K+n)\times 1}{p} = \begin{bmatrix} -1 \\ \frac{1}{\alpha K} \\ \dots \\ \frac{1}{\alpha K} \\ 0 \\ \dots \\ 0 \end{bmatrix},$$

in effetti le variabili w non compaiono nella funzione obiettivo e i loro coefficienti, dunque, sono nulli.

3. La matrice C e il vettore b sono definiti riscrivendo i vincoli in modo che ci siano prima le uguaglianze e poi le disuguaglianze le quali, tutte, devono essere espresse come «minore o uguale». Il primo vincolo di uguaglianza

$$\mu' w = \mu_R,$$

si può scrivere, in termini del vettore y, come

$$\begin{bmatrix} 0 & 0 & \dots & 0 & \mu_1 & \dots & \mu_n \end{bmatrix} \begin{bmatrix} v \\ z_1 \\ \dots \\ z_K \\ w_1 \\ \dots \\ w_n \end{bmatrix} = \mu_R,$$

mentre il secondo vincolo di uguaglianza

$$\mathbf{1}' w = 1,$$

si può scrivere come

$$\begin{bmatrix} 0 & 0 & \ldots & 0 & 1 & \ldots & 1 \end{bmatrix} \begin{bmatrix} v \\ z_1 \\ \ldots \\ z_K \\ w_1 \\ \ldots \\ w_n \end{bmatrix} = 1.$$

Per il vincolo di disuguaglianza

$$v - z_i - Rp_i w \leq 0,$$

si può scrivere

$$\begin{bmatrix} 1 & -1 & 0 & \ldots & 0 & -Rp_1 & \ldots & -Rp_1 \\ 1 & 0 & -1 & \ldots & 0 & -Rp_2 & \ldots & -Rp_2 \\ \ldots & \ldots & \ldots & \ldots & \ldots & \ldots & \ldots & \ldots \\ 1 & 0 & 0 & \ldots & -1 & -Rp_K & \ldots & -Rp_K \end{bmatrix} \begin{bmatrix} v \\ z_1 \\ \ldots \\ z_K \\ w_1 \\ \ldots \\ w_n \end{bmatrix} \leq 0$$

da cui ricaviamo che vale

$$\underset{(2+K)\times(1+K+n)}{C} = \begin{bmatrix} 0 & 0 & 0 & \ldots & 0 & \mu_1 & \ldots & \mu_n \\ 0 & 0 & 0 & \ldots & 0 & 1 & \ldots & 1 \\ 1 & -1 & 0 & \ldots & 0 & -Rp_1 & \ldots & -Rp_1 \\ 1 & 0 & -1 & \ldots & 0 & -Rp_2 & \ldots & -Rp_2 \\ \ldots & \ldots & \ldots & \ldots & \ldots & \ldots & \ldots & \ldots \\ 1 & 0 & 0 & \ldots & -1 & -Rp_K & \ldots & -Rp_K \end{bmatrix},$$

$$\underset{(2+K)\times 1}{b} = \begin{bmatrix} \mu_R \\ 1 \\ 0 \\ \ldots \\ 0 \end{bmatrix}.$$

4. Il valore di eq nella funzione linpro sarà uguale a 2 poiché solo le prime due equazioni dei vincoli sono da intendersi con il segno di uguaglianza (anziché disuguaglianza).
5. Tutte le variabili di controllo non devono essere minori di zero, tranne la prima (v) che può assumere qualsiasi valore. Il vettore ys sarà dunque

13.5 Portafoglio a minimo ES

vuoto (non vi sono limiti superiori) mentre il vettore yi sarà dato da

$$\underset{(1+K+n)\times 1}{yi} = \begin{bmatrix} -100000 \\ 0 \\ \dots \\ 0 \\ 0 \\ \dots \\ 0 \end{bmatrix}.$$

La funzione da creare, in questo caso, dovrà avere la struttura seguente: gli *input* sono la matrice dei prezzi storici, il livello di confidenza dell'*ES* e il rendimento atteso mentre gli *output* sono: il portafoglio ottimo, il suo *ES* e il suo *VaR*. Ricordiamo anche che K, in questo caso, è il numero di righe della matrice Rp mentre n è il numero di colonne. Come rendimenti medi μ prendiamo le medie, riga per riga, della matrice Rp.

```
function [VaR,ES,w]=varesoptim(Sp,muR,alfa);
    Rp=diff(Sp,1,1)./Sp(1:$-1,:);
    K=size(Rp,1);
    n=size(Rp,2);
    p=[-1;ones(K,1)/(alfa*K);zeros(n,1)];
    C=[zeros(1,K+1),mean(Rp,1);...
        zeros(1,K+1),ones(1,n);...
        ones(K,1),-eye(K,K),-Rp];
    b=[muR;1;zeros(K,1)];
    ys=[];
    yi=[-100000; zeros(K+n,1)];
    [y,lagr,ES]=linpro(p,C,b,yi,ys,2);
    VaR=-y(1);
    w=y(K+2:$);
endfunction
```

N.B. 13.5. Poiché le vendite allo scoperto sono impedite, allora il portafoglio è una trasformazione lineare strettamente convessa dei titoli (cioè i pesi devono essere tutti positivi e sommare a 1). Questo significa che il rendimento del portafoglio ottimo non può essere né più piccolo del minore dei rendimenti del vettore μ né più grande del maggiore degli elementi di μ.

Per verificare quali valori di μ_R sono accettabili, occorre, dunque, osservare gli elementi del vettore μ attraverso i seguenti comandi (ricordo che come matrice Sp di *input* utilizziamo i prezzi dei nostri tre titoli Italcementi, ENI e FIAT).

```
-->Rp=diff(Sp,1,1)./Sp(1:$-1,:);
-->mean(Rp,1)
   ans =
      0.0014067   - 0.0000037   0.0028157
-->
```

Quando utilizziamo la funzione `varesoptim`, dunque, non possiamo imporre un rendimento atteso del portafoglio né più piccolo di -0.0000037 né più grande di 0.0028157. Vediamo, per esempio, i portafogli ottimi che rendano 0.0004 (cioè circa il 10% annuale) con ES pari all'1%, al 5% e al 10% utilizzando la nostra funzione `varesoptim`.

```
-->[VaR,ES,w]=varesoptim(Sp,0.0004,0.01)
   w =
      0.
      0.8568148
      0.1431852
   ES =
      0.0303269
   VaR =
      0.0301595
-->[VaR,ES,w]=varesoptim(Sp,0.0004,0.05)
   w =
      0.1155892
      0.7990472
      0.0853637
   ES =
      0.0212726
   VaR =
      0.0146585
-->[VaR,ES,w]=varesoptim(Sp,0.0004,0.1)
   w =
      0.0538716
      0.8298916
      0.1162369
   ES =
      0.0175892
   VaR =
      0.0126589
-->
```

All'aumentare di α diminuiscono sia l'ES sia il VaR del portafoglio ottimo (come è doveroso che accada). La composizione del portafoglio, ovviamente, si modifica per diversi livelli di α.

Il programma è particolarmente interessante poiché, con una procedure unica, vengono forniti il portafoglio ottimo, il suo ES e il suo VaR.

N.B. 13.6. L'ES e il VaR sono espressi nella stessa unità di misura della variabile aleatoria «protagonista» del problema di programmazione lineare. Poiché ci stiamo basando sul rendimento giornaliero del portafoglio, allora anche l'ES e il VaR sono espressi in termini di rendimenti giornalieri. Un valore dell'ES pari a circa l'1.76%, dunque, è particolarmente alto poiché indica che, con probabilità $\alpha = 10\%$ si rischia di perdere, da un giorno all'altro, l'1.76%. Questo significa che, in un anno di 260 giorni lavorativi, si rischia di perdere oltre il 450%! D'altro canto queste sono le grandi perdite giornaliere in cui si è incorsi, in 200 giorni di quotazioni, per i titoli esaminati.

Al fine di verificare quanto affermato circa i vincoli che devono valere su μ_R, possiamo provare a calcolare il portafoglio ottimo che abbia un rendimento atteso pari a 0.1 (con un livello di α pari, per esempio, a 0.1).

```
-->[VaR,ES,w]=varesoptim(Sp,0.1,0.1)
!--error 127
no feasible solution
at line 41 of function quapro called by :
line 11 of function linpro called by :
line 11 of function varesoptim called by :
[VaR,ES,w]=varesoptim(Sp,0.1,0.1)
-->
```

La scritta «*no feasible solution*» [non vi sono soluzioni possibili] indica, appunto, che non è possibile, dati i vincoli, trovare un portafoglio il cui rendimento atteso sia quello desiderato.

13.6 La frontiera media-ES

La funzione sviluppata nel paragrafo precedente può essere utilizzata per creare il grafico di una frontiera che metta in relazione il rendimento del portafoglio e l'ES così come si era fatto per il rendimento del portafoglio e lo scarto quadratico medio.

Al fine di creare tale frontiera dobbiamo risolvere il problema di ottimo per tante volte e con diversi valori di μ_R disegnando su un grafico cartesiano i corrispondenti valori dell'ES_α che vengono determinati come risultati dell'ottimizzazione. Ovviamente, dunque, esisterà una frontiera diversa per ogni livello di α.

Possiamo allora modificare la funzione `varesoptim` scritta in precedenza in modo che visualizzi anche il grafico della frontiera per il valore di confidenza α scritto negli *input* della funzione.

13 La programmazione lineare

N.B. 13.7. Dato che i calcoli necessari per disegnare la frontiera possono essere lunghi e impiegare molto tempo, allora può essere utile, nella nuova funzione, poter esprimere la preferenza se disegnare o meno la frontiera. In particolare, si introdurrà una condizione sotto la quale il programma deve disegnare la frontiera.

```
function [VaR,ES,w]=varesoptim(Sp,muR,alfa);
    Rp=diff(Sp,1,1)./Sp(1:$-1,:);
    K=size(Rp,1);
    n=size(Rp,2);
    p=[-1;ones(K,1)/(alfa*K);zeros(n,1)];
    C=[zeros(1,K+1),mean(Rp,1);...
       zeros(1,K+1),ones(1,n);...
       ones(K,1),-eye(K,K),-Rp];
    b=[muR;1;zeros(K,1)];
    ys=[];
    yi=[-100000; zeros(K+n,1)];
    [y,lagr,ES]=linpro(p,C,b,yi,ys,2);
    VaR=-y(1);
    w=y(K+2:$);
    frontiera=input('Disegno frontiera? (s/n) ','string');
    if frontiera=='s' then
        ordi=max(0,min(mean(Rp,1)));
        ords=max(mean(Rp,1));
        ord=[ordi:(ords-ordi)/100:ords];
        for i=1:size(ord,2)
            b=[ord(i);1;zeros(K,1)];
            [y,lagr,x(i)]=linpro(p,C,b,yi,ys,2);
        end
        xtitle('Frontiera rendimento-ES','ES','Rendimento');
        plot2d(x,ord);
    else
    end
endfunction
```

Come si può notare, la funzione appena scritta agisce nel modo seguente.

1. Si forniscono gli *input* che sono gli stessi della funzione già definita nel paragrafo precedente.
2. Viene risolto il problema di minimo in modo da determinare il portafoglio ottimo, il suo VaR e il suo ES a livello di confidenza α.
3. Se (`if`) la variabile frontiera ha valore s, allora (`then`) si fanno i calcoli opportuni e si disegna la frontiera, altrimenti (`else`) il programma termina (`end`). Sulle ordinate (`ord`) si disegnano i rendimenti. Poiché abbiamo vincolato le quote di portafoglio a essere tutte comprese tra 0 e 1, allora il portafoglio può avere rendimenti che sono compresi tra il più piccolo e

il più grande degli elementi del vettore μ. Come estremo superiore delle ordinate (`ords`) si prende, dunque, l'elemento più grande di μ. Come estremo inferiore delle ordinate (`ordi`) si prende il più grande tra lo zero e il rendimento minore di μ (non avrebbe senso, infatti, richiedere che il portafoglio ottimo abbia un rendimento atteso negativo). Si divide l'intervallo dei rendimenti tra `ordi` e `ords` in 100 parti e, per ognuno di questi 100 rendimenti, si calcola l'ES_α del portafoglio ottimo. Tali valori dell'ES_α vengono inseriti nel vettore x che formerà le ascisse del grafico. Alla fine delle 100 iterazioni, si dà l'ordine di disegnare su un grafico cartesiano le ascisse (x) e le ordinate (`ord`).

N.B. 13.8. Se si vuole ridurre il tempo occupato dalle iterazioni per disegnare la frontiera si può ridurre il numero di intervalli in cui si dividono le ordinate. Ovviamente al ridursi del numero di intervalli, tuttavia, si riduce anche la precisione del grafico.

Per disegnare la frontiera del portafoglio con rendimento atteso (giornaliero) pari a 0.0004 (ovvero rendimento annuale circa del 10%) e livello di confidenza pari ad $\alpha = 0.05$, si dà il seguente comando (dopo aver salvato la funzione `varesoptim`).

```
-->[VaR,ES,w]=varesoptim(Sp,0.0004,0.05);
Disegno frontiera? (s/n) -->s
-->
```

Il punto e virgola alla fine del comando impedisce a Scilab di mostrare il portafoglio ottimo, l'ES e il VaR che conosciamo già dal paragrafo precedente. In questo caso, tuttavia, viene anche chiesto se si vuole visualizzare la frontiera e, ovviamente, abbiamo inserito «s». Così, viene visualizzato un grafico che, per i prezzi del nostro esempio, è riportato nella Figura 13.2.

N.B. 13.9. Ai fini del calcolo della frontiera, il valore di μ_R non è rilevante. La frontiera, infatti, è disegnata per tutti i possibili valori di μ_R (cioè tutti i rendimenti attesi raggiungibili come combinazioni lineari strettamente convesse dei rendimenti medi μ).

Si noterà immediatamente l'analogia con la frontiera del portafoglio media-varianza. Anche in questo caso all'aumentare del rendimento atteso dobbiamo subire un rischio (cioè un ES) più elevato. Ancora, la frontiera si può dividere in due bracci: uno efficiente (quello superiore al suo punto più a sinistra) e uno non efficiente.

Senza chiudere la finestra del grafico, diamo ora a Scilab ancora due comandi in modo che disegni la frontiera media-ES per altri due livelli di confidenza (α).

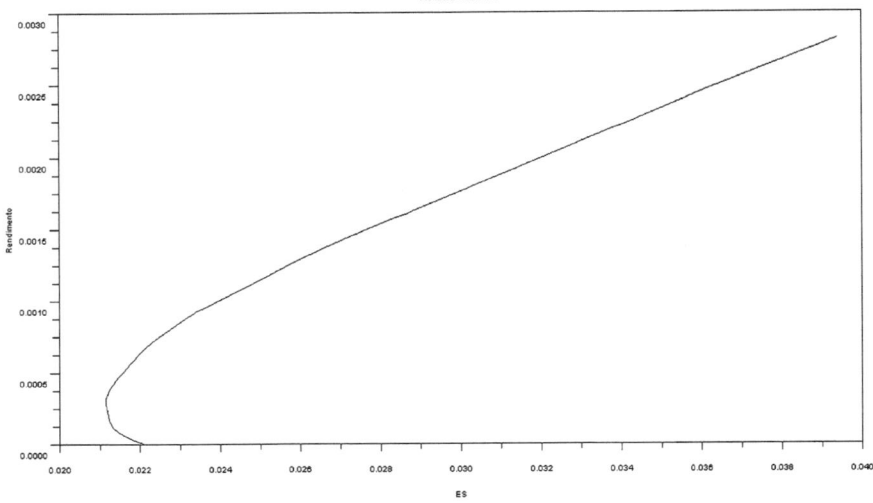

Figura 13.2. Frontiera media-ES per un livello di confidenza $\alpha = 0.05$, sui titoli Italcementi, ENI e FIAT

```
-->[VaR,ES,w]=varesoptim(Sp,0.0004,0.01);
Disegno frontiera? (s/n) -->s
-->[VaR,ES,w]=varesoptim(Sp,0.0004,0.1);
Disegno frontiera? (s/n) -->s
-->
```

Il grafico che si ottiene presenta tre diverse frontiere che si possono vedere nella Figura 13.3.

Quando aumenta il valore di α il valore dell'ES, per qualsiasi livello di rendimento atteso, scende ed è per questo motivo che la frontiera si sposta verso sinistra.

13.7 Il caso con titolo privo di rischio

Quando si era risolto il problema di minima varianza, si era reso necessario analizzare due problemi diversi a seconda che vi fosse o meno, nel portafoglio, un titolo privo di rischio. Riscrivere il problema era reso necessario dal fatto che il titolo privo di rischio ha varianza nulla e, quindi, la sua quota di portafoglio non rientra nella funzione obiettivo. Se, infatti, si aggiungessero alla matrice delle varianze e covarianze una riga e una colonna di zeri, la matrice non sarebbe più invertibile e il problema non avrebbe più soluzione.

Questo tipo di problema non si pone nel caso dell'ES e, dunque, quanto esposto nel paragrafo precedente può essere utilizzato senza alcuna modifica

13.7 Il caso con titolo privo di rischio

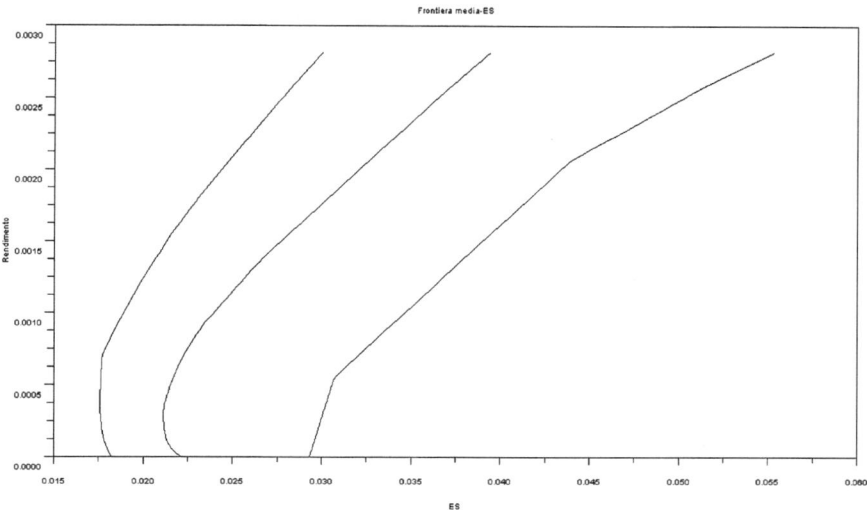

Figura 13.3. Frontiere media-ES sui titoli Italcementi, ENI e FIAT, per livelli di confidenza pari a $\alpha = 0.01$ (a destra), $\alpha = 0.05$ (al centro) e $\alpha = 0.1$ (a sinistra)

anche qualora si inserisca nel portafoglio un titolo privo di rischio. Tuttavia, può essere utile indagare come sia possibile modificare il problema teorico in questo caso. Se il vettore w è formato da uno scalare w_G che misura quanto titolo privo di rischio si detiene in portafoglio e da un vettore w_S per i pesi dei titoli rischiosi, allora il Problema (13.4) si può riscrivere come

$$\min_{v, z_i \geq 0, w_S \geq 0, w_G \geq 0} \left[-v + \frac{1}{\alpha} \frac{1}{K} \sum_{i=1}^{K} z_i \right]$$
$$z_i \geq v - Rp_i w_S - r w_G,$$
$$w_S' \mu + w_G r = \mu_R,$$
$$w_S' \mathbf{1} + w_G = 1,$$

dove r è il tasso di interesse privo di rischio.

Il valore di w_G può essere calcolato dall'ultimo vincolo e sostituito negli altri. Si ha, dunque

$$\min_{v, z_i \geq 0, w_S \geq 0} \left[-v + \frac{1}{\alpha} \frac{1}{K} \sum_{i=1}^{K} z_i \right]$$
$$z_i \geq v - (Rp_i - r\mathbf{1}') w_S - r,$$
$$w_S' (\mu - r\mathbf{1}) = \mu_R - r.$$

Vediamo che cosa si deve fare, allora, per scrivere il problema nei termini che Scilab può capire (utilizzando la funzione `linpro`).

1. Le variabili di scelta sono, come nel caso precedente, v, le z_i in numero di K e gli elementi di w_S in numero di n. Si può, quindi, scrivere

$$\underset{(1+K+n)\times 1}{y} = \begin{bmatrix} v \\ z_1 \\ \dots \\ z_K \\ w_{S,1} \\ \dots \\ w_{S,n} \end{bmatrix}.$$

2. Il vettore p (che moltiplica y nella funzione obiettivo) è dato da

$$\underset{(1+K+n)\times 1}{p} = \begin{bmatrix} -1 \\ \frac{1}{\alpha K} \\ \dots \\ \frac{1}{\alpha K} \\ 0 \\ \dots \\ 0 \end{bmatrix},$$

in effetti le variabili w_S non compaiono nella funzione obiettivo e i loro coefficienti, dunque, sono nulli.

3. La matrice C e il vettore b sono definiti riscrivendo i vincoli in modo che ci siano prima le uguaglianze e poi le disuguaglianze le quali, tutte, devono essere espresse come «minore o uguale». Il vincolo di uguaglianza

$$w'_S (\mu - r\mathbf{1}) = \mu_R - r$$

si può scrivere, in termini del vettore y, come

$$\begin{bmatrix} 0 & 0 & \dots & 0 & \mu_1 - r & \dots & \mu_n - r \end{bmatrix} \begin{bmatrix} v \\ z_1 \\ \dots \\ z_K \\ w_{S,1} \\ \dots \\ w_{S,n} \end{bmatrix} = \mu_R - r.$$

Per il vincolo di disuguaglianza

$$v - z_i - (Rp_i - r\mathbf{1}') w_S \leq r$$

si può scrivere

$$\begin{bmatrix} 1 & -1 & 0 & \cdots & 0 & -Rp_1+r & \cdots & -Rp_1+r \\ 1 & 0 & -1 & \cdots & 0 & -Rp_2+r & \cdots & -Rp_2+r \\ \cdots & \cdots & \cdots & \cdots & \cdots & \cdots & \cdots & \cdots \\ 1 & 0 & 0 & \cdots & -1 & -Rp_K+r & \cdots & -Rp_K+r \end{bmatrix} \begin{bmatrix} v \\ z_1 \\ \cdots \\ z_K \\ w_{S,1} \\ \cdots \\ w_{S,n} \end{bmatrix}$$

$$\leq \begin{bmatrix} r \\ r \\ \cdots \\ r \\ r \\ \cdots \\ r \end{bmatrix}$$

da cui ricaviamo che vale

$$\underset{(1+K)\times(1+K+n)}{C} = \begin{bmatrix} 0 & 0 & 0 & \cdots & 0 & \mu_1 - r & \cdots & \mu_n - r \\ 1 & -1 & 0 & \cdots & 0 & -Rp_1+r & \cdots & -Rp_1+r \\ 1 & 0 & -1 & \cdots & 0 & -Rp_2+r & \cdots & -Rp_2+r \\ \cdots & \cdots & \cdots & \cdots & \cdots & \cdots & \cdots & \cdots \\ 1 & 0 & 0 & \cdots & -1 & -Rp_K+r & \cdots & -Rp_K+r \end{bmatrix},$$

$$\underset{(1+K)\times 1}{b} = \begin{bmatrix} \mu_R - r \\ r \\ \cdots \\ r \end{bmatrix}.$$

4. Il valore di eq nella funzione `linpro` sarà uguale a 1 poiché solo la prima equazione dei vincoli è da intendersi con il segno di uguaglianza (anziché disuguaglianza).
5. Tutte le variabili di controllo non devono essere minori di zero, tranne la prima (v) che può assumere qualsiasi valore. Il vettore ys sarà dunque vuoto (non vi sono limiti superiori) mentre il vettore yi sarà dato da

$$\underset{(1+K+n)\times 1}{yi} = \begin{bmatrix} -100000 \\ 0 \\ \cdots \\ 0 \\ 0 \\ \cdots \\ 0 \end{bmatrix}.$$

Vediamo, a questo punto, come modificare in modo opportuno il programma scritto in precedenza per il calcolo della frontiera.

13 La programmazione lineare

```
function [VaR,ES,w]=varesoptimr(Sp,muR,alfa,r);
    Rp=diff(Sp,1,1)./Sp(1:$-1,:);
    K=size(Rp,1);
    n=size(Rp,2);
    p=[-1;ones(K,1)/(alfa*K);zeros(n,1)];
    C=[zeros(1,K+1),mean(Rp,1)-r;...
        ones(K,1),-eye(K,K),-Rp+r];
    b=[muR-r;ones(K,1)*r];
    ys=[];
    yi=[-100000; zeros(K+n,1)];
    [y,lagr,ES]=linpro(p,C,b,yi,ys,1);
    VaR=-y(1);
    w=y(K+2:$);
    frontiera=input('Disegno frontiera? (s/n) ','string');
    if frontiera=='s' then
        ordi=max(0,min(mean(Rp,1)));
        ords=max(mean(Rp,1));
        ord=[ordi:(ords-ordi)/100:ords];
        for i=1:size(ord,2)
            b=[ord(i)-r;ones(K,1)*r];
            [y,lagr,x(i)]=linpro(p,C,b,yi,ys,1);
        end
        xtitle('Frontiera rendimento-ES','ES','Rendimento');
        plot2d(x,ord);
        else
    end
endfunction
```

Si nota che le uniche differenze stanno nelle definizioni delle matrici C e b.

Una volta salvata e richiamata la funzione `varesoptimr` vediamo quale sia il suo *output*. Prendiamo, per il nostro esempio, un tasso di interesse del 4% annuale. Per ricondurlo ai rendimenti giornalieri lo dividiamo per 260 (giorni di borsa aperta in un anno). La frontiera è quella rappresentata nella Figura 13.4.

```
-->[VaR,ES,w]=varesoptimr(Sp,0.0004,0.05,0.04/260)
Disegno frontiera? (s/n) -->s
    w =
        1.0D-09 *
        1.490D-10
        1.438D-10
        92474909.
    ES =
        0.0035055
    VaR =
        0.0025749
-->
```

13.7 Il caso con titolo privo di rischio 215

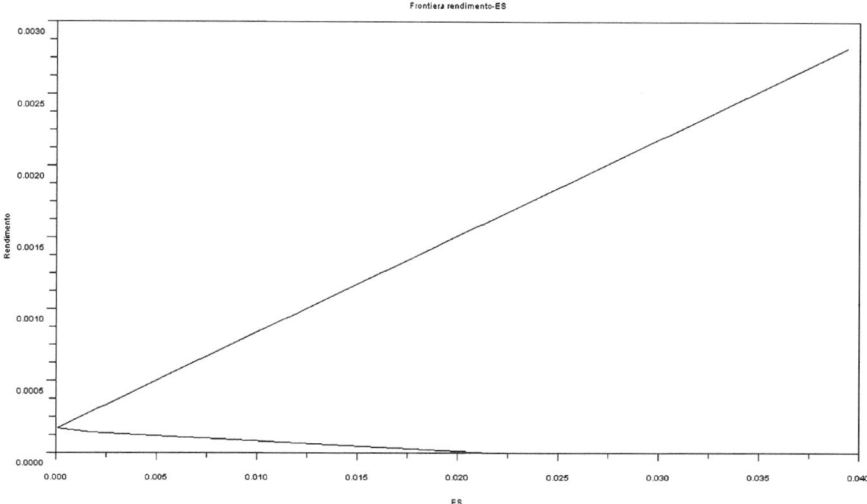

Figura 13.4. Frontiere media-ES sui titoli Italcementi, ENI e FIAT, per livello di confidenza pari a $\alpha = 0.05$ e con titolo privo di rischio ($r = 0.00015385$)

Anche in questo caso, come per il portafoglio media-varianza, la frontiera è diventata rettilinea. Da notare che gli elementi del vettore w_S non sommano più a 1 poiché la differenza tra 1 e la somma dei w_S è da investire nel titolo privo di rischio (w_G). Inoltre le quote di w_S sono molto piccole[2]: i primi due titoli hanno peso non significativamente diverso da zero, mentre la quota del terzo titolo è 0.09247. Questo significa che $1 - 0.09247 = 0.90753$ della ricchezza va investito nel titolo privo di rischio.

Appare estremamente interessante sovrapporre, a questa frontiera, quella formata dallo stesso portafoglio ma senza il titolo privo di rischio, con il seguente comando (senza chiudere la finestra con il grafico della frontiera rettilinea).

```
-->[VaR,ES,w]=varesoptim(Sp,0.0004,0.05);
Disegno frontiera? (s/n) -->s
-->
```

Il risultato grafico del comando si riporta nella Figura 13.5.

Poiché sono proibite le vendite alle scoperto non si può, né con né senza il titolo privo di rischio, andare oltre il rendimento massimo tra quelli dei titoli presenti nel portafoglio. È naturale, quindi, che entrambe le frontiere giungano, al massimo, al rendimento più alto del vettore μ. La frontiera con il

---

[2] Faccio notare che Scilab ha mostrato le tre quote di portafoglio moltiplicate per 10^{-9} (questo, infatti, è il significato di `1.0D-09`).

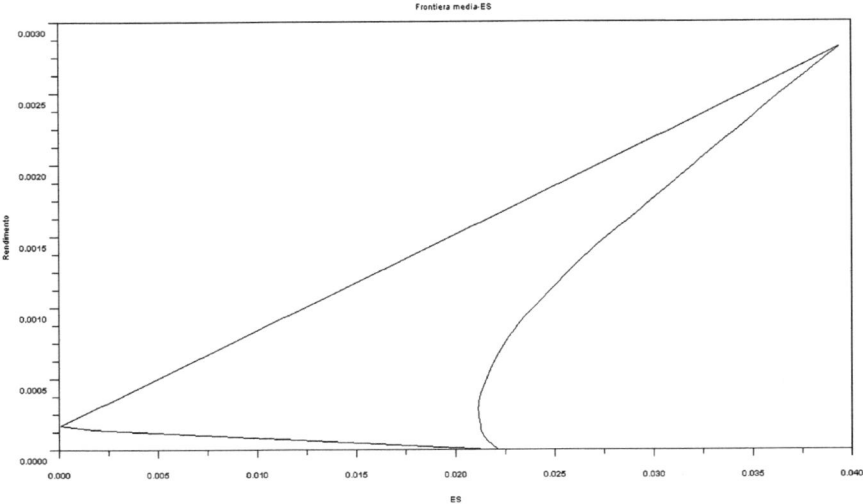

Figura 13.5. Frontiere media-ES sui titoli Italcementi, ENI e FIAT, per livello di confidenza pari a $\alpha = 0.05$ con e senza titolo privo di rischio

titolo privo di rischio, come nel caso della media-varianza, riesce a raggiungere un rischio pari a zero (investendo completamente nel titolo privo di rischio).

Con i seguenti comandi (e senza chiudere al finestra del grafico precedente) disegniamo anche le altre frontiere (con e senza r) per i livelli di α pari all'1% e al 10% e il risultato grafico si trova nella Figura 13.6.

```
-->[VaR,ES,w]=varesoptim(Sp,0.0004,0.01,1);
Disegno frontiera? (s/n) -->s
-->[VaR,ES,w]=varesoptimr(Sp,0.0004,0.01,0.04/260,1);
Disegno frontiera? (s/n) -->s
-->[VaR,ES,w]=varesoptim(Sp,0.0004,0.1,1);
Disegno frontiera? (s/n) -->s
-->[VaR,ES,w]=varesoptimr(Sp,0.0004,0.1,0.04/260,1);
Disegno frontiera? (s/n) -->s
-->
```

Un esercizio utile per imparare a programmare può essere quello di creare una funzione che, inseriti i prezzi dei titoli, il valore di α, il rendimento desiderato e il tasso privo di rischio, restituisca entrambe le frontiere (con e senza il titolo privo di rischio) ed entrambi i portafogli ottimi (come si era già fatto per la frontiera media-varianza).

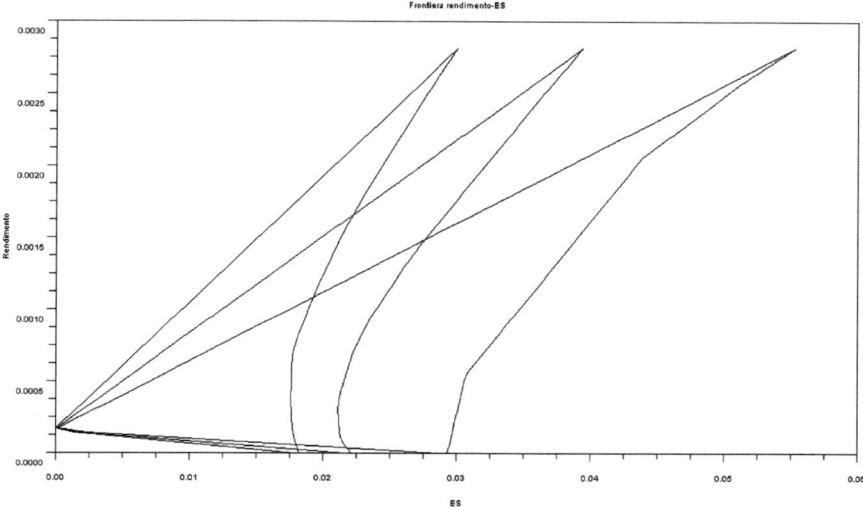

Figura 13.6. Frontiere media-ES sui titoli Italcementi, ENI e FIAT, con e senza tasso privo di rischio per livelli di confidenza pari a $\alpha = 0.01$ (a destra), $\alpha = 0.05$ (al centro) e $\alpha = 0.1$ (a sinistra)

14

La teoria dei valori estremi

14.1 Valori estremi

Nei capitoli precedenti abbiamo avuto a che fare con variabili aleatorie come i tassi di interesse o i rendimenti di un titolo (azionario o derivato) e abbiamo osservato che tali variabili non sono ben descritte da una distribuzione normale. In particolare, i rendimenti dei titoli sono caratterizzati da asimmetria e leptocurtosi. I valori dei rendimenti intorno alla media, dunque, si manifestano con una frequenza maggiore dei rendimenti lontani dalla media. Questo significa che una stima basata sulle poche osservazioni degli eventi estremi può essere molto incorretta. Se, dunque, può avere un suo fondamento l'idea, alla base della simulazione storica, di dare una probabilità uniforme ai valori più vicini alla media, tale approccio non appare utile per descrivere i casi estremi.

Una possibile soluzione per questo inconveniente è quella di dividere le manifestazioni di una variabile casuale x in due gruppi: quelle che si trovano sopra una certa soglia u e quelle che si trovano sotto tale soglia.

N.B. 14.1. La teoria dei valori estremi nasce per descrivere i valori che una variabile aleatoria assume in eccesso rispetto a una certa soglia (u). Tale teoria, dunque, si applica al caso di un fenomeno che ha valori estremi molto alti. Nell'analisi finanziaria, invece, gli eventi estremi riguardano le perdite più pesanti e, dunque, i rendimenti con i valori più bassi. Al fine di utilizzare la teoria dei valori estremi senza doverla modificare, in questo capitolo cambierò il segno dei rendimenti storici. In questo modo i rendimenti più bassi, e negativi, diventano i valori positivi più elevati.

Indico con N_u il numero di valori di x superiori a u e con N il numero complessivo dei valori di x (vale, quindi, sempre $N_u \leq N$).

L'ipotesi è che i valori di x al di sotto di u siano distribuiti in modo uniforme così come si è assunto per effettuare la simulazione storica. Se $F(u)$ è la probabilità che x assuma valori minori o uguali alla soglia u, dunque, si può scrivere

$$F(u) = \frac{N - N_u}{N}. \qquad (14.1)$$

La funzione di distribuzione dei valori di x che stanno sopra la soglia u è data da un valore atteso condizionato. Se $f(y)$ è la funzione di densità della variabile casuale y, allora, la probabilità che y assuma valori inferiori a x condizionata al fatto che y sia maggiore della soglia u, è data da

$$F_u(x) = \frac{\int_u^x f(y)\,dy}{\int_u^{+\infty} f(y)\,dy} = \frac{F(x) - F(u)}{1 - F(u)}. \qquad (14.2)$$

La funzione $F(x)$, dunque, assume la seguente forma generale:

$$\begin{aligned} F(x) &= (1 - F(u))F_u(x) + F(u) \\ &= \frac{N_u}{N}F_u(x) + \frac{N - N_u}{N}, \end{aligned}$$

dove ho sostituito $F(u)$ con il suo valore (14.1). Adesso, per stimare $F(x)$, non ci resta, dunque, che dare una forma funzionale anche alla distribuzione dei valori di x che stanno sopra la soglia u (ovvero a $F_u(x)$). Vediamo come fare nel paragrafo seguente.

14.2 Funzione di Pareto generalizzata

Per la parte delle osservazioni di x che sta sopra la soglia u, si ricorre alla cosiddetta **teoria dei valori estremi** (*Extreme Value Theory – EVT*) la quale afferma che, data una soglia u sufficientemente alta, i valori di una variabile casuale x che sono superiori a tale soglia tendono a distribuirsi seguendo una funzione di **densità di Pareto generalizzata**, nella forma seguente[1]:

$$F_u(x) = 1 - \left(1 + \xi\frac{x - u}{\beta}\right)^{-\frac{1}{\xi}}, \qquad (14.3)$$

dove β è una costante positiva e

$$\begin{aligned} \xi \geq 0 &\Rightarrow x > u, \\ \xi < 0 &\Rightarrow x \in \left[u, u - \frac{\beta}{\xi}\right]. \end{aligned}$$

L'insieme delle funzioni di ripartizione che stiamo utilizzando si può schematizzare come nella Figura 14.1.

---

[1] Il teorema a cui sto facendo implicito riferimento afferma che la funzione di densità seguente vale per u che tende al limite superiore del dominio della funzione di densità. Una esposizione precisa e completa di tali risultati si trova in Embrechts, Klüppelberg e Mikosch (1997)

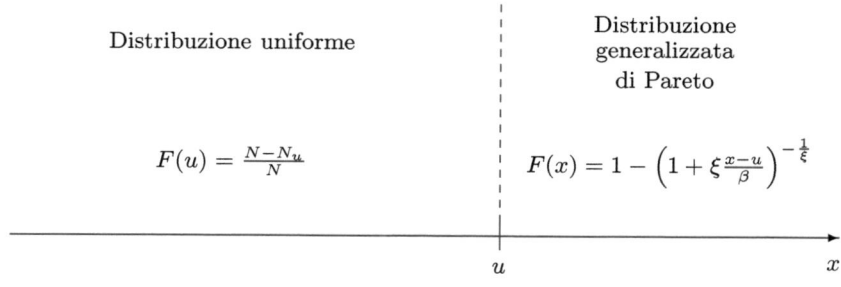

Figura 14.1. Suddivisione delle osservazioni di x: per $x < u$ si assume una funzione uniforme e per $x > u$ si assume una funzione generalizzata di Pareto

Adesso possiamo riprendere la (14.2) nella quale sostituiamo la (14.1) e la (14.3):

$$\begin{aligned}F(x) &= F_u(x)\left(1 - F(u)\right) + F(u) \\ &= \left(1 - \left(1 + \xi \frac{x-u}{\beta}\right)^{-\frac{1}{\xi}}\right)\left(1 - \frac{N - N_u}{N}\right) + \frac{N - N_u}{N} \\ &= 1 - \frac{N_u}{N}\left(1 + \xi \frac{x-u}{\beta}\right)^{-\frac{1}{\xi}}, \end{aligned} \qquad (14.4)$$

che è, dunque, la funzione di ripartizione sotto l'ipotesi che la x sia distribuita come una uniforme per valori più piccoli di u e come una Pareto generalizzata per valori più grandi di u.

14.3 *VaR* ed *ES* con la funzione di Pareto

Data la funzione di ripartizione (14.4), il valore del VaR_α è facilmente calcolabile come
$$VaR_\alpha = F^{-1}(1 - \alpha),$$
ovvero
$$VaR_\alpha = u + \frac{\beta}{\xi}\left(\left(\frac{N}{N_u}\alpha\right)^{-\xi} - 1\right). \qquad (14.5)$$

N.B. 14.2. Nella formula del VaR_α non si è usato il segno negativo davanti all'inversa della funzione di distribuzione poiché stiamo prendendo in considerazione l'opposto dei rendimenti. Inoltre si è calcolata l'inversa della funzione di ripartizione rispetto alla probabilità $1 - \alpha$ poiché, se vogliamo calcolare il $VaR_{0.01}$, allora dobbiamo calcolare l'integrale della funzione di densità dall'estremo inferiore fino al valore 0.99 (ricordiamo, infatti, che abbiamo cambiato il segno delle manifestazioni). Si veda, a questo proposito, la Figura 14.2.

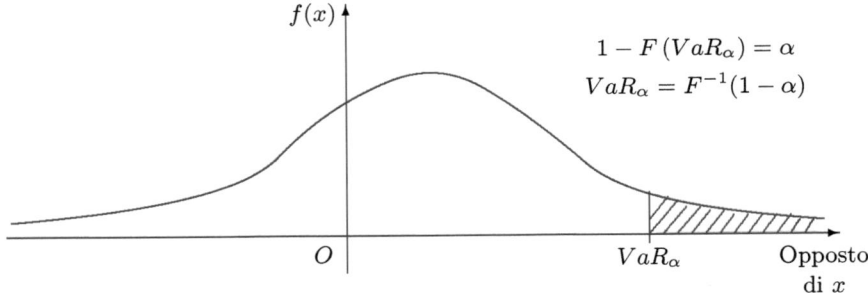

Figura 14.2. VaR_α sull'opposto dei valori di x

Per quanto riguarda l'ES_α, poi, sappiamo che per funzioni di densità continue (come la nostra) il suo valore coincide con la media di tutti i VaR_p per p che va da 0 fino a α. Nel nostro caso, tuttavia, dobbiamo fare la media del VaR_{1-p} per p che va da $1-\alpha$ fino a 1 poiché stiamo guardando alla coda destra della distribuzione:

$$ES_\alpha = \frac{1}{\alpha}\int_{1-\alpha}^{1} VaR_{1-p}dp$$

$$= \frac{1}{\alpha}\int_{1-\alpha}^{1}\left(u + \frac{\beta}{\xi}\left(\left(\frac{N}{N_u}(1-p)\right)^{-\xi} - 1\right)\right)dp$$

$$= u - \frac{\beta}{\xi} + \frac{1}{\alpha}\frac{\beta}{\xi}\left(\frac{N}{N_u}\right)^{-\xi}\int_{1-\alpha}^{1}(1-p)^{-\xi}\,dp.$$

Affinché l'integrale non diverga per p che tende a zero occorre che sia $\xi < 1$ e, in questo caso, si ottiene

$$ES_\alpha = u - \frac{\beta}{\xi} + \frac{1}{1-\xi}\frac{\beta}{\xi}\left(\frac{N}{N_u}\alpha\right)^{-\xi},$$

che si può anche scrivere come

$$ES_\alpha = \frac{VaR_\alpha}{1-\xi} + \frac{\beta - u\xi}{1-\xi} \qquad (14.6)$$

In questo caso, dunque, si vede che sia il VaR sia l'ES possono essere calcolati in modo molto semplice. Ciò che rimane da stimare sono i parametri della distribuzione di Pareto (β e ξ) e decidere quale soglia u adottare.

14.4 La massima verosimiglianza

Data la funzione di ripartizione $F(x)$ ottenuta nella (14.4), sappiamo che la **funzione di verosimiglianza** è data da

$$L(\xi, \beta | x) = \prod_{i=1}^{N_u} f(x_i),$$

dove $f(x)$ è la funzione di densità (pari alla derivata della funzione di ripartizione). Il metodo della massima verosimiglianza consiste nel cercare i valori dei parametri ξ e β che massimizzano la funzione L. Sappiamo che la soluzione di un problema di massimo non muta se alla funzione obiettivo si applica una trasformazione monotòna crescente. Nel nostro caso, dunque, possiamo utilizzare il logaritmo (che semplifica i conti):

$$l(\xi, \beta| x) = \ln L(\xi, \beta| x) = \sum_{i=1}^{N_u} \ln f(x_i).$$

Otteniamo, così,

$$f(x) = \frac{N_u}{N} \frac{1}{\beta} \left(1 + \xi \frac{x-u}{\beta}\right)^{-\frac{1}{\xi}-1},$$

da cui

$$l(\xi, \beta| x) = N_u \ln \left(\frac{N_u}{N} \frac{1}{\beta}\right) - \left(\frac{1}{\xi}+1\right) \sum_{i=1}^{N_u} \ln \left(1 + \xi \frac{x_i-u}{\beta}\right),$$

le cui derivate prime, rispetto a β e ξ sono[2]

$$\frac{\partial l(\xi, \beta| x)}{\partial \xi} = -\left(\frac{1}{\xi}+1\right) \frac{1}{\xi} N_u + \frac{1}{\xi^2} \sum_{i=1}^{N_u} \ln \left(1 + \xi \frac{x_i-u}{\beta}\right) \quad (14.7)$$

$$+ \left(\frac{1}{\xi}+1\right) \frac{1}{\xi} \sum_{i=1}^{N_u} \left(1 + \xi \frac{x_i-u}{\beta}\right)^{-1},$$

$$\frac{\partial l(\xi, \beta| x)}{\partial \beta} = N_u \frac{1}{\xi} \frac{1}{\beta} - \left(\frac{1}{\xi}+1\right) \frac{1}{\beta} \sum_{i=1}^{N_u} \left(1 + \xi \frac{x_i-u}{\beta}\right)^{-1}. \quad (14.8)$$

Risolvere rispetto a β e ξ il sistema delle due condizioni del primo ordine, sfortunatamente, è algebricamente impossibile. Non resta, dunque, che procedere con metodi numerici.

In questo caso esistono due possibili alternative:

1. chiedere a Scilab di risolvere un sistema di due equazioni (non lineari) in due incognite;
2. chiedere a Scilab di massimizzare una funzione (quella di verosimiglianza) rispetto a due parametri.

Nei paragrafi seguenti presento i comandi necessari per svolgere le due alternative appena descritte.

---

[2] Ho effettuato qualche passaggio di semplificazione che non mostro nel dettaglio.

14.5 Sistemi di equazioni non lineari

Partiamo da un banale esempio di un sistema in due equazioni, di cui almeno una non lineare, in due incognite:

$$\begin{cases} e^{-x_1} - x_2 = 0, \\ x_1 - x_2 = 0. \end{cases}$$

Appare evidente che il sistema si può semplificare nell'unica equazione

$$e^{-x_1} - x_1 = 0,$$

la quale non ha soluzione algebrica (si tratta di un'equazione trascendente) anche se sappiamo che possiede un'unica soluzione.

Il comando per dire a Scilab di risolvere il precedente sistema è `fsolve` con la seguente sintassi:

[x,v,inf]=fsolve(x0,function)

dove gli *input* sono così definiti:

1. x0 è un vettore (riga o colonna a seconda delle proprie preferenze) che contiene i valori dai quali si vuole che Scilab inizi le sue iterazioni;
2. `function` è la funzione che deve essere definita appositamente in Scilab e che contiene le equazioni da risolvere.

Gli *output*, invece, sono:

1. x è un vettore che contiene i valori delle incognite che risolvono (o dovrebbero risolvere) il sistema;
2. v è un vettore che contiene i valori delle equazioni che compongono il sistema; dovrebbe contenere solo zeri poiché la funzione `fsolve` calcola i valori delle incognite che annullano le equazioni del sistema;
3. `inf` è una variabile di controllo i cui valori possono essere:
    a) 0 se si hanno dei parametri errati tra gli *input*;
    b) 1 se l'algoritmo raggiunge un buon grado di precisione;
    c) 2 se si raggiunge il numero massimo di iterazioni consentite (senza che si raggiunga un'adeguata convergenza della soluzione);
    d) 3 se non sono possibili ulteriori miglioramenti della soluzione proposta;
    e) 4 se l'iterazione non sta portando a nessun miglioramento della soluzione.

Per definire una funzione in Scilab occorre la seguente sintassi:

deff('[y]=nome(x)','y=[equazione1;equazione2;...;equazioneN]')

14.5 Sistemi di equazioni non lineari

dove:

1. `deff` è il comando per definire una funzione sulla riga di comando (abbiamo spesso visto che, invece, sull'editore di Scilab si utilizza il comando `function`);
2. `nome` è un qualsiasi nome di fantasia che si vuole dare al sistema da risolvere;
3. `equazione1; equazione2; ...; equazioneN` sono le (N) equazioni che compongono il sistema e che devono essere scritte nei termini del vettore x inserito come *input* della funzione, dovendo, dunque, usare le variabili x(1), x(2), ..., x(N).

Nel nostro esempio, allora, il primo passo è quello di definire la funzione che ci interessa nel modo seguente.

```
-->deff('[y]=sistema(x)','y=[exp(-x(1))-x(2); x(1)-x(2)]')
-->
```

A questo punto nella memoria di Scilab si trova la funzione `sistema` che accetta, come *input*, un vettore di due argomenti (tale vettore può essere, a scelta nostra, riga oppure colonna). Proviamo a vedere l'*output* di tale funzione.

```
-->sistema([5,10])
 ans =
  - 9.9932621
  - 5.
-->sistema([5;10])
 ans =
  - 9.9932621
  - 5.
-->
```

Come si nota dall'esempio, il fatto che l'argomento sia un vettore riga o colonna non influenza i risultati. Tali risultati rappresentano il valore delle due equazioni del sistema valutate per $x(1)$ e $x(2)$ che assumono i valori 5 e 10 rispettivamente.

Adesso si può utilizzare la funzione `fsolve` per risolvere le due equazioni (ponendole entrambe uguali a zero) a partire da due valori assegnati di $x(1)$ e $x(2)$.

```
-->fsolve([5;10],sistema)
 ans =
    0.5671433
    0.5671433
-->fsolve([5,10],sistema)
 ans =
    0.5671433    0.5671433
-->
```

In questo caso se si inseriscono i valori iniziali come un vettore colonna, anche l'*output* è dato da un vettore colonna e viceversa.

La soluzione che si è trovata per il sistema è effettivamente quella che si cercava e lo possiamo verificare chiedendo a Scilab altri *output* sulla funzione fsolve (proviamo, anche, a cambiare i valori da cui iniziare le iterazioni).

```
-->[x,v,inf]=fsolve([-4;10],sistema)
 inf =
    1.
 v =
    0.
    0.
 x =
    0.5671433
    0.5671433
-->
```

Qui abbiamo effettuato tre tipi di verifiche della bontà della soluzione:

1. cambiando i valori dai quali si è partiti per le iterazioni (in questo caso siamo partiti da -4 e 10) il risultato finale non cambia; questo significa che la soluzione è robusta a variazioni delle condizioni iniziali;
2. i valori delle due equazioni nel punto di ottimo (contenuti nel vettore v) sono effettivamente uguali a zero;
3. la variabile inf assume valore 1 a indicare che l'algoritmo ha raggiunto un buon risultato.

Ora vediamo un caso in cui, invece, il risultato che si ottiene non è altrettanto buono. Ci basta, nell'esempio precedente, cambiare un segno:

$$\begin{cases} e^{-x_1} + x_2 = 0, \\ x_1 - x_2 = 0. \end{cases}$$

In questo caso, infatti, si richiede di risolvere l'equazione (trascendente)

$$e^{-x_1} + x_1 = 0,$$

la quale non ha soluzione tra i numeri reali (ha, invece, una soluzione immaginaria).

Vediamo che cosa ci dice Scilab. Dapprima definiamo il nuovo sistema.

```
-->deff('[y]=sistema2(x)','y=[exp(-x(1))+x(2); x(1)-x(2)]')
-->
```

Poi chiediamo a Scilab di risolvere il sistema partendo da un punto qualsiasi, per esempio da $(1, 1)$.

```
-->fsolve([1;1],sistema2)
 ans =
    0.0015792
  - 0.4987801
-->
```

Sembra tutto regolare... eppure non dobbiamo farci trarre in inganno. Sappiamo, per esempio, che il valore ottimo delle due incognite x_1 e x_2 deve essere uguale (solo così, infatti, si può rispettare la seconda equazione del sistema). Le soluzioni proposte da Scilab, invece, non sono uguali.

Proviamo, allora, a dare due nuovi valori iniziali, per esempio $(-10, 10)$.

```
-->fsolve([-10;10],sistema2)
 ans =
    0.0001742
  - 0.4988483
-->
```

I valori così ottenuti sono diversi dai precedenti e questo è un pessimo indizio! Chiediamo, ora, alla funzione fsolve di darci maggiori informazioni sui suoi *output*.

```
-->[x,v,inf]=fsolve([1;1],sistema2)
 inf =
    4.
 v =
    0.4996420
    0.5003593
 x =
    0.0015792
  - 0.4987801
-->
```

In questo caso abbiamo due segnali importanti che ci dicono come l'iterazione effettuata da Scilab non sia andata a buon fine:

1. il valore 4 assunto dalla variabile inf significa che l'iterazione non ha condotto a un buon risultato (ce ne eravamo già accorti);
2. il valore delle due equazioni, nel punto proposto per la soluzione, non è nullo (esse hanno, infatti, valore circa uguale a 0.5).

14.6 L'ottimizzazione (né quadratica né lineare)

Abbiamo già avuto modo, nei capitoli precedenti, di approcciare problemi di ottimizzazione quadratica e lineare e abbiamo osservato come Scilab sia dotato di opportune funzioni per la soluzione di tali problemi. Esiste anche, tuttavia, una funzione per l'ottimizzazione di funzioni obiettivo che non siano né quadratiche né lineari. Si tratta della funzione `optim` la cui sintassi è

$$[\texttt{f},\texttt{xopt}]=\texttt{optim}(\texttt{obiettivo},\texttt{x0})$$

dove:

1. `obiettivo` è la funzione obiettivo che deve essere definita in Scilab come si è fatto per il sistema da risolvere nel paragrafo precedente;
2. `x0` è il valore da cui si iniziano le iterazioni;
3. `f` è il valore che la funzione obiettivo assume nel punto di ottimo (gli economisti la chiamano **funzione valore**);
4. `xopt` è un vettore che contiene i valori delle variabili di controllo che **minimizzano** la funzione obiettivo.

N.B. 14.3. La funzione `optim` è scritta per la minimizzazione. Qualora si volesse, dunque, cercare un massimo, si dovrebbe inserire la funzione obiettivo cambiata di segno.

La funzione `obiettivo` deve essere introdotta in un modo molto particolare. La sintassi da utilizzare sulla linea di comando è la seguente:

$$\texttt{deff('[f,df,ind]=obiettivo(x,ind)'},$$
$$\texttt{'f=funzione,df=[df1;df2;...;dfN]')}$$

dove:

1. `f` è la funzione obiettivo vera e propria;
2. `df` è il gradiente della funzione obiettivo, ovvero il vettore che contiene le derivate della funzione obiettivo rispetto alle (N) variabili di controllo (`df1`, `df2`, ..., `dfN`);
3. `x` è il vettore delle variabili di controllo e, dunque, la funzione obiettivo e il gradiente dovranno essere espressi in termini di `x(1)`, `x(2)`, ..., `x(N)`;
4. `ind` è una variabile che viene usata da Scilab solo internamente (pur non comparendo in modo esplicito da nessuna parte, essa è assolutamente indispensabile).

N.B. 14.4. Il comando `optim` non è adatto per risolvere problemi vincolati. Tuttavia noi sappiamo che il metodo dei moltiplicatori di Lagrange ci consente di tramutare qualsiasi problema di ottimo vincolato in un problema di ottimo non vincolato (aggiungendo alla funzione obiettivo i vincoli moltiplicati per i moltiplicatori di Lagrange).

Cerchiamo, come esempio, di risolvere il seguente problema:

$$\min_{x_1,x_2} \frac{1}{x_1} + x_2 + \ln x_1 + e^{-x_2},$$

14.6 L'ottimizzazione (né quadratica né lineare)

del quale conosciamo la soluzione algebrica. Le condizioni del primo ordine, infatti, chiedono di risolvere il sistema

$$\begin{cases} -\frac{1}{x_1^2} + \frac{1}{x_1} = 0, \\ 1 - e^{-x_2} = 0, \end{cases}$$

dal quale si ha

$$x_1^* = 1,$$
$$x_2^* = 0.$$

Questo è un punto di minimo poiché la matrice hessiana[3] della funzione obiettivo, nel punto di ottimo, coincide con la matrice identità e, dunque, è definita positiva.

Vediamo come dire a Scilab di risolvere questo problema. Il primo passo è quello di definire la funzione obiettivo e le sue derivate nel modo seguente.

```
-->deff('[f,df,ind]=obiettivo(x,ind)',...
-->'f=1/x(1)+x(2)+log(x(1))+exp(-x(2)),...
-->df=[-1/(x(1)^2)+1/x(1);1-exp(-x(2))]')
-->
```

A questo punto, utilizzando la funzione obiettivo appena creata, si può chiedere a Scilab di effettuare l'ottimizzazione partendo da un punto qualsiasi, per esempio il punto $\left(\frac{1}{2}, \frac{1}{2}\right)$.

```
-->[f,xopt]=optim(obiettivo,[0.5;0.5])
 xopt =
    1.
    2.628D-17
 f =
    2.
-->
```

Scilab ci dice che i valori di x_1 e x_2 che minimizzano la funzione obiettivo sono, rispettivamente, 1 e 0. In effetti il valore 2.628×10^{-17} è sufficientemente prossimo a zero da potersi approssimare con lo zero stesso. Inoltre, la funzione obiettivo, nel punto $(1, 0)$ vale 2.

Poiché nella funzione obiettivo si trova il logaritmo di x_1, tale variabile non può assumere valori negativi. Chiedendo, per esempio, a Scilab di iniziare le iterazioni da un punto di coordinate $\left(-\frac{1}{2}, \frac{1}{2}\right)$ la risposta del programma è la seguente.

---

[3] Per un ripasso dell'ottimizzazione statica vincolata si può fare riferimento a Menoncin (2007).

```
-->[f,xopt]=optim(obiettivo,[-0.5;0.5])
 !--error 98
 variable returned by scilab argument function is incorrect
-->
```

N.B. 14.5. Esistono alcuni punti iniziali a partire dai quali Scilab non è in grado di trovare una soluzione del sistema. Spiegare come si determinino tali punti va al di là degli scopi di questo volume. In effetti la materia riguarda i sistemi dinamici (di equazioni differenziali). Come consiglio personale suggerisco al lettore di ricorrere maggiormente alla funzione `fsolve` che dà anche indicazioni sulla bontà delle iterazioni effettuate.

14.7 Massima verosimiglianza con `fsolve`

Ponendo a sistema le due condizioni del primo ordine (14.7) e (14.8) si ricava che i valori di ξ e β che massimizzano la funzione di verosimiglianza devono soddisfare il sistema

$$\begin{cases} 0 = \frac{1}{\xi}\frac{1}{\beta} - \left(\frac{1}{\xi}+1\right)\frac{1}{\beta}\frac{1}{N_u}\sum_{i=1}^{N_u}\left(1+\xi\frac{x_i-u}{\beta}\right)^{-1}, \\ 0 = -\left(\frac{1}{\xi}+1\right)\frac{1}{\xi} + \frac{1}{\xi^2}\frac{1}{N_u}\sum_{i=1}^{N_u}\ln\left(1+\xi\frac{x_i-u}{\beta}\right) \\ + \left(\frac{1}{\xi}+1\right)\frac{1}{\xi}\frac{1}{N_u}\sum_{i=1}^{N_u}\left(1+\xi\frac{x_i-u}{\beta}\right)^{-1}. \end{cases} \quad (14.9)$$

Per poter risolvere questo sistema in Scilab occorre avere, come dati, il vettore x delle osservazioni e il valore soglia u. La determinazione di tale soglia è un'operazione particolarmente delicata e le dedicherò un paragrafo. Per ora supponiamo di conoscerla.

Al fine di applicare la teoria, ho scaricato i prezzi della Fiat dal 17/2/2006 al 15/2/2008 e li ho inseriti nel vettore Sp. I dati che abbiamo scaricato sono in numero di 504 e, poiché si riferiscono a due anni, prendiamo il numero di giorni in un anno pari a $\frac{504}{2}=252$.

Per creare il vettore dei rendimenti (logaritmici) passati (Rp) e il suo opposto (lo chiamiamo Rpo) diamo i seguenti comandi.

```
-->Rp=diff(log(Sp));
-->Rpo=-Rp;
-->
```

Per ora prendiamo come soglia un rendimento annuale del 50% (evidentemente molto elevato) e, dunque, $u = \frac{0.5}{252}$.

14.7 Massima verosimiglianza con `fsolve`

```
-->u=0.5/252;
-->
```

Ora rappresentiamo graficamente, nella stessa finestra, i prezzi della Fiat, i rendimenti, l'opposto dei rendimenti e, su questi ultimi, la soglia scelta, attraverso i seguenti comandi.

```
-->subplot(3,1,1); plot(Sp);
-->subplot(3,1,2); plot(Rp);
-->subplot(3,1,3); plot(Rpo);
-->subplot(3,1,3); plot(u*ones(size(Sp,1),1));
```

L'ultimo comando serve per disegnare, sopra all'opposto dei rendimenti, una retta orizzontale in corrispondenza della soglia u. Il risultato grafico è riportato nella Figura 14.3.

Come abbiamo già avuto modo di osservare più volte, nella parte centrale della figura (dove sono rappresentati i rendimenti giornalieri) si osserva una notevole asimmetria: i rendimenti negativi sono più frequenti di quelli positivi e, inoltre, anche più grandi in valore assoluto. L'azione Fiat, infatti, nel periodo considerato arriva ad avere una perdita (giornaliera) di più del 12% mentre, tra i guadagni giornalieri, si supera appena il 6% (come osserviamo con i comandi seguenti).

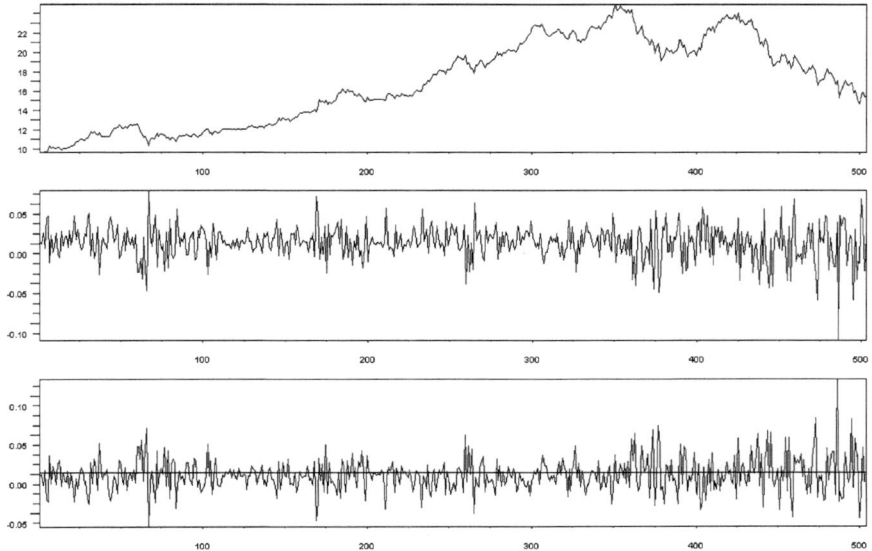

Figura 14.3. Azione FIAT dal 17/02/2006 al 15/02/2008: in alto i prezzi, al centro i rendimenti (logaritmici), in basso l'opposto dei rendimenti e la soglia $u = \frac{0.5}{252}$

14 La teoria dei valori estremi

```
-->max(Rp)
 ans  =
    0.0672087
-->min(Rp)
 ans  =
  - 0.1212808
-->
```

Ora, per prendere solo i valori che superano la soglia, usiamo i seguenti comandi.

```
-->x=Rpo(Rpo>u);
-->
```

A questo punto occorre definire il sistema delle due equazioni che rappresentano le condizioni del primo ordine. Nel vettore z delle incognite definirò $z(1) = \xi$ e $z(2) = \beta$ mentre ho chiamato eq il sistema delle due equazioni.

```
-->deff('[y]=eq(z)',...
-->'y=[1/z(1)/z(2)...
-->-(1/z(1)+1)/z(2)*mean((1+z(1)*(x-u)/z(2))^(-1));...
-->-(1/z(1)+1)/z(1)+1/z(1)^2*mean(log(1+z(1)*(x-u)/z(2)))...
-->+(1/z(1)+1)/z(1)*mean((1+z(1)*(x-u)/z(2))^(-1))]');
```

N.B. 14.6. Faccio notare che la variabile N_u non è stata inserita nella definizione delle funzioni. Questo è stato possibile poiché ho usato la funzione mean per calcolare la media dei valori di un vettore. Nel sistema (14.9), infatti, le sommatorie (per i che varia da 1 fino a N_u) compaiono tutte divise per N_u e, dunque, rappresentano, appunto, delle medie.

```
-->[xoptim,v,inf]=fsolve([0.01;0.01],eq)
 inf  =
    1.
 v  =
    1.0D-12 *
    0.4547474
    0.4547474
 xoptim  =
  - 0.0201462
    0.0169663
-->
```

Si ottiene, in questo modo,

$$\xi = -0.0201462,$$
$$\beta = 0.0169663.$$

14.7 Massima verosimiglianza con `fsolve`

N.B. 14.7. Ovviamente cambiando i valori della serie x e, soprattutto, i valori della soglia u, i risultati possono cambiare anche di molto.

Dalle informazioni della funzione `fsolve` notiamo che i valori delle equazioni sono molto prossimi a zero (sono dell'ordine di 10^{-13}) e le iterazioni hanno avuto una buona convergenza (la variabile `inf`, infatti, vale 1).

Vediamo, ora, come creare una funzione che effettui i conti esposti in questo paragrafo. Gli *output* dovranno essere gli stessi indicati per la funzione `fsolve` mentre gli *input* dovranno essere i valori da cui iniziare le iterazioni, i valori su cui stimare ξ e β e la soglia u. Per il resto, la funzione conterrà esattamente i comandi poco sopra mostrati (chiamo la funzione `evt` dalle iniziali delle parole inglesi *Extreme Value Theory*).

```
function [xoptim,v,inf]=evt(x0,x,u)
    x=x(x>u);
    deff('[y]=eq(z)',...
        'y=[1/z(1)/z(2)...
        -(1/z(1)+1)/z(2)*mean((1+z(1)*(x-u)/z(2))^(-1));...
        -(1/z(1)+1)/z(1)...
        +1/z(1)^2*mean(log(1+z(1)*(x-u)/z(2)))...
        +(1/z(1)+1)/z(1)*mean((1+z(1)*(x-u)/z(2))^(-1))]');
    [xoptim,v,inf]=fsolve(x0,eq);
endfunction
```

Provando a salvare in memoria la funzione, caricarla e applicarla al nostro vettore *Rpo* con la soglia u già introdotta si ottiene esattamente quanto ottenuto in precedenza.

```
-->[xoptim,v,inf]=evt([0.01;0.01],Rpo,u)
 inf =
    1.
 v =
    1.0D-12 *
    0.4547474
    0.4547474
 xoptim =
  - 0.0201462
    0.0169663
-->
```

14.8 ES e VaR stimati con la teoria dei valori estremi

Una volta stimati ξ e β, come mostrato nel paragrafo precedente, si possono facilmente calcolare il VaR e l'ES con le formule (14.5) e (14.6):

$$VaR_\alpha = u + \frac{\beta}{\xi}\left(\left(\frac{N}{N_u}\alpha\right)^{-\xi} - 1\right),$$

$$ES_\alpha = \frac{VaR_\alpha}{1-\xi} + \frac{\beta - u\xi}{1-\xi}.$$

Nel nostro esempio N è il numero totale di osservazioni mentre N_u è il numero di osservazioni che superano la soglia u. Questi due valori, dunque, si possono ottenere come segue (lavoriamo ancora con il valore $u = \frac{0.5}{252}$ che Scilab ha in memoria).

```
-->N=size(Rp,1)
 N =
    503.
-->Nu=size(Rpo(Rpo>u),1)
 Nu =
    198.
-->
```

Non ci resta, ora, che calcolare ES e VaR con la soglia α desiderata. Utilizziamo i valori di ξ e β ottenuti nel paragrafo precedente. Poiché essi erano stati messi in memoria nel vettore xoptim, li richiamiamo con i seguenti comandi.

```
-->csi=xoptim(1)
 csi =
   - 0.0201462
-->beta=xoptim(2)
Warning :redefining function: beta
 beta =
    0.0169663
-->
```

N.B. 14.8. Scilab ci ricorda, con il messaggio di warning, che la parola beta sarebbe riservata a una funzione particolare.

Vediamo il calcolo dei due indici di rischio a livello dell'1% e a livello del 5%.

14.8 ES e VaR stimati con la teoria dei valori estremi

```
-->var1=u+beta/csi*((N*0.01/Nu)^(-csi)-1)
  var1 =
    0.0620491
-->es1=var1/(1-csi)+(beta-u*csi)/(1-csi)
  es1 =
    0.0774941
-->var5=u+beta/csi*((N*0.05/Nu)^(-csi)-1)
  var5 =
    0.0362749
-->es5=var5/(1-csi)+(beta-u*csi)/(1-csi)
  es5 =
    0.0522289
-->
```

Osserviamo che, anche utilizzando la teoria dei valori estremi:

1. l'*ES* è più grande del *VaR* (a parità di α) e, dunque, indica un rischio maggiore;
2. all'aumentare di α diminuisce il rischio e, dunque, diminuiscono sia l'*ES* sia il *VaR*.

Appare estremamente interessante, adesso, confrontare questi risultati con quelli che si ottengono utilizzando la semplice simulazione storica. A questo scopo richiamiamo la funzione vares che avevamo già creato in precedenza e la utilizziamo per calcolare *ES* e *VaR* ai livelli dell'1% e del 5%.

```
-->[newvar1,newes1]=vares(Rp,0.01)
  newes1 =
    0.0766901
  newvar1 =
    0.0570996
-->[newvar5,newes5]=vares(Rp,0.05)
  newes5 =
    0.0510319
  newvar5 =
    0.0359125
-->
```

Tabella 14.1. Confronto tra *ES* e *VaR* calcolati con la simulazione storica e la teoria dei valori estremi

Confidenza (α)	Simulazione storica		Teoria valori estremi	
	VaR	ES	VaR	ES
0.01	0.0570996	0.0766901	0.0620491	0.0774941
0.05	0.0359125	0.0510319	0.0362749	0.0522289

236 14 La teoria dei valori estremi

I dati appena calcolati possono essere riassunti nella Tabella 14.1 dove notiamo che sia il VaR sia l'ES, con l'utilizzo della teoria dei valori estremi, mostrano rischi più elevati (anche se di poco).

La differenza tra i due indici di rischio calcolati nei due casi è influenzata sia dal livello di confidenza α sia dal livello della soglia u. Prima di passare a mostrare come poter determinare la soglia u, si può creare una funzione che, utilizzando la teoria dei valori estremi (e un valore dato della soglia), restituisca il valore dell'ES e del VaR a un livello α desiderato.

N.B. 14.9. Nella funzione che segue metto, tra gli *input*, il vettore dei prezzi Sp e non più l'opposto dei rendimenti. In questo modo, dunque, diviene necessario porre, all'inizio della funzione, i comandi per calcolare l'opposto della serie dei rendimenti logaritmici.

```
function [var,es,xoptim,v,inf]=varesevt(x0,Sp,u,alfa)
    Rpo=-diff(log(Sp));
    x=Rpo(Rpo>u);
    deff('[y]=eq(z)',...
        'y=[1/z(1)/z(2)...
        -(1/z(1)+1)/z(2)*mean((1+z(1)*(x-u)/z(2))^(-1));...
        -(1/z(1)+1)/z(1)...
        +1/z(1)^2*mean(log(1+z(1)*(x-u)/z(2)))...
        +(1/z(1)+1)/z(1)*mean((1+z(1)*(x-u)/z(2))^(-1))]');
    [xoptim,v,inf]=fsolve(x0,eq);
    N=size(Rpo,1); Nu=size(x,1);
    var=u+xoptim(2)/xoptim(1)*((N*alfa/Nu)^(-xoptim(1))-1);
    es=(var+xoptim(2)-u*xoptim(1))/(1-xoptim(1));
endfunction
```

Dopo aver salvato e caricato in memoria tale funzione si ottiene quanto segue.

```
-->[var,es,x,v,inf]=varesevt([0.01;0.01],Sp,0.5/252,0.05)
 inf =
    1.
 v =
    1.0D-12 *
    0.4547474
    0.4547474
 x =
  - 0.0201462
    0.0169663
 es =
    0.0522289
 var =
    0.0362749
-->
```

14.9 Determinazione della soglia

Non esiste un metodo univoco per la determinazione della soglia u e rimane, sempre, un certo grado di soggettività. Il metodo più utilizzato è quello di studiare il comportamento, su un grafico, degli eccessi medi delle osservazioni di x rispetto a diverse soglie u (per u che va dal più piccolo al più grande valore contenuto in x). Il grafico, in inglese, viene definito *sample mean excess plot*.

Algebricamente si possono definire tali eccessi mediante la funzione $E(u)$ come

$$E(u) = \frac{1}{N-k+1} \sum_{i=k}^{N} (\vec{x}_i - u),$$

dove $\vec{x}$ è il vettore x ordinato (in ordine crescente) e

$$k = \min\{i|\ \vec{x}_i > u\}.$$

Vediamo come ottenere, in Scilab, il grafico della funzione $E(u)$. Mostro subito il listato della funzione `excess` a cui faccio seguire i commenti.

```
function excess(x)
    assex=gsort(x,'r','i');
    for i=1:size(assex,1)-1
        E(i)=mean(assex(i+1:$)-assex(i));
    end
    plot(assex(1:$-1),E,'.');
endfunction
```

Dapprima si sono messi in ordine i valori di x nella variabile che è stata definita `assex` poiché contiene i valori che troveremo sulle ascisse.

Per creare i valori delle ordinate, poi, si sono prese le medie dei valori delle ascisse superiori a una soglia che, di volta in volta, era data dai valori dell'asse delle ascisse stesse. Si è eliminato l'ultimo valore poiché per il più grande valore di x l'eccesso, ovviamente, deve essere nullo.

Alla fine si chiede a Scilab di rappresentare graficamente la funzione $E(u)$ attraverso dei punti singoli (non unendo con linee i valori della funzione).

Scaricando i prezzi dell'azione FIAT dal 17/02/2006 al 15/02/2008 e applicando la funzione `excess` all'opposto dei rendimenti giornalieri si ottiene il grafico della Figura 14.4.

Una delle tecniche più accreditate per determinare il valore critico della soglia u è quella di osservare per quale valore della soglia la funzione della Figura 14.4 tende a diventare una retta. Nel nostro caso, per esempio, la funzione inizia ad assumere un andamento più rettilineo a partire da $u = 0.05$ circa e, dunque, dovrebbe essere questo, il valore di u da utilizzare per stimare i parametri ξ e β.

238   14 La teoria dei valori estremi

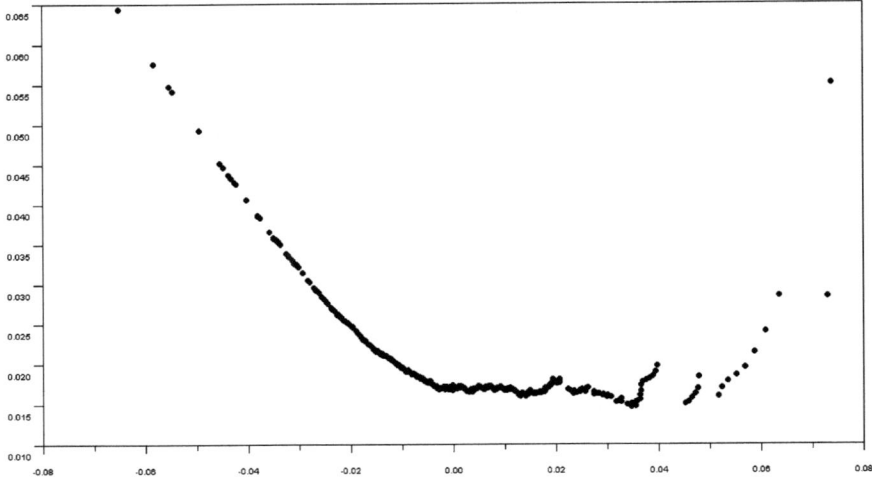

Figura 14.4. *Sample mean excess plot* dei rendimenti giornalieri dell'azione FIAT dal 17/02/2006 al 15/02/2008

15
La formula di Black e Scholes

15.1 Introduzione

In questo capitolo ci interessiamo di come dare un prezzo alle opzioni utilizzando la formula di Black e Scholes (1973) che, lo ricordo, è valida sotto le seguenti ipotesi:

1. il mercato è privo di arbitraggio e completo (questo ci serve per trovare un prezzo unico per tutti i titoli derivati);
2. i rendimenti del sottostante sono normali (questa ipotesi è decisamente forte poiché, lo sappiamo bene, i rendimenti dei titoli presentano un certo grado di asimmetria e leptocurtosi);
3. il tasso di interesse privo di rischio è costante (la formula di Black e Scholes rimane valida, con le opportune modifiche, anche se il tasso di interesse è deterministico ma perde di ogni significatività se il tasso privo di rischio segue un processo aleatorio – come è in realtà);
4. la volatilità dei rendimenti del sottostante è costante (sappiamo, invece, che la volatilità, sui mercati finanziari, è, a sua volta, volatile).

Se r è costante e S segue un moto browniano geometrico, la formula di Black e Scholes per il prezzo di un'opzione *call* (europea) è

$$O_{c,e}(t_0) = S(t_0)\mathcal{N}(d_1) - Ke^{-r(T-t_0)}\mathcal{N}(d_2), \tag{15.1}$$

dove

$$d_1 \equiv -\frac{\ln\left(\frac{K}{S(t_0)}\right) - \left(r + \frac{1}{2}\sigma^2\right)(T-t_0)}{\sigma\sqrt{T-t_0}},$$

$$d_2 \equiv -\frac{\ln\left(\frac{K}{S(t_0)}\right) - \left(r - \frac{1}{2}\sigma^2\right)(T-t_0)}{\sigma\sqrt{T-t_0}}.$$

e dove $\mathcal{N}(x)$ rappresenta il valore, nel punto x, della funzione di ripartizione di una variabile casuale normale standard.

Quando si vuole ottenere il prezzo di un'opzione *put* $O_{p,e}(t_0)$ si può fare ricorso alla «parità *put-call*» scrivendo:

$$O_{p,e}(t_0) = O_{c,e}(t_0) + Ke^{-r(T-t_0)} - S(t_0). \qquad (15.2)$$

Vediamo nei prossimi paragrafi come implementare in Scilab queste formule.

15.2 Black e Scholes in Scilab

Una funzione che calcoli il valore di Black e Scholes di un'opzione *call*, e della corrispondente *put*, deve ricevere come *input* i seguenti dati:

1. S: il prezzo del titolo sottostante al momento in cui si effettua la valutazione;
2. K: il prezzo di esercizio dell'opzione;
3. r: il tasso privo di rischio;
4. T: il tempo a scadenza dell'opzione (poniamo per semplicità $t_0 = 0$ nella (15.1)); ricordo al lettore che T deve essere espresso nella stessa unità di misura temporale per la quale si esprime il tasso di interesse (dunque se il tasso di interesse, come spesso accade nella pratica, è in termini annuali e l'opzione scade fra due mesi, allora vale $T = \frac{2}{12}$ cioè anche T deve essere espresso in termini annuali);
5. σ: la volatilità dei rendimenti del sottostante (che si può stimare come già mostrato nei primi capitoli).

Per calcolare il valore esatto di un'opzione *call* con la formula di Black e Scholes (15.1) abbiamo bisogno del comando che restituisca il valore della funzione di densità cumulata (ovvero della funzione di ripartizione) per una normale.

In Scilab il comando è `cdfnor` che, dall'inglese, significa *Cumulative Distribution Function for a NORmal*. Questo comando funziona in modo particolare ed è bene studiarlo attentamente; esso contiene quattro argomenti che devono essere introdotti in ordine diverso a seconda del risultato che si vuole ottenere:

1. P e Q: sono le probabilità che una variabile normale assuma valori più piccoli (e più grandi, rispettivamente) di un certo valore dato (vale, ovviamente, $P = 1 - Q$);
2. X: è il valore per il quale si vuole calcolare la funzione di ripartizione (ovvero si vuole calcolare la probabilità che una variabile normale assuma valori più piccoli di X);
3. *Mean*: è la media della variabile casuale normale in esame;
4. *Std*: è la volatilità della variabile casuale normale in esame.

Il comando `cdfnor` può essere usato in quattro modi diversi per calcolare le quattro diverse variabili appena presentate. Si può, dunque, scrivere il comando nelle seguenti forme (rispettando l'ordine dei punti precedenti):

1. [P,Q]=cdfnor('PQ',X,Mean,Std) se non si specificano le due variabili di *output*, questo comando restituisce solo il valore di P (cioè della probabilità di avere valori inferiori a quello di X);
2. [X]=cdfnor('X',Mean,Std,P,Q);
3. [Mean]=cdfnor('Mean',Std,P,Q,X);
4. [Std]=cdfnor('Std',P,Q,X,Mean).

Nel caso dell'equazione di Black e Scholes, allora, ci serve il comando cdfnor nella sua prima «versione» poiché abbiamo bisogno della probabilità P (è importante rispettare attentamente l'uso delle virgolette all'interno del comando).

Riporto qui di seguito il testo della funzione bsoption (*black-scholes-option*) che calcola il valore di un'opzione *call* e della corrispondente *put* una volta introdotti: il valore del sottostante (S), il prezzo di esercizio (K), il tasso privo di rischio (r), il tempo che manca alla scadenza dell'opzione (T) e la volatilità del sottostante (σ). Rispetto all'Equazione (15.1) si fa l'ipotesi semplificatrice che sia $t_0 = 0$.

```
function [Oce,Ope]=bsoption(S,K,r,T,sigma);
    d1=-((log(K/S)-(r+1/2*sigma^2)*T)/(sigma*sqrt(T)));
    d2=-((log(K/S)-(r-1/2*sigma^2)*T)/(sigma*sqrt(T)));
    Oce=S*cdfnor('PQ',d1,0,1)-K*exp(-r*T)*cdfnor('PQ',d2,0,1);
    Ope=Oce+K*exp(-r*T)-S;
endfunction
```

Il listato della funzione appare particolarmente semplice: dapprima si definiscono le variabili *d*1 e *d*2 e, poi, si calcola il prezzo dell'opzione *call* con la formula di Black e Scholes e il prezzo della *put* con la parità *put-call*.

Una volta caricata in memoria questa funzione si può calcolare, per esempio, il valore di una *call* e di una *put* i cui dati siano

$$S_0 = 100, \quad K = 100, \quad r = 0.05,$$
$$T = 1, \quad \sigma = 0.2.$$

```
-->[Call,Put]=bsoption(100,100,0.05,1,0.2)
 Put =
    5.573526
 Call =
    10.450584
```

15.3 La volatilità implicita

Nella formula per il calcolo del valore di un'opzione, l'unico dato che non è direttamente disponibile sul mercato è la volatilità (la quale necessita di una stima). Uno degli esercizi più comuni, riguardo la formula di Black e Scholes, è quello di determinare la volatilità risolvendo l'equazione

$$O_{c,e}(t_0) = S(t_0)\mathcal{N}(d_1) - Ke^{-r(T-t_0)}\mathcal{N}(d_2),$$

qualora si conosca il prezzo dell'opzione $O_{c,e}$. In questo caso, infatti, l'unica incognita è, appunto, la volatilità σ.

In questo modo, la formula del prezzo dell'opzione non viene più utilizzata per la prezzatura dell'opzione stessa (finalità per cui era nata) ma, piuttosto, per valutare quale sia la volatilità che il mercato, implicitamente, attribuisce al titolo sottostante.

Sfortunatamente l'equazione precedente non è risolvibile in forma algebrica, ma Scilab ci permette (con la funzione fsolve già vista in precedenza) di risolverla numericamente rispetto a σ. Ricordo che il comando fsolve ha la seguente sintassi

fsolve(variabile0, funzione)

Una volta definita una funzione (che ho chiamato, appunto, funzione) in una sola variabile, fsolve permette di determinare quale valore della variabile risolve la funzione (uguagliandola a zero). Il processo utilizzato da Scilab è iterativo e parte dal valore della variabile dichiarato in variabile0.

Nei capitoli precedenti, per definire la variabile funzione, abbiamo utilizzato il comando deff. Qui, invece, mostro come implementare fsolve all'interno di una funzione che calcoli la volatilità implicita.

Gli *input* della funzione dovranno essere, ovviamente, S, K, r, T, $O_{c,e}$ e σ_0 dove σ_0 è il valore della volatilità da cui vogliamo che Scilab inizi le iterazioni.

All'interno della funzione, poi, dovremo definire un'altra funzione che abbia come unica variabile la volatilità e alla quale, dunque, possa essere applicato il comando fsolve.

Scrivo il listato del programma a cui segue un commento. Chiamerò la funzione impvolcall (*implicit – volatility – call*).

```
function [s]=impvolcall(S,K,r,T,C,sigma0);
    function [Y]=option(sigma);
        d1=-((log(K/S)-(r+1/2*sigma^2)*T)/(sigma*sqrt(T)));
        d2=-((log(K/S)-(r-1/2*sigma^2)*T)/(sigma*sqrt(T)));
        Y=S*cdfnor('PQ',d1,0,1)...
            -K*exp(-r*T)*cdfnor('PQ',d2,0,1)-C;
    endfunction
    s=fsolve(sigma0,option);
endfunction
```

La funzione option ha come unico argomento la volatilità e restituisce, come *output*, la variabile Y che contiene la differenza tra il prezzo teorico dell'opzione second il modello di Black e Scholes e il prezzo che l'opzione *call* ha effettivamente sul mercato. Tale differenza deve annullarsi per σ che risolve l'equazione.

15.3 La volatilità implicita

Una volta definita la funzione `option` è sufficiente applicarle il comando `fsolve` prendendo, come valore da cui iniziare le iterazioni, quello dichiarato tra gli *input* della funzione `impvolcall`.

Osserviamo, ora, come opera la funzione appena descritta ricavando, dapprima, il valore di un'opzione *call* utilizzando una certa volatilità e, poi, ricavando la volatilità dal valore della *call*. Al fine di effettuare un maggior numero di prove utilizzo un ciclo `for` come segue.

```
-->for i=1:200, [C(i),P(i)]=bsoption(100,100,0.05,1,i/1000);
end
-->
```

In questo modo ho creato 200 valori dell'opzione *call* e dell'opzione *put* per un sottostante che vale 100, con un prezzo di esercizio pari a 100, con un tasso privo di rischio pari al 5%, con scadenza a un anno e con volatilità che va da $\frac{1}{1000} = 0.001$ fino a $\frac{200}{1000} = 0.2$ (con passo 0.01).

Per mostrare graficamente quanto si è ottenuto dal ciclo `for`, si possono dare i seguenti comandi.

```
-->plot([0.001:0.001:0.2],C);
-->xtitle('Valore di un''opzione call come funzione della
volatilità','sigma','prezzo call');
-->
```

N.B. 15.1. Gli argomenti della funzione `xtitle` devono essere delle stringhe. Se all'interno di queste stringhe si trovano degli apostrofi (come nel nostro caso), allora occorre inserire un doppio apostrofo. L'apostrofo singolo, infatti, delimita la stringa. Da notare che il doppio apostrofo non coincide con le virgolette; bisogna, infatti, digitare due volte l'apostrofo.

Il risultato grafico è riportato nella Figura 15.1 dove si può notare il comportamento teorico ben noto: il valore di un'opzione *call* è funzione crescente della volatilità. Possiamo, ovviamente, generare lo stesso tipo di grafico per il valore dell'opzione *put* (che abbiamo calcolato insieme a quello della *call*). Lascio questo esercizio al lettore.

Nel nostro caso, ora, possiamo calcolare le volatilità implicite nei prezzi delle opzioni *call* utilizzando la nostra funzione `impvolcall`.

```
-->for i=1:200, s(i)=impvolcall(100,100,0.05,1,C(i),0.1);
end
-->plot(C,s);
-->xtitle('Volatilità implicita come funzione del valore di
un''opzione call','prezzo della call','sigma');
-->
```

244   15 La formula di Black e Scholes

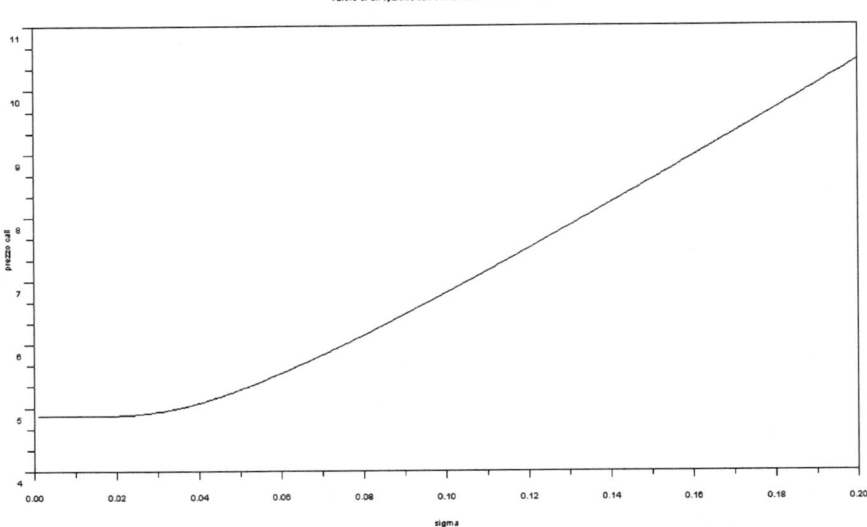

Figura 15.1. Valore di un'opzione *call* come funzione della volatilità

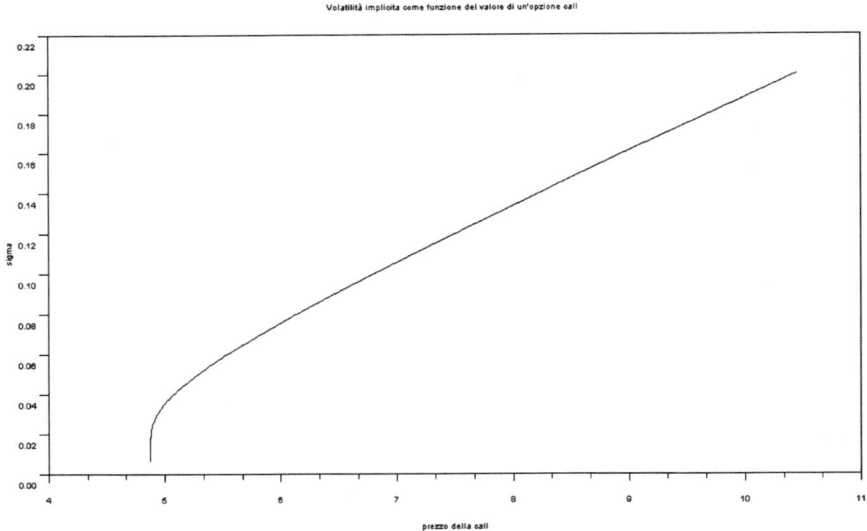

Figura 15.2. Volatilità di un'opzione *call* come funzione del suo prezzo

La Figura 15.2 mostra il risultato dei comandi in Scilab. È di particolare conforto osservare che la relazione appena disegnata è l'inversa della relazione precedente (Figura 15.1).

15.4 Il sorriso della volatilità

Su una stessa azione possono esistere opzioni (sia *put* sia *call*) con diverse scadenze e diversi prezzi di esercizio. Data un'azione e prese diverse opzioni (tutte *put* o *call*) su tale azione, con la stessa scadenza e che differiscano solo per il prezzo di esercizio, la volatilità implicita dovrebbe, almeno teoricamente, essere la stessa per tutte le opzioni. Così non accade in realtà e lo verifichiamo attraverso la nostra funzione impvolcall.

Cercando su yahoo possiamo trovare, per esempio per l'azione General Motors (che vale oggi, il 24 febbraio 2008, 24.08), le quotazioni e i prezzi di esercizio di dodici opzioni con scadenza 8 settembre 2008 (quindi con tempo a scadenza di circa 6 mesi). Quotazioni e prezzi di esercizio sono i seguenti:

Strike	Quotazione
12.5	14.5
17.5	10.8
20	5.75
22.5	4.5
25	3.25
27.5	2.04
30	1.39
32.5	0.97
35	0.54
37.5	0.35
40	0.19
42.5	0.12

Possiamo introdurre questi dati su Scilab in due vettori: K e C rispettivamente. Ora, per poter applicare la funzione impvolcall dobbiamo ancora avere S, r e T. Il prezzo della General Motors è $S = 24.08$, il tempo a scadenza è di 6 mesi (circa) e dunque possiamo porre $T = 0.5$ (il tempo è espresso in anni) e, infine, il tasso di interesse privo di rischio sarà quello del *Treasury Bill* a 6 mesi. Tale tasso si trova su yahoo (http://finance.yahoo.com/bonds) e, al 24 febbraio 2008, è $r = 2.06\%$.

I comandi per ottenere tutte le volatilità implicite sono i seguenti (prendiamo 0.1 come valore di riferimento della volatilità da cui Scilab partirà per effettuare le sue iterazioni).

15 La formula di Black e Scholes

```
-->clear s;
-->for i=1:12
-->s(i)=impvolcall(24.08,K(i),0.0206,0.5,C(i),0.1);
-->end
-->plot(K,s)
-->xtitle('Volatilità implicita come funzione del prezzo di
esercizio','prezzo di esercizio','sigma');
-->
```

N.B. 15.2. È stato necessario inserire il comando **clear s** per eliminare i dati contenuti in precedenza nella variabile *s* (che erano in numero di 200).

Prima di commentare il grafico ottenuto (Figura 15.3) preferisco mostrarne un altro, sempre sulla General Motors, ma sulle opzioni *call* che scadono a gennaio 2010 (cioè con un tempo a scadenza di 2 anni). I dati delle quotazioni

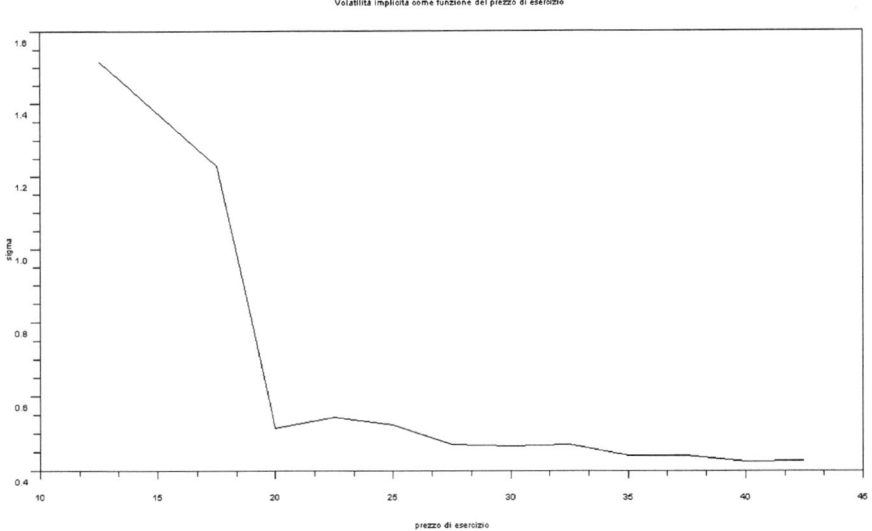

Figura 15.3. Volatilità implicita delle opzioni *call* a sei mesi sull'azione General Motors quotata 24.08 (in funzione del prezzo di esercizio)

15.4 Il sorriso della volatilità

e dei prezzi di esercizio sono i seguenti:

Strike	Quotazione
15	11.3
20	10.8
25	6.35
30	4.85
35	4.3
40	2.01
45	1.35
50	1.24
55	0.82
60	0.84
65	0.56
70	0.27

Per un orizzonte temporale di 2 anni il tasso di interesse delle obbligazioni emesse dal Governo degli Stati Uniti d'America è del 2.02%. Dopo aver inserito nei vettori K e C i dati della tabella, i comandi in Scilab sono i seguenti.

```
-->clear s;
-->for i=1:12
-->s(i)=impvolcall(24.08,K(i),0.0202,2,C(i),0.1);
-->end
-->plot(K,s);
-->xtitle('Volatilità implicita come funzione del prezzo di
esercizio','prezzo di esercizio','sigma');
```

Il grafico della volatilità implicita è ottenuto come nella Figura 15.4. Possiamo così concludere con due importanti commenti confrontando le Figure 15.3 e 15.4.

1. La volatilità che il mercato sconta sulle opzioni a lunga scadenza (Fig. 15.4) è più elevata di quella che delle opzioni con vita residua minore (Fig. 15.3).
2. Quello che gli analisti finanziari chiamano «sorriso della volatilità» è, in realtà, un ghigno che, in genere, è rappresentato da una funzione decrescente (in entrambe le figure). Le opzioni *call in-the-money*, dunque, hanno una volatilità implicita più elevata delle opzioni *out-of-the-money*.

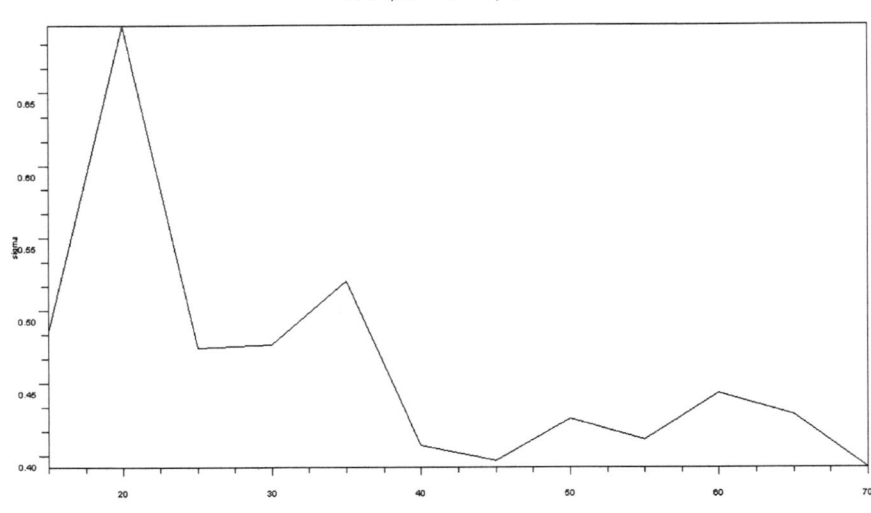

Figura 15.4. Volatilità implicita delle opzioni *call* a due anni sull'azione General Motors quotata 24.08 (in funzione del prezzo di esercizio)

16
Prezzatura di titoli mediante simulazione

16.1 I limiti dell'algebra

Il teorema fondamentale della finanza ci garantisce che, in un mercato privo di arbitraggio, il prezzo di ogni titolo è dato dal valore atteso, sotto la probabilità di martingala equivalente, di tutti i flussi di cassa futuri a cui il titolo darà diritto scontati al tasso privo di rischio.

Sfortunatamente vi sono pochi casi in cui tale valore atteso si può calcolare ottenendo una formula in forma chiusa come quella, giustamente ben nota, di Black e Scholes per il calcolo del prezzo di un'opzione (sia essa *call* oppure *put*). Tale formula, tuttavia, riposa su una serie di ipotesi che, seppure utili dal punto di vista matematico, sono piuttosto pesanti dal punto di vista finanziario. Per esempio, si ipotizza che il tasso di interesse privo di rischio sia perfettamente deterministico (nella formula originale il tasso è, addirittura, costante).

La formula per il calcolo del valore di un'opzione *call*, per esempio, è data da

$$O_{c,e}(t_0) = \mathbb{E}^{\mathbb{Q}}_{t_0} \left[\max\left(S\left(T\right) - K, 0\right) e^{-\int_{t_0}^{T} r(s)ds} \right],$$

dove T è la data di scadenza dell'opzione, K è il prezzo di esercizio (*strike price*) e $\mathbb{Q}$ è la probabilità di martingala equivalente. Se il tasso di interesse è aleatorio il valore atteso è molto più difficile da semplificare e, in genere, non si può rappresentare con una formulazione algebrica in forma chiusa.

Resta sempre possibile, tuttavia, proseguire con i seguenti passaggi:

1. simulare tante traiettorie per S e per r;
2. calcolare tanti possibili valori attesi per i *payoffs* dell'opzione;
3. calcolare la media di tutti questi *payoffs* in modo da ottenere un'approssimazione del valore di $O_{c,e}(t_0)$.

Prima di osservare come procedere nel semplice caso di un'opzione *call*, mostro, nel prossimo paragrafo, una tecnica utile per gestire il caso in cui il tasso di interesse sia stocastico.

Menoncin F.: Misurare e gestire il rischio finanziario.
© Springer-Verlag Italia, Milano 2009

16.2 Il cambiamento di numerario

Se un titolo derivato (il cui prezzo indichiamo con $F(t)$) dà un *payoff* pari a $\phi(T)$ al tempo T, allora il teorema fondamentale della finanzai ci garantisce che il suo valore, in un mercato privo di arbitraggio, è dato da

$$F(t) = \mathbb{E}_t^{\mathbb{Q}}\left[\phi(T) e^{-\int_t^T r(u)du}\right]. \tag{16.1}$$

Se il tasso di interesse r è deterministico oppure indipendente da $\phi(T)$, allora questa formula si può semplificare come

$$F(t) = \mathbb{E}_t^{\mathbb{Q}}[\phi(T)] \mathbb{E}_t^{\mathbb{Q}}\left[e^{-\int_t^T r(u)du}\right] = \mathbb{E}_t^{\mathbb{Q}}[\phi(T)] B(t,T),$$

dove $B(t,T)$ è il prezzo, al tempo t, di uno zero-coupon con scadenza in T.

Nella realtà il tasso di interesse non è deterministico. Inoltre, sotto la probabilità $\mathbb{Q}$, il *payoff* di ogni titolo dipende, effettivamente, dal tasso r (ricordiamo, infatti, che sotto $\mathbb{Q}$ tutti i titoli hanno lo stesso rendimento e questo rendimento è pari a r).

Vediamo, dunque, come risolvere il caso in cui il valore atteso (16.1) non sia semplificabile nel prodotto di due valori attesi.

La soluzione sta nel cercare una nuova probabilità sotto la quale sia possibile separare il valore atteso anche se r e $\phi(T)$ non sono indipendenti. Se chiamiamo questa nuova probabilità $\mathbb{F}$, allora dovrebbe valere

$$F(t) = \mathbb{E}_t^{\mathbb{F}}[\phi(T)] B(t,T),$$

e, per un generico titolo $S(t)$ già quotato sul mercato, si deve avere

$$\frac{S(t)}{B(t,T)} = \mathbb{E}_t^{\mathbb{F}}[S(T)].$$

Ora, dato che deve necessariamente valere $B(T,T) = 1$, allora la precedente relazione si può scrivere come

$$\frac{S(t)}{B(t,T)} = \mathbb{E}_t^{\mathbb{F}}\left[\frac{S(T)}{B(T,T)}\right].$$

Abbiamo così trovato una proprietà di cui deve godere la nuova probabilità $\mathbb{F}$: sotto questa nuova probabilità, il prezzo di ogni titolo rapportato al prezzo di uno zero-coupon, deve seguire una martingala.

Ricordando la nota formula

$$\frac{S(t)}{G(t)} = \mathbb{E}_t^{\mathbb{Q}}\left[\frac{S(T)}{G(T)}\right],$$

osserviamo che, cambiando probabilità, abbiamo anche cambiato il titolo rispetto al quale si devono rapportare tutti gli altri titoli sul mercato. Questo titolo di riferimento, nel linguaggio dell'economia, viene chiamato «numerario». Ecco, dunque, che cambiare probabilità significa anche cambiare numerario.

16.2 Il cambiamento di numerario

Se per il titolo $S(t)$ e per il titolo $B(t,T)$ si considerano due generici processi stocastici:

$$\frac{dS(t)}{S(t)} = r(t)\,dt + \sigma_S(t)'\,dW(t)^\mathbb{Q},$$

$$\frac{dB(t,T)}{B(t,T)} = r(t)\,dt + \sigma_B(t)'\,dW(t)^\mathbb{Q},$$

un'applicazione del lemma di Itô al rapporto $S(t)/B(t,T)$ ci permette di ottenere

$$\frac{d\left(\frac{S(t)}{B(t,T)}\right)}{\frac{S(t)}{B(t,T)}} = -\left(\sigma_S(t)' - \sigma_B(t)'\right)\sigma_B(t)\,dt + \left(\sigma_S(t)' - \sigma_B(t)'\right)dW(t)^\mathbb{Q}.$$

Sappiamo che possiamo cambiare la probabilità e passare da $\mathbb{Q}$ ad $\mathbb{F}$ se esiste un vettore ξ_F tale che

$$dW(t)^\mathbb{Q} = \xi_F\,dt + dW(t)^\mathbb{F}.$$

Se ξ_F essite, allora il rapporto $S(t)/B(t,T)$, sotto la probabilità $\mathbb{F}$, si evolve come

$$\frac{d\left(\frac{S(t)}{B(t,T)}\right)}{\frac{S(t)}{B(t,T)}} = \left(\sigma_S(t)' - \sigma_B(t)'\right)\left(-\sigma_B(t) + \xi_F\right)dt$$

$$+ \left(\sigma_S(t)' - \sigma_B(t)'\right)dW(t)^\mathbb{F}.$$

Sotto la nuova probabilità sappiamo che $S(t)/B(t,T)$ deve essere una martingala. Inoltre sappiamo che un processo stocastico nella forma precedente è una martingala se e solo se il suo termine di diffusione è nullo. La probabilità F, dunque, esiste se esiste ξ_F tale che

$$\left(\sigma_S(t)' - \sigma_B(t)'\right)\left(-\sigma_B(t) + \xi_F\right) = 0.$$

Appare evidente che tale vettore esiste ed è dato da

$$\xi_F = \sigma_B(t).$$

Per passare dalla probabilità neutrale al rischio alla nuova probabilità $\mathbb{F}$, allora, si deve semplicemente conoscere la funzione di diffusione di uno zero-coupon:

$$dW(t)^\mathbb{Q} = \sigma_B(t)\,dt + dW(t)^\mathbb{F}.$$

Se lo zero coupon non segue un processo stocastico, cioè $\sigma_B(t) = 0$ e, dunque, il tasso di interesse è deterministico, allora le due probabilità $\mathbb{Q}$ ed $\mathbb{F}$ coincidono.

Nel caso di un'opzione *call*, infine, si può scrivere

$$O_{c,e}(t_0) = B(t_0, T) \mathbb{E}_{t_0}^{\mathbb{F}} \left[\max(S(T) - K, 0) \right],$$

dove, adesso, il sottostante $S(t)$ si evolve secondo la seguente equazione differenziale stocastica:

$$\frac{dS(t)}{S(t)} = r(t) dt + \sigma_S(t)' dW(t)^{\mathbb{Q}}$$
$$= \left(r(t) + \sigma_S(t)' \sigma_B(t) \right) dt + \sigma_S(t)' dW(t)^{\mathbb{F}}.$$

Possiamo, così, concludere che il caso di Black e Scholes con il tasso di interesse stocastico può essere gestito in modo abbastanza semplice simulando al prezzo del sottostante opportunamente corretto per il termine $\sigma_B(t)$. Nei paragrafi seguenti mostro come effettuare le simulazioni del percorso di $S(t)$ nel caso più semplice in cui $\sigma_B(t) = 0$.

16.3 Simulazione di traiettorie (Black e Scholes)

Al fine di poter confrontare la soluzione esatta di Black e Scholes con la soluzione ottenuta tramite simulazioni adottiamo tutte le ipotesi alla base del modello di Black e Scholes. Per effettuare le simulazioni, dunque, abbiamo bisogno dei seguenti dati:

1. $S(t_0)$: il prezzo iniziale del titolo sottostante;
2. K: il prezzo di esercizio;
3. r: il tasso privo di rischio;
4. T: la scadenza dell'opzione;
5. σ: la volatilità del rendimento del titolo S.

N.B. 16.1. La deriva del prezzo del titolo rischioso (μ) non è rilevante in questo caso poiché sotto la probabilità $\mathbb{Q}$ tutti i titoli hanno rendimento atteso pari a r.

I passi per calcolare C sono i seguenti:

1. simulare una traiettoria di $S(t)$ per T periodi;
2. prendere l'ultimo valore $S(T)$ e calcolare

$$O_{c,e} = \max(S(T) - K, 0) e^{-rT};$$

3. ripetere i primi due punti un certo numero di volte (sufficientemente elevato) ottenendo tanti valori possibili di $O_{c,e}$;
4. fare la media di tutti i valori di $O_{c,e}$ precedentemente ottenuti.

Se vogliamo creare una funzione che faccia questi conti, allora, ci conviene recuperare la funzione `euler` che avevamo già creato a suo tempo.

Scrivo di seguito il testo della funzione `symoption` (*symulation - option*).

16.3 Simulazione di traiettorie (Black e Scholes)

```
function [Oce]=symoption(S0,K,r,T,sigma,dt,N);
    for j=1:N
        S=euler(r,sigma,dt,T,S0);
        payoff(j)=max(S($)-K,0)*exp(-r*T);
    end;
    plot(payoff,'*');
    Oce=mean(payoff);
endfunction
```

Vediamo un commento sui principali passaggi della funzione:

1. la funzione restituisce il valore Oce (calcolato come il valore medio di tutte le simulazioni effettuate per l'opzione *call*);
2. i dati richiesti dalla funzione sono: il prezzo iniziale dell'azione $S0$; il prezzo di esercizio dell'opzione K; il tasso di interesse privo di rischio r; il periodo per il quale va simulato il processo dell'azione, ovvero la scadenza dell'opzione T; la volatilità dell'azione sottostante σ; l'intervallo di tempo dt e il numero N di simulazioni che si vogliono effettuare (ovviamente tanto maggiore è il numero di simulazioni e tanto maggiore è l'accuratezza del risultato finale – come già sottolineato nei capitoli precedenti);
3. per N volte (con j che varia da 1 a N) si fa eseguire il comando `euler` in modo da creare N simulazioni del prezzo del titolo S;
4. all'opzione si dà il valore pari al massimo tra zero e $S(T) - K$, scontato al tasso r mediante il fattore di sconto e^{-rT};
5. finito il ciclo `for` si chiede al programma di rappresentare su un grafico tutti i valori dei *payoffs* così ottenuti;
6. si calcola, infine, la media (valore atteso) dei valori dei *payoffs* per ottenere il valore Oce.

Vediamo il risultato di questo nuovo programma ricordandoci che quando una funzione richiama un'altra funzione (come nel nostro caso) occorre caricare nella memoria di Scilab entrambe le funzioni.

I dati che utilizzerò nella simulazione sono i seguenti:

$$r = 0.05, \quad \sigma = 0.2, \quad dt = \frac{1}{250},$$
$$S = 100, \quad K = 100, \quad N = 10000.$$

Effettuare 10000 simulazioni può richiedere un po' di tempo al calcolatore, siate pazienti!

```
-->Oce=symoption(100,100,0.05,1,0.2,1/250,10000)
 Oce =
    10.56155
-->
```

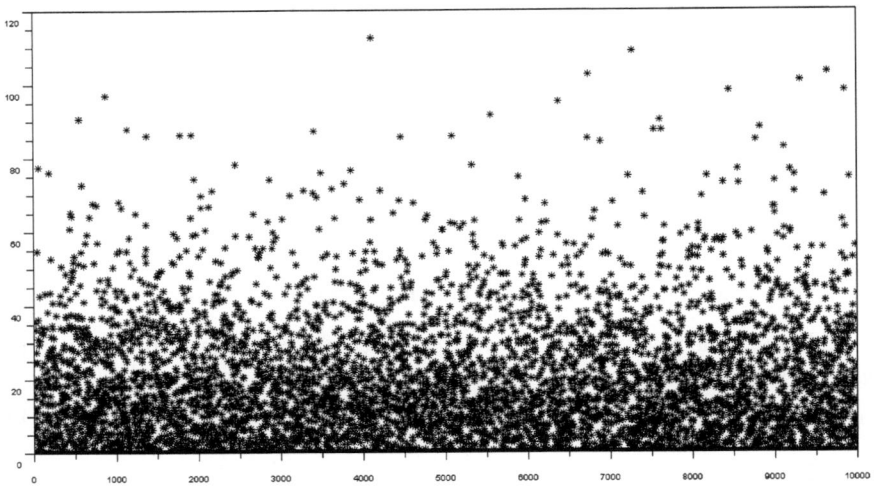

Figura 16.1. Simulazione dei valori di un'opzione *call*

Il risultato grafico della funzione è riportato nella Fig. 16.1 dove si nota che, ovviamente, non si hanno valori negativi (per la presenza dell'operatore max).

Sul mercato l'opzione dovrebbe avere un prezzo pari a 10.56 circa (a chi legge potrebbe essere venuto un valore diverso).

Verifichiamo, così, che il prezzo calcolato con 10000 simulazioni, pari a 10.56, non è distante dal prezzo calcolato con il valore esatto dell'Equazione (15.1) nel capitolo precedente (con gli stessi parametri) e pari a 10.45.

Dalla Figura 16.1, tuttavia, notiamo che le singole simulazioni hanno dato valori di $O_{c,e}$ anche molto distanti tra loro. La varianza delle simulazioni, così, appare decisamente elevata. Essendo, dunque, i singoli valori di $O_{c,e}$ molto dispersi rispetto alla media, affinché tale media sia una buona approssimazione del valore esatto, occorre effettuare moltissime simulazioni e questo può richiedere molto tempo. Nel paragrafo che segue vediamo come ridurre la volatilità delle simulazioni lasciandone inalterata la media che, in questo caso, è l'unica misura che ci interessa.

16.4 Economicità delle simulazioni (tecniche di riduzione della varianza)

Ai fini della riduzione della varianza delle simulazioni esistono tre tecniche.

1. **Variabili di controllo** (*control variates*): questa tecnica si basa sull'ipotesi di avere a disposizione una variabile aleatoria di cui si conosca il

16.4 Economicità delle simulazioni (tecniche di riduzione della varianza)

valore atteso. Si voglia, per esempio, stimare il valore atteso della variabile aleatoria X avendo a disposizione una variabile aleatoria Z di cui si conosce il valore atteso $\mathbb{E}[Z]$. Si può creare una variabile aleatoria fittizia data da

$$Y = X + c(Z - \mathbb{E}[Z]),$$

dove c è una costante non ancora precisata. Il valore atteso di questa nuova variabile è pari a quello da stimare:

$$\mathbb{E}[Y] = \mathbb{E}[X + c(Z - \mathbb{E}[Z])] = \mathbb{E}[X] + c\mathbb{E}[(Z - \mathbb{E}[Z])] = \mathbb{E}[X],$$

e la sua varianza è

$$\mathbb{V}[Y] = \mathbb{V}[X] + c^2 \mathbb{V}[Z] + 2c\mathbb{C}[X, Z].$$

Ora si può minimizzare la varianza di Y scegliendo opportunamente il valore di c (si noti che $\mathbb{V}[Y]$ è una funzione convessa rispetto a c). Il valore di c che rende minima $\mathbb{V}[Y]$ è

$$c^* = -\frac{\mathbb{C}[X, Z]}{\mathbb{V}[Z]}.$$

Poiché, in genere, $\mathbb{V}[Z]$ e $\mathbb{C}[X, Z]$ non sono conosciute occorre stimarle sui dati. Ottenuto questo valore di c^*, la varianza di Y è pari a

$$\mathbb{V}[Y] = \mathbb{V}[X] - \frac{\mathbb{C}[X, Z]^2}{\mathbb{V}[Z]},$$

da cui osserviamo che la riduzione della varianza campionaria è tanto maggiore quanto maggiormente correlate sono le variabili X e Z. L'unico problema di questo approccio è quello di trovare una «buona» variabile di controllo (Z) la quale, ovviamente, deve essere diversa a seconda del processo da simulare. L'implementazione di tale approccio, dunque, risulta un poco problematica.

2. **Variabili antitetiche** (*antithetic variates*): anche in questo caso si suppone di voler stimare il valore atteso di una variabile X in modo da ridurne la varianza. A tal fine si generano due simulazioni della variabile X che possiamo chiamare X_1 e X_2 dette, appunto, variabili antitetiche e che hanno la stessa distribuzione (questo significa che hanno la stessa media e la stessa varianza: $\mathbb{E}[X_1] = \mathbb{E}[X_2] = \mathbb{E}[X]$ e $\mathbb{V}[X_1] = \mathbb{V}[X_2] = \mathbb{V}[X]$). A questo punto creiamo la variabile fittizia Y data da

$$Y = \frac{X_1 + X_2}{2},$$

la cui media è uguale a quella della variabile X:

$$\mathbb{E}[Y] = \mathbb{E}\left[\frac{X_1 + X_2}{2}\right] = \frac{\mathbb{E}[X_1] + \mathbb{E}[X_2]}{2} = \frac{\mathbb{E}[X] + \mathbb{E}[X]}{2} = \mathbb{E}[X],$$

ma la cui varianza è data da

$$\mathbb{V}[Y] = \mathbb{V}\left[\frac{X_1 + X_2}{2}\right] = \frac{\mathbb{V}[X_1] + \mathbb{V}[X_2] + 2\mathbb{C}[X_1, X_2]}{4}$$
$$= \frac{\mathbb{V}[X]}{2} + \frac{\mathbb{C}[X_1, X_2]}{2}.$$

Riusciamo, così, nel nostro intento di ridurre la varianza quanto più riusciamo a generare due simulazioni X_1 e X_2 che, pur avendo la stessa distribuzione, sono negativamente correlate. Nei casi finanziari si assume spesso che la variabile X si possa esprimere come funzione di una variabile casuale normale standard: $X(\varepsilon)$, $\varepsilon \sim N(0,1)$. Data tale variabile ε, il suo opposto $-\varepsilon$ ha la stessa distribuzione, valendo, infatti, $-\varepsilon \sim N(0,1)$. Inoltre, ε e $-\varepsilon$ sono negativamente (e perfettamente) correlate. Possiamo, così, generare le due estrazioni X_1 e X_2 usando ε e $-\varepsilon$, in modo da avere $X_1 = X(\varepsilon)$ e $X_2 = X(-\varepsilon)$. Queste due variabili aleatorie X_1 e X_2, ovviamente, saranno negativamente correlate e la varianza di Y ne risulterà molto ridotta rispetto alla varianza di X. Questo è il metodo che presento nel paragrafo seguente per la sua particolare semplicità di applicazione. Esso consente, inoltre, di ridurre della metà il numero di simulazioni necessarie (invece di generare 10000 valori per la variabile casuale normale ε, si generano 5000 valori e, gli altri 5000, si pongono pari all'opposto di quelli generati).

3. **Monte Carlo condizionato** (*conditional Monte Carlo*): al fine di simulare la variabile aleatoria X, supponiamo di dover prima simulare la variabile aleatoria Y. Il caso non è peregrino poiché si può trattare del *payoff* di un derivato che dipende dal prezzo del sottostante. In questo caso, dunque, il valore atteso di X si deve scrivere, più coerentemente, come

$$\mathbb{E}[X] = \mathbb{E}[\mathbb{E}[X|Y]],$$

ovvero, il valore atteso del valore atteso di X condizionato alle manifestazioni del fenomeno Y. La varianza di X, in questo caso, è data da[1]

$$\mathbb{V}[X] = \mathbb{E}[\mathbb{V}[X|Y]] + \mathbb{V}[\mathbb{E}[X|Y]].$$

Poiché la varianza è un valore che non è mai negativo, si può concludere che vale

$$\mathbb{V}[\mathbb{E}[X|Y]] = \mathbb{V}[X] - \mathbb{E}[\mathbb{V}[X|Y]],$$
$$\mathbb{V}[\mathbb{E}[X|Y]] < \mathbb{V}[X],$$

ovvero che la varianza del valore atteso condizionato è più piccola della varianza di X. In questo caso, dunque, si può ridurre la varianza delle simulazioni calcolando esattamente $\mathbb{E}[X|Y]$ (che è, ovviamente, una variabile aleatoria) e calcolandone poi la media. Notiamo che, ovviamente,

---

[1] Quella che segue è la cosiddetta formula della **varianza condizionale**.

questo metodo è efficace solo nel caso in cui X e Y siano tra loro dipendenti e richiede, inoltre, un numero piuttosto elevato di simulazioni poiché dobbiamo calcolare, per ben due volte, un valore atteso.

16.5 Il metodo delle variabili antitetiche

Vediamo come sviluppare una funzione che simuli il valore di un'opzione *call* attraverso il metodo delle variabili antitetiche (e con gli stessi parametri già visti nei paragrafi precedenti). Chiamo la nuova funzione symoptionva (*symulation - option - variabili antitetiche*). Gli *input* e l'*output* di questa nuova funzione sono gli stessi della funzione symoption già creata nei paragrafi precedenti. Ciò che cambia, all'interno della funzione, è che non si effettua più lo stesso numero N di simulazioni che si effettuavano in precedenza. Questa volta, invece, si fanno $\frac{N}{2}$ simulazioni e, contemporaneamente, si creano due valori del prezzo del titolo $S(t)$: uno nel quale si usa la variabile aleatoria $\sqrt{dt}\varepsilon$ e l'altro nel quale si usa la variabile aleatoria $\sqrt{dt}(-\varepsilon)$.

Alla fine di ogni ciclo in cui si generano i due prezzi «antitetici» del titolo $S(t)$, chiamati S_1 e S_2, si prenderà il valore dell'opzione *call* come media semplice dei due *payoffs* calcolati su S_1 e S_2. Vediamo di seguito il listato del programma.

```
function [Oce]=symoptionva(S0,K,r,T,sigma,dt,N);
    for j=1:N
        dW=rand(T/dt,1,'normal')*sqrt(dt);
        S1(1)=S0;
        S2(1)=S0;
        for i=2:T/dt
            S1(i)=S1(i-1)+S1(i-1)*r*dt+S1(i-1)*sigma*dW(i);
            S2(i)=S2(i-1)+S2(i-1)*r*dt-S2(i-1)*sigma*dW(i);
        end;
        payoff(j)=(max(S1($)-K,0)*exp(-r*T)...
            +max(S2($)-K,0)*exp(-r*T))/2;
    end;
    plot(payoff,'*');
    Oce=mean(payoff);
endfunction
```

Facendo eseguire N volte lo stesso ciclo alla funzione si generano, questa volta, $2N$ traiettorie. Ad ogni ciclo, infatti, si creano due simulazioni di S. Se si vogliono avere 10000 simulazioni, dunque, occorre, questa volta, mettere $N = 5000$.

Salvando la funzione in memoria e richiamandola si ottiene il seguente risultato.

```
-->Oce=symoptionva(100,100,0.05,1,0.2,1/250,5000)
   Oce =
        10.464094
-->
```

Il valore dell'opzione con «solo» 5000 simulazioni, così, grazie alle variabili antitetiche, è persino migliore rispetto a quello che avevamo calcolato nel precedente paragrafo senza le variabili antitetiche e facendo 10000 simulazioni.

Ovviamente, anche in questo caso, facendo eseguire a Scilab più volte la funzione `symoptionva` si otterranno valori diversi, ma meno volatili del caso precedente.

Dalla Figura 16.2 notiamo, confrontandola con la Figura 16.1, che la volatilità dei risultati delle simulazione si è, effettivamente, ridotta di molto. In particolare osserviamo che:

1. il campo di variazione delle simulazioni si è molto ridotto; esso andava da 0 fino a 120 nella Figura 16.1 mentre, nella Figura 16.2, va da valori positivi (prossimi a 5) fino a poco meno di 80;
2. tutte le simulazioni sono più schiacciate sulla media e nessuna raggiunge un valore nullo; nella Figura 16.1, invece, erano presenti anche simulazioni che conducevano a un valore nullo dell'opzione.

N.B. 16.2. Il metodo delle variabili antitetiche crea un nuovo processo (nel paragrafo precedente $Y = \frac{X_1+X_2}{2}$) che ha la stessa media del processo che si vuole studiare, ma con una varianza ridotta. È fondamentale sottolineare,

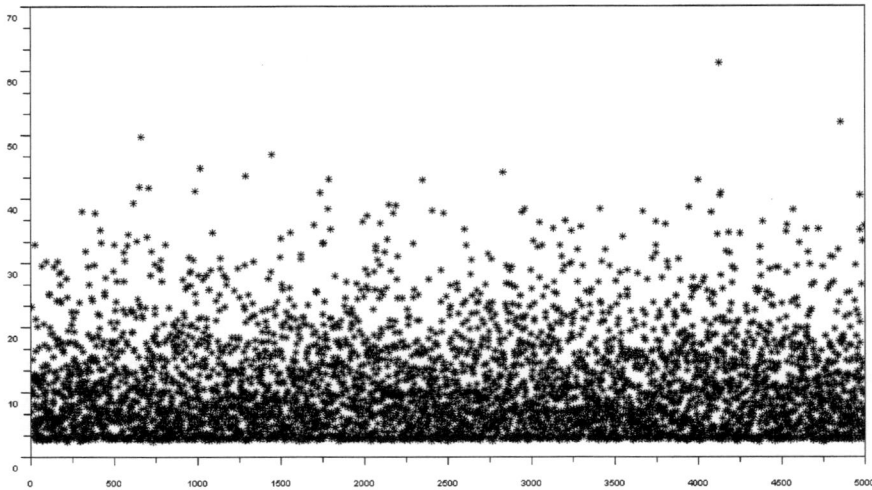

Figura 16.2. Simulazione dei valori di un'opzione *call* attraverso il metodo delle variabili antitetiche

tuttavia, che il nuovo processo (Y) può essere usato solo e soltanto per il calcolo del valore atteso del processo originario (X). Se, invece, si vogliono effettuare delle simulazioni del processo originario e delle previsioni per il futuro, allora occorre basarsi esclusivamente sul processo originario stesso.

17
Le greche

17.1 Introduzione

Il valore di ogni titolo derivato $F(t)$, in un certo istante di tempo t, dipende:

1. dal prezzo del titolo sottostante (che, in ogni istante t, possiamo chiamare $S(t)$);
2. dal tempo che manca rispetto alla scadenza del titolo stesso (se chiamiamo T la scadenza, il tempo a scadenza è pari a $T-t$);
3. dal tasso di interesse (r);
4. dalla volatilità del rendimento del sottostante (che abbiamo chiamato σ).

Appare evidente, dunque, che si voglia calcolare come il valore del titolo derivato si modifichi al variare di queste grandezze appena elencate. In termini più matematici, dunque, vogliamo calcolare le derivate del titolo derivato rispetto a queste varaibili. In finanza tali derivate sono talmente importanti da essersi guadagnate un loro nome proprio:

1. **Delta** e **Gamma**: sono la derivata prima e seconda, rispettivamente, di F rispetto al valore del titolo sottostante:

$$\Delta \equiv \frac{\partial F(t)}{\partial S(t)}, \qquad \Gamma \equiv \frac{\partial^2 F(t)}{\partial S(t)^2},$$

2. **Teta**: è la derivata del prezzo del titolo $F(t)$ rispetto al tempo a scadenza:

$$\Theta \equiv \frac{\partial F(t)}{\partial (T-t)},$$

la quale, evidentemente, è pari a

$$\Theta \equiv -\frac{\partial F(t)}{\partial t},$$

Menoncin F.: Misurare e gestire il rischio finanziario.
© Springer-Verlag Italia, Milano 2009

Tabella 17.1. Valori delle greche per le opzini *put* e *call* di Black e Scholes

Call	Put
Delta $\Delta \equiv \frac{\partial}{\partial S(t)}$	
$\mathcal{N}(d_1)$	$-\mathcal{N}(-d_1)$
Gamma $\Gamma \equiv \frac{\partial^2}{\partial S(t)^2}$	
$\frac{1}{S(t)\sigma\sqrt{T-t}}\mathcal{N}'(d_1)$	$\frac{1}{S(t)\sigma\sqrt{T-t}}\mathcal{N}'(d_1)$
Teta $\Theta \equiv \frac{\partial}{\partial(T-t)}$	
$Ke^{-r(T-t)}\left(r\mathcal{N}(d_2) + \frac{\sigma \mathcal{N}'(d_2)}{2\sqrt{T-t}}\right)$	$Ke^{-r(T-t)}\left(-r\mathcal{N}(-d_2) + \frac{\sigma \mathcal{N}'(d_2)}{2\sqrt{T-t}}\right)$
Ro $\rho \equiv \frac{\partial}{\partial r}$	
$(T-t)Ke^{-r(T-t)}\mathcal{N}(d_2)$	$-(T-t)Ke^{-r(T-t)}\mathcal{N}(-d_2)$
Vega $\mathcal{V} \equiv \frac{\partial}{\partial \sigma}$	
$Ke^{-r(T-t)}\sqrt{T-t}\mathcal{N}'(d_2)$	$Ke^{-r(T-t)}\sqrt{T-t}\mathcal{N}'(d_2)$

3. **Ro**: è la derivata del prezzo del titolo $F(t)$ rispetto al tasso di interesse:
$$\rho \equiv \frac{\partial F(t)}{\partial r},$$

4. **Vega**: è il nome (di fantasia) dato alla derivata del prezzo del titolo $F(t)$ rispetto alla volatilità del rendimento del titolo sottostante:
$$\mathcal{V} \equiv \frac{\partial F(t)}{\partial \sigma}.$$

Poiché tutte queste derivate (a parte la Vega) hanno un nome corrispondente a una lettera greca, esse vengono comunemente chiamate «greche».

Nella Tabella 17.1 riporto i valori delle greche per la formula di Black e Scholes (sia nel caso di una *call* sia nel caso di una *put*).

Quando, tuttavia, le ipotesi di Black e Scholes non sono verificate e noi desideriamo calcolare le derivate di un titolo derivato rispetto a determinati parametri, possiamo procedere con opportune simulazioni numeriche così come si è fatto per il calcolo del valore di un'opzione nei capitoli precedenti.

17.2 Approssimare le derivate

Quando non si ha una forma funzionale da derivare, dobbiamo ricorrere alla definizione stessa di derivata. Avendo un titolo F il cui valore dipende da un parametro θ, la derivata del prezzo del titolo rispetto al parametro si calcola come
$$\lim_{h \to 0} \frac{F(\theta + h) - F(\theta)}{h}.$$

Negli approcci numerici, ovviamente, h non può essere zero e il fatto che debba assumere un valore non nullo (anche se molto piccolo) determina degli errori nell'approssimazione della derivata. Si può dimostrare con lo sviluppo in serie di Taylor (per maggiori dettagli si veda Glasserman, 2003) che tali errori sono più piccoli se si adotta un'altra approssimazione delle derivata rispetto a quella appena esposta:

$$\lim_{h \to 0} \frac{F(\theta + h) - F(\theta - h)}{2h}.$$

Tale approssimazione, in effetti, dà, per h che tende a zero, esattamente il valore della derivata:

$$\lim_{h \to 0} \frac{F(\theta + h) - F(\theta) + F(\theta) - F(\theta - h)}{2h}$$
$$= \lim_{h \to 0} \left(\frac{1}{2} \frac{F(\theta + h) - F(\theta)}{h} + \frac{1}{2} \frac{F(\theta) - F(\theta - h)}{h} \right).$$

L'unico inconveniente di questa seconda formulazione è che, oltre alla simulazione necessaria per calcolare il prezzo del derivato $F(\theta)$, necessita di due simulazioni aggiuntive per calcolare sia $F(\theta + h)$ sia $F(\theta - h)$. Il guadagno in termini di precisione, tuttavia, può valere il costo di un tempo maggiore per l'esecuzione del programma.

Quando si vuole approssimare la derivata seconda, invece, si utilizza la seguente formulazione

$$\lim_{h \to 0} \frac{F(\theta + 2h) - 2F(\theta) + F(\theta - 2h)}{(2h)^2},$$

che viene da un'ulteriore applicazione dell'approssimazione vista poco sopra della derivata prima. Il calcolo della derivata seconda ci serve per ottenere i valori della greca Gamma.

Nonostante i rapporti incrementali, a livello teorico, siano molto più vicini al valore della derivata quanto più h è vicino a zero, un valore di h molto piccolo ha una controindicazione: la varianza delle simulazioni aumenta. Si dovrebbe, così, aumentare il numero di simulazioni per ottenere una buona approssimazione del valore atteso. Il calcolo del valore ottimo di h trascende le finalità di questo volume, mentre maggiori dettagli sull'argomento possono essere trovati in Glasserman (2003).

17.3 Valutazione per simulazione delle greche

In questo paragrafo mostro il calcolo delle greche per l'opzione *call* di Balck e Scholes in modo che i valori ottenuti per simulazione si possano confrontare con i valori esatti della Tabella 17.1.

Possiamo, ovviamente, scrivere cinque programmi diversi per il calcolo delle cinque greche. Tuttavia, dato che la tecnica è del tutto identica, mi sembra più efficiente scrivere una funzione unica che calcoli contemporaneamente tutte le greche.

17 Le greche

Ai nostri fini dobbiamo creare una funzione simile a `symoption`, con gli stessi *input*, nella quale, però, si facciano un numero maggiore di simulazioni in modo da poter calcolare le greche (con le approssimazioni delle derivate viste nel paragrafo precedente).

All'interno della funzione, che chiameremo `greche`, dovremo inserire una funzione che permetta di effettuare le simulazioni. Anziché utilizzare la funzione `euler`, useremo il metodo delle variabili antitetiche in modo da ridurre la volatilità delle simulazioni.

La seconda parte del programma sarà organizzata in modo da calcolare ognuna delle cinque greche e, poi, mostrare i risultati delle simulazioni.

```
function [G]=greche(S0,K,r,T,sigma,dt,N);
    function [Oce]=sym(S0,K,r,T,sigma);
        for j=1:N
            eps=rand(T/dt,1,'normal');
            S1(1)=S0;
            S2(1)=S0;
            for i=2:T/dt
                S1(i)=S1(i-1)+S1(i-1)*r*dt...
                    +S1(i-1)*sigma*sqrt(dt)*eps(i);
                S2(i)=S2(i-1)+S2(i-1)*r*dt...
                    -S2(i-1)*sigma*sqrt(dt)*eps(i);
            end;
            Oce(j)=(max(S1($)-K,0)*exp(-r*T)...
                +max(S2($)-K,0)*exp(-r*T))/2;
        end;
    endfunction
    d1=-((log(K/S0)-(r+1/2*sigma^2)*T)/(sigma*sqrt(T)));
    d2=-((log(K/S0)-(r-1/2*sigma^2)*T)/(sigma*sqrt(T)));
    BS=S0*cdfnor('PQ',d1,0,1)-K*exp(-r*T)*cdfnor('PQ',d2,0,1);
    Oce=mean(sym(S0,K,r,T,sigma));
    // calcolo di Delta
    h=1;
    Delta=(sym(S0+h,K,r,T,sigma)-sym(S0-h,K,r,T,sigma))/(2*h);
    G(1)=mean(Delta);
    DeltaBS=cdfnor('PQ',d1,0,1);
    // calcolo di Gamma
    h=1;
    Gamma=(sym(S0+2*h,K,r,T,sigma)-2*sym(S0,K,r,T,sigma)...
        +sym(S0-2*h,K,r,T,sigma))/(2*h)^2;
    G(2)=mean(Gamma);
    GammaBS=exp(-d1^2/2)/(S0*sigma*sqrt(T*2*%pi));
    // calcolo di Teta
    h=0.1;
    Teta=(sym(S0,K,r,T+h,sigma)-sym(S0,K,r,T-h,sigma))/(2*h);
```

17.3 Valutazione per simulazione delle greche

```
        G(3)=mean(Teta);
        TetaBS=K*exp(-r*T)*(r*cdfnor('PQ',d2,0,1)...
            +sigma*exp(-d2^2/2)/(2*sqrt(T)*sqrt(2*%pi)));
        // calcolo Ro
        h=0.1;
        Ro=(sym(S0,K,r+h,T,sigma)-sym(S0,K,r-h,T,sigma))/(2*h);
        G(4)=mean(Ro);
        RoBS=T*K*exp(-r*T)*cdfnor('PQ',d2,0,1);
        // calcolo Vega
        h=0.1;
        Vega=(sym(S0,K,r,T,sigma+h)-sym(S0,K,r,T,sigma-h))/(2*h);
        G(5)=mean(Vega);
        VegaBS=K*exp(-r*T)*sqrt(T)*exp(-d2^2/2)/sqrt(2*%pi);
        // visualizza i risultati
        disp(['Variabile' 'Simulate' 'Esatte';...
            'Valore opzione' string(mean(Oce)) string(BS);...
            'Delta' string(G(1)) string(DeltaBS);...
            'Gamma' string(G(2)) string(GammaBS);...
            'Teta' string(G(3)) string(TetaBS);...
            'Ro' string(G(4)) string(RoBS);...
            'Vega' string(G(5)) string(VegaBS)]);
endfunction
```

La funzione sym, definita all'interno della funzione greche, viene utilizzata più volte quando è necessario stimare le derivate. Ogni greca è calcolata mediante l'approssimazione vista nel paragrafo precedente e, subito dopo, si calcola il valore esatto dalla formula di Black e Scholes.

Per ogni greca è necessario indicare un diverso valore di h poiché esso deve essere commisurato al valore della variabile rispetto alla quale si vuole stimare la derivata. Per il prezzo del sottostante utilizziamo valori di h più elevati (che permettono una minore varianza delle simulazioni) mentre per le altre variabili utilizziamo valori di h più piccoli per avere minori errori di stima.

Alla fine, con il comando disp, si visualizza una matrice di stringhe che contiene i valori simulati e quelli esatti dell'opzione e delle greche.

Un'avvertenza: richiedendo un numero elevato di simulazioni (N), Scilab avrà bisogno di un tempo piuttosto lungo per svolgere le operazioni del listato, quindi aspettiamo con pazienza. Il risultato che ho ottenuto è il seguente.

```
-->greche(100,100,0.05,1,0.2,1/260,5000);
!    Variabile          Simulate     Esatte         !
!    Valore opzione     10.517672    10.450584      !
!    Delta              0.6185301    0.6368307      !
!    Gamma              0.0989882    0.0187620      !
!    Teta               5.8523665    6.4140275      !
!    Ro                 53.234784    53.232482      !
!    Vega               38.213615    37.524035      !
-->
```

Osserviamo che i valori simulati di Gamma, in termini percentuali, presentano un errore più elevato rispetto alle altre greche. Questo è dovuto al fatto che aumentando il grado della derivata da simulare, aumenta anche l'errore della simulazione. Manovrare sul valore di h può essere utile per migliorare i risultati (si veda Glasserman, 2003), tuttavia le tecniche più avanzate non sono in linea con l'obiettivo di questo volume.

18
Interpolazione della curva dei tassi di interesse

18.1 Introduzione

Nei modelli teorici i tassi di interesse a pronti (*spot*) si possono indicare nel modo seguente
$$r(t_0, t_i),$$
dove t_0 è la data odierna (o del momento in cui si effettua una valutazione) e t_i è una data successiva a t_0. Si tratta, dunque, del tasso che si applica alle operazioni finanziarie che, iniziate in t_0, hanno termine in t_i.

Dal sito www.euribor.org si possono scaricare le curve dei tassi Euribor a pronti per ogni giorno a partire dal 1998. Prendo, poiché mi sarà utile in un capitolo successivo, la curva a pronti dei tassi Euribor al giorno 29 giugno 2007 (i dati sono riportati nella Tabella 18.1)

Tabella 18.1. Curva dei tassi a pronti Euribor al 29/06/2007

Scadenza	Euribor $r(t_0, t_i)$
1 settimana	0.04084
2 settimane	0.04094
3 settimane	0.04103
1 mese	0.04115
2 mesi	0.04127
3 mesi	0.04175
4 mesi	0.04224
5 mesi	0.04263
6 mesi	0.04315
7 mesi	0.04361
8 mesi	0.04394
9 mesi	0.04432
10 mesi	0.04470
11 mesi	0.04500
12 mesi	0.04528

Menoncin F.: Misurare e gestire il rischio finanziario.
© Springer-Verlag Italia, Milano 2009

268   18 Interpolazione della curva dei tassi di interesse

Come facciamo se dobbiamo valutare un'operazione finanziaria che scade dopo sei mesi e due settimane, oppure dopo tredici mesi?

La teoria finanziaria dà diverse risposte a questa domanda. Quella che studiamo in questo capitolo è la seguente:

1. si assume che i tassi di interesse seguano una forma funzionale i cui parametri le consentano di essere sufficientemente «duttile»;
2. si stimano i parametri della precedente forma funzionale in modo da renderla il più aderente possibile ai dati in nostro possesso;
3. si ottengono i dati che non abbiamo utilizzando la forma funzionale stimata.

Nei paragrafi seguenti mostro come implementare questi passaggi su Scilab.

18.2 Il modello di Nelson-Siegel

Uno dei modelli più utilizzati per stimare la curva dei tassi a pronti è quello proposto da Nelson e Siegel (1987) e che ha la seguente forma:

$$\hat{r}(t_0, t_i; u) = u_1 + (u_2 + u_3)\frac{u_4}{t_i - t_0}\left(1 - e^{-\frac{t_i - t_0}{u_4}}\right) - u_3 e^{-\frac{t_i - t_0}{u_4}}, \quad (18.1)$$

dove $u = \{u_1, u_2, u_3, u_4\}$ è il vettore dei parametri da stimare. Si è posto un accento circonflesso sopra il tasso di interesse poiché quello che si ottiene dall'Equazione (18.1) è una stima del «vero» tasso di interesse $r(t_0, t_i)$.

I parametri del modello, a questo punto, possono essere stimati utilizzando, per esempio, il metodo dei minimi quadrati. Se, dunque, si hanno n osservazioni del tasso di interesse, si deve risolvere il seguente problema

$$\min_u \sum_{i=1}^n \left(\hat{r}(t_0, t_i; u) - r(t_0, t_i)\right)^2. \quad (18.2)$$

Vediamo come dare a Scilab i comandi opportuni affinché risolva questo problema di minimo.

18.3 Stima mediante ottimizzazione (la funzione `leastsq`)

Il problema (18.2) è di minimi quadrati non lineari e, in Scilab, esiste una funzione apposita per questo tipo di problemi: `leastsq` (dall'inglese *least squares*). La sintassi di questo comando è[1]

```
[fopt,uopt,gopt]=leastsq(f,u0)
```

---

[1] La sintassi del comando può anche essere più complessa. Tuttavia, ai nostri fini, questa sintassi di base sarà sufficiente. La guida di Scilab mostra abbastanza bene le opzioni che si possono aggiungere alla funzione.

18.3 Stima mediante ottimizzazione (la funzione `leastsq`)

dove:

1. `f` è la funzione il cui quadrato si vuole minimizzare; il problema risolto dalla funzione `leastsq`, dunque, può essere scritto come

$$\min_u \sum_{i=1}^{n} f_i(u)^2,$$

dove u è un vettore di variabili rispetto alle quali si ottimizza;
2. `u0` è il valore iniziale delle variabili rispetto alle quali si vuole ottimizzare;
3. `fopt` è il valore assunto dalla funzione obiettivo nel punto di ottimo (è la funzione valore);
4. `uopt` è il vettore che contiene i valori ottimi di u (è, quindi, la soluzione del problema di minimo);
5. `gopt` è il valore del gradiente (cioè il vettore delle derivate della funzione obiettivo rispetto alle variabili di controllo u) nel punto di ottimo; tanto più gli elementi di questo vettore sono prossimi allo zero tanto migliore è la soluzione trovata (nel punto di ottimo sappiamo, infatti, che le derivate prime rispetto a u devono annullarsi).

Possiamo, dunque, creare una funzione nella quale, una volta definito il tasso di interesse $\hat{r}$ (che chiameremo `rhat`) come funzione dei parametri da stimare (nel vettore u), si minimizzi il quadrato delle differenze $\hat{r} - r$. Per rendere il programma più efficiente, definiamo, al suo interno, due sottofunzioni: una nella quale si definisce il tasso $\hat{r}$ (come funzione dei parametri u e del tempo t) e l'altra nella quale si definisce la differenza $\hat{r} - r$ (come funzione solo dei parametri u). Subito dopo si utilizzerà la funzione `leastsq` sulla differenza prima definita.

A fini di controllo, poi, si chiederà al programma di mostrare i valori delle variabili `fopt` e `gopt`. Alla fine della funzione chiederemo a Scilab di mostrare, sullo stesso grafico, sia la curva dei tassi di interesse effettivi (r) sia la curva stimata ($\hat{r}$) in modo da avere anche una verifica visiva della bontà dell'interpolazione.

Gli *input* della funzione dovranno essere:

1. il vettore dei tempi che esprimeremo in termini annuali; nel caso della Tabella 18.1, dunque, gli elementi del vettore dei tempi saranno $\{\frac{1}{52}, \frac{2}{52}, \frac{3}{52}, \frac{1}{12}, \frac{2}{12}, ..., \frac{11}{12}, 1\}$;
2. il vettore dei tassi di interesse, così come compaiono nella seconda colonna della Tabella 18.1;
3. il vettore dei valori iniziali delle variabili di controllo (`u0`).

Vediamo come scrivere questa funzione che chiamo `ns` (dalle iniziali degli autori Nelson-Siegel).

18 Interpolazione della curva dei tassi di interesse

```
function [uopt]=ns(t,r,u0);
    function rh=rhat(u,t);
        rh=u(1)+(u(2)+u(3))*u(4)*(1-exp(-t/u(4)))./t...
        -u(3)*exp(-t/u(4));
    endfunction
    function D=Diff(u);
        D=rhat(u,t)-r;
    endfunction
    [f,uopt, gopt]=leastsq(Diff,u0);
    disp('Valori del gradiente');
    disp(gopt);
    disp('Funzione obiettivo');
    disp(f);
    plot(t,r);
    plot(t,rhat(uopt,t),'red');
    legend(['Valori storici','Valori stimati'],5);
endfunction
```

Osserviamo la funzione passo per passo.

1. Si definisce `rhat` come funzione del vettore di parametri u e del vettore dei tempi t.
2. Si definisce `Diff` come funzione solo dei parametri u e pari alla differenza tra il tasso $\hat{r}$ e il tasso effettivo sul mercato r.
3. Si applica la funzione `leastsq` alla differenza `Diff` partendo dai valori di u che sono nel vettore `u0` (inserito tra gli *input*). Nelle variabili `f` e `gopt` si inseriscono, rispettivamente, il valore ottimo della funzione obiettivo e i valori del gradiente nel punto di ottimo.
4. Attraverso il comando `disp` si ordina a Scilab di mostrare i valori delle variabili `f` e `gopt` con una descrizione dei valori che si visualizzano.
5. Alla fine si creano due grafici. Uno che mostra la curva effettiva dei tassi di interesse mettendo sull'asse delle ascisse i valori del vettore t e sulle ordinate i valori del vettore r. L'altro grafico (che sarà rosso) mostra la curva stimata ponendo, sulle ascisse, lo stesso vettore dei tempi (t) e, sull'asse delle ordinate, il vettore dei tassi stimati ottenuti inserendo nella funzione `rhat` i valori ottimi dei parametri.
6. Come ultimo comando ho inserito la legenda del grafico con un'opzione molto particolare. Il comando, in genere, ha la seguente sintassi:

    ```
    legend(['stringa1','stringa2',...,'stringaN'],x)
    ```

    dove `x` può assumere i valori interi tra -6 e 5 secondo il seguente schema

18.3 Stima mediante ottimizzazione (la funzione `leastsq`)

(con $x = 5$ Scilab inserisce la legenda dove scegliamo noi con un click del mouse):

	-5			
-2	2		1	-1
		Figura		
-3	3		4	-4
	-6			

Dapprima inseriamo in Scilab i vettori t e r.

```
-->t=[1/52 2/52 3/52 1/12 2/12 3/12 4/12 5/12 6/12 7/12 8/12
9/12 10/12 11/12 1]';
-->r=[0.04084
-->0.04094
-->0.04103
-->0.04115
-->0.04127
-->0.04175
-->0.04224
-->0.04263
-->0.04315
-->0.04361
-->0.04394
-->0.04432
-->0.04470
-->0.04500
-->0.04528];
-->
```

Richiamiamo, poi, la funzione `ns` (precedentemente salvata) e la applichiamo ai vettori t e r e a un vettore u0 che possiamo porre, per iniziare, pari a un vettore che contiene solo 1. Poiché i parametri da stimare sono quattro, possiamo utilizzare un vettore creato dal comando `ones(4,1)`. Vediamo di seguito il risultato sulle righe di comando e, nella Figura 18.1, i due grafici (poiché qui non usiamo il colore, le stime sono state disegnate tratteggiate).

```
-->u=ns(t,r,ones(4,1))
 Valori del gradiente
1.0D-12 *
    0.0281442
    0.1171991
    0.0963124
    0.2090029
 Funzione obiettivo
    3.396D-08
 u =
```

```
    0.0495119
  - 0.0086147
  - 0.0083858
    0.2662334
-->
```

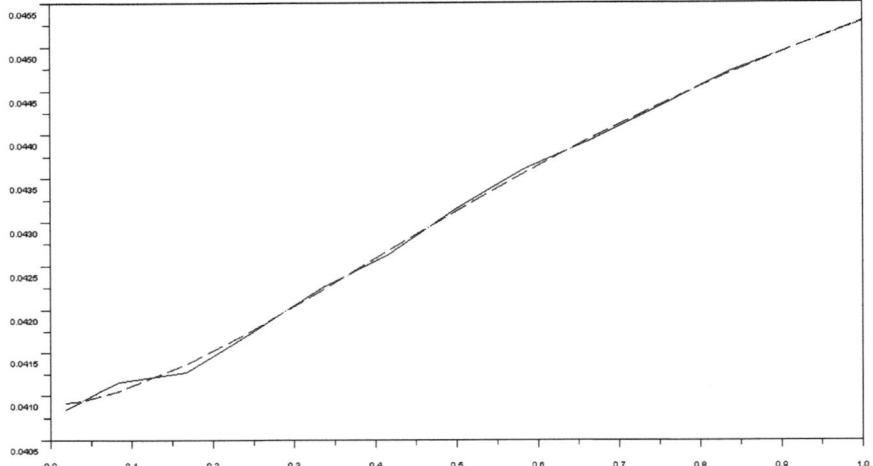

Figura 18.1. Curva dei tassi Euribor a pronti (in tondo) e sua stima (tratteggiata) mediante minimi quadrati sul modello di Nelson-Siegel

Sia dai dati sia dal grafico notiamo che la stima è abbastanza buona (con qualche errore più marcato nel brevissimo periodo). Dai valori del vettore **gopt**, poi, notiamo che le derivate prime sono molto vicine a zero (quindi la soluzione è buona). Il lettore può provare a scegliere diversi valori iniziali per verificare che l'algoritmo converge sempre agli stessi valori ottimi.

18.4 Completamento e previsione dei tassi

Vediamo ora come integrare la funzione precedente in modo da poterla utilizzare per completare la curva dei tassi con quelli mancanti e ottenere, anche, i tassi per scadenze superiori a quelle disponibili.

Per esempio, se avessi bisogno dei tassi di interesse Euribor per tre anni, potrei utilizzare il modello di Nelson-Siegel per ricavare i tassi di interesse dei due anni che non ho a disposizione nella Tabella 18.1.

Nella funzione **ns**, definita nel paragrafo precedente, allora, avrei bisogno di un *input* aggiuntivo: il vettore dei tempi per i quali voglio ricavare i tassi di interesse stimati. Se inserisco questa variabile in più tra gli *input*, tuttavia,

18.4 Completamento e previsione dei tassi

sono costretto ad introdurla sempre nella funzione, anche quando sto solo cercando i valori dei parametri dell'Equazione (18.1). Al fine di rendere più flessibile la funzione **ns** posso utilizzare il comando **varargin**, già introdotto in precedenza, che consente di inserire un numero qualsiasi di *input*. Se, nel nostro caso, la dimensione di **varargin** è uguale a zero, allora vuol dire che non sono stati inseriti *input* aggiuntivi, altrimenti si deve aggiungere un comando che calcoli i tassi per i tempi desiderati. Tra gli *output*, poi, occorrerà inserire anche i valori stimati dei tassi di interesse (li chiamo *rr*).

Vediamo di seguito la nuova funzione **ns**.

```
function [uopt,rr]=ns(t,r,u0,varargin);
    function rh=rhat(u,t);
        rh=u(1)+(u(2)+u(3))*u(4)*(1-exp(-t/u(4)))./t...
        -u(3)*exp(-t/u(4));
    endfunction
    function D=Diff(u);
        D=rhat(u,t)-r;
    endfunction
    [f,uopt, gopt]=leastsq(Diff,u0);
    disp('Valori del gradiente');
    disp(gopt);
    disp('Funzione obiettivo');
    disp(f);
    plot(t,r);
    plot(t,rhat(uopt,t),'red');
    if size(varargin)<>0 then
        rr=rhat(uopt,varargin(1));
        disp('Valori previsti');
        disp([varargin(1) rr]);
    else end;
endfunction
```

La prima parte della funzione è rimasta la stessa. Dopo i comandi che disegnano i grafici si è inserita una condizione. Se vi sono *input* aggiuntivi (cioè se la dimensione di **varargin** è diversa da zero), allora si attribuisce alla variabile **rr** il valore della funzione **rhat** calcolata per i tempi desiderati (e inseriti nel primo elemento di **varargin**). Se, invece, la dimensione di **varargin** è nulla (cioè non si sono inseriti *input* aggiuntivi), allora il programma termina.

Ecco, di seguito, il risultato che si ottiene se si utilizza la nuova funzione **ns** inserendo, tra gli *input*, anche i tempi che vanno dall'anno 1 fino all'anno 3 (con passo $\frac{1}{12}$, richiedendo, così, i tassi mese per mese).

18 Interpolazione della curva dei tassi di interesse

```
-->[u,rr]=ns(t,r,ones(4,1),[1:1/12:3]')
 Valori del gradiente
 1.0D-12 *
    0.0281442
    0.1171991
    0.0963124
    0.2090029
 Funzione obiettivo
    3.396D-08
 rr =
    0.0452876
    0.0455487
    0.0457857
    0.0460008
    0.0461961
    0.0463736
    0.0465353
    0.0466827
    0.0468175
    0.0469409
    0.0470542
    0.0471585
    0.0472547
    0.0473436
    0.0474260
    0.0475025
    0.0475738
    0.0476402
    0.0477023
    0.0477605
    0.0478151
    0.0478664
    0.0479147
    0.0479603
    0.0480033
 u =
    0.0495119
  - 0.0086147
  - 0.0083858
    0.2662334
-->
```

18.4 Completamento e previsione dei tassi   275

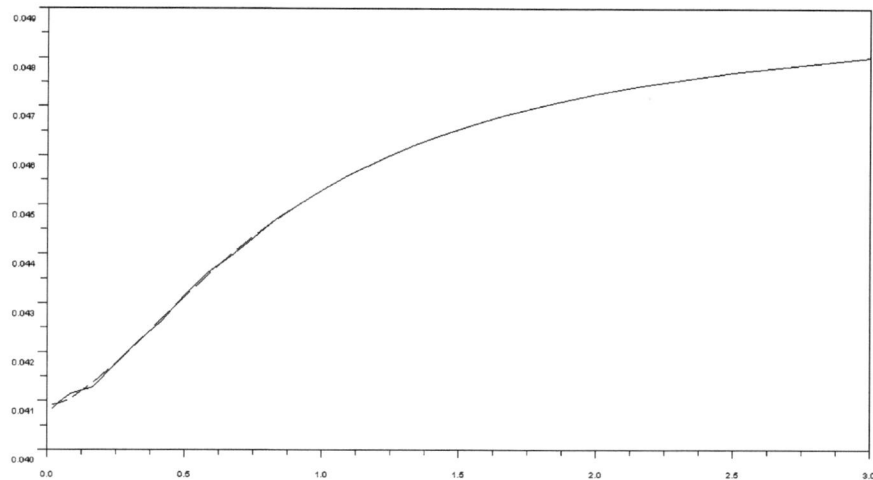

Figura 18.2. Curva dei tassi Euribor a pronti per periodi futuri (in tondo) e sua stima (tratteggiata)

Per disegnare la nuova curva dei tassi che comprenda anche quelli previsti per il futuro, si può, senza chiudere la finestra grafica già aperta (con la curva effettiva e quella stimata) dare il seguente comando (il risultato è mostrato nella Figura 18.2).

```
-->plot([t;[1:1/12:3]'],[r;rr])
-->
```

Supponiamo, come ci sarà in effetti utile nel capitolo successivo, di dover trovare i tassi a pronti Euribor fino a tre anni e di tre mesi in tre mesi. Poiché abbiamo già il tasso a un anno, non ci resta che stimare i tassi che vanno da $\frac{15}{12}$ (un anno più tre mesi) fino a 3 (anni) con intervalli di $\frac{3}{12}$. Il comando, dunque, sarà il seguente.

```
-->[u,rr]=ns(t,r,ones(4,1),[15/12:3/12:3]')
 Valori del gradiente
 1.0D-12 *
      0.0281442
      0.1171991
      0.0963124
      0.2090029
 Funzione obiettivo
      3.396D-08
 rr =
      0.0460008
```

18 Interpolazione della curva dei tassi di interesse

```
            0.0465353
            0.0469409
            0.0472547
            0.0475025
            0.0477023
            0.0478664
            0.0480033
  u  =
            0.0495119
          - 0.0086147
          - 0.0083858
            0.2662334
-->
```

19
Valutazione di un *Interest Rate Swap*

19.1 Il caso in tempo continuo

Sui mercati finanziari si trovano svariati tipi di *Interest Rate Swap* (IRS). Il caso base, che è quello studiato in questo capitolo, prevede che, periodicamente, una parte paghi all'altra un tasso fisso in cambio di un tasso variabile. Le formule più semplici per valutare questo tipo di IRS sono relative al tempo continuo e ai tassi di interesse istantanei. Chiamando $r_\delta(t)$ il tasso variabile dello *swap* e con $G(t)$ il prezzo del titolo privo di rischio, il valore in t di un IRS che scade in T e con cui si riceve il tasso $r_\delta(t)$ e si paga un tasso fisso δ, è dato da

$$Sw(t) = \mathbb{E}_t^{\mathbb{Q}} \left[\int_t^T (r_\delta(s) - \delta) \frac{G(t)}{G(s)} ds \right]. \tag{19.1}$$

Al momento della sottoscrizione (ponendo $t = t_0$) sappiamo che l'IRS deve avere valore nullo. Nel caso, poi, in cui il tasso r_δ sia lo stesso a cui si scontano i flussi di cassa (ovvero $r_\delta = r$) allora dalla formula precedente si può calcolare il valore di δ in un modo molto semplice. Ricordando che vale

$$\frac{dG(s)}{G(s)} = r(s) ds,$$

il valore dell'IRS si può scrivere come

$$\begin{aligned}
Sw(t_0) &= \mathbb{E}_{t_0}^{\mathbb{Q}} \left[\int_{t_0}^T \frac{G(t_0)}{G(s)} \frac{dG(s)}{G(s)} \right] - \delta \int_{t_0}^T \mathbb{E}_{t_0}^{\mathbb{Q}} \left[\frac{G(t_0)}{G(s)} \right] ds \\
&= \mathbb{E}_{t_0}^{\mathbb{Q}} \left[\left[-\frac{G(t_0)}{G(s)} \right]_{s=t_0}^{s=T} \right] - \delta \int_{t_0}^T B(t_0, s) ds \\
&= 1 - B(t_0, T) - \delta \int_{t_0}^T B(t_0, s) ds,
\end{aligned}$$

dove $B(t, s)$ è il valore in t di uno zero-coupon che scade in $s > t$.

Menoncin F.: Misurare e gestire il rischio finanziario.
© Springer-Verlag Italia, Milano 2009

Affinché il valore dello *swap* sia effettivamente nullo, il tasso fisso deve essere pari a

$$\delta = \frac{1 - B(t_0, T)}{\int_{t_0}^{T} B(t_0, s) \, ds}. \tag{19.2}$$

Quando, invece, il tasso di interesse r_δ non è uguale a r, i conti precedenti non sono così semplici poiché non è sicuro che si conosca la curva dei tassi $r_\delta(t)$. Tale problema si può ovviare facendo ricorso alla curva dei tassi a termine $f_\delta(t, T)$ che si può calcolare dalla curva dei tassi a pronti e che deve rispettare la seguente condizione di non arbitraggio:

$$\mathbb{E}_{t_0}^{\mathbb{Q}} \left[r_\delta(t) \frac{G(t_0)}{G(t)} \right] = \mathbb{E}_{t_0}^{\mathbb{Q}} \left[f_\delta(t_0, t) \frac{G(t_0)}{G(t)} \right].$$

Poiché il tasso a termine $f_\delta(t_0, t)$ è conosciuto in t_0 si può scrivere

$$\mathbb{E}_{t_0}^{\mathbb{Q}} \left[r_\delta(t) \frac{G(t_0)}{G(t)} \right] = f_\delta(t_0, t) \mathbb{E}_{t_0}^{\mathbb{Q}} \left[\frac{G(t_0)}{G(t)} \right] = f_\delta(t_0, t) B(t_0, t).$$

Il valore dello *swap* in t_0 (19.1), dunque, si può scrivere come

$$Sw(t_0) = \mathbb{E}_{t_0}^{\mathbb{Q}} \left[\int_{t_0}^{T} r_\delta(s) \frac{G(t_0)}{G(s)} ds \right] - \delta \mathbb{E}_{t_0}^{\mathbb{Q}} \left[\int_{t_0}^{T} \frac{G(t_0)}{G(s)} ds \right]$$

$$= \int_{t_0}^{T} f_\delta(t_0, s) B(t_0, s) \, ds - \delta \int_{t_0}^{T} B(t_0, s) \, ds,$$

ed esso si annulla per δ che assume il seguente valore:

$$\delta = \frac{\int_{t_0}^{T} f_\delta(t_0, s) B(t_0, s) \, ds}{\int_{t_0}^{T} B(t_0, s) \, ds}. \tag{19.3}$$

Per calcolare il tasso fisso di un IRS, dunque, si deve calcolare una media ponderata dei tassi di interesse a termine f_δ i cui pesi sono pari ai valori degli zero-coupon.

In questo capitolo mostro come calcolare la curva dei tassi a termine e i valori degli zero-coupon una volta conosciuta la curva dei tassi a pronti. I calcoli saranno condotti in tempo discreto (che è quello effettivamente adottato nei contratti IRS).

19.2 Tassi a termine e zero-coupon in tempo discreto

Nella pratica finanziaria i tassi istantanei, seppur così comodi per i calcoli in tempo continuo, non sono mai applicati. I risultati ottenuti in tempo continuo, dunque, possono essere utilizzati come approssimazioni dei risultati effettivi in tempo discreto che mostro in questo paragrafo.

19.2 Tassi a termine e zero-coupon in tempo discreto

Supponiamo di partire dal tempo t_0 e che i tempi dei pagamenti siano t_i (con $i = \{1, 2, ..., n\}$). In genere i tassi di interesse vengono pagati per periodi uguali ai periodi ai quali essi si riferiscono. Rate trimestrali, per esempio, sono calcolate su tassi trimestrali.

I tassi a pronti che verranno corrisposti durante i pagamenti delle rate sono definiti come $r_\delta(t_i, t_{i+1})$ e i tassi a termine come $f_\delta(t_0; t_i, t_{i+1})$. La formula (19.3), dunque, deve essere opportunamente modificata e le modifiche principali sono le seguenti.

1. La modifica più semplice è quella di sostituire l'integrale con una sommatoria. Da un punto di vista prettamente applicativo, dunque, il simbolo $\int$ viene sostituito dal simbolo $\sum$. È, poi, importante, capire come si modifichi il differenziale dt. Nell'integrale esso indica la frazione di tempo (infinitesima) per cui è valido il tasso di interesse istantaneo $r_\delta(t)$. Nel caso discreto, allo stesso modo, esso deve indicare la frazione di tempo (questa volta finita) per cui è valido il tasso r_δ. Nel caso, molto comune, in cui il tasso di riferimento (per esempio l'Euribor) sia pagato trimestralmente, allora dt si trasforma in $\frac{1}{4}$ poiché il pagamento avviene quattro volte in un'unità temporale (l'anno). L'omologo di dt in tempo discreto sarà chiamato Δt.
2. Quando non si è in tempo continuo, tuttavia, diviene rilevante sapere se i flussi di cassa per il periodo (t_i, t_{i+1}) sono da corrispondersi alla fine o all'inizio del periodo. È prassi comune che negli IRS i flussi di cassa vengano corrisposti alla fine di ogni periodo (in t_{i+1}).
3. È anche importante sapere se, per il periodo (t_i, t_{i+1}) si deve prendere in considerazione il tasso $r_\delta(t_i, t_{i+1})$ oppure il tasso $r_\delta(t_{i+1}, t_{i+2})$. Negli IRS si trovano, con uguale frequenza, entrambe le soluzioni. I tassi di interesse, dunque, possono essere rilevati a inizio periodo o a fine periodo e, in quest'ultimo caso, si parla di tassi di interesse *in arrears* (dall'inglese «all'indietro»). Al momento t_{i+1}, così, si può pagare il tasso $r_\delta(t_i, t_{i+1})$ rilevato a inizio periodo (cioè in t_i) oppure il tasso $r_\delta(t_{i+1}, t_{i+2})$ rilevato in t_{i+1}.
4. Infine, occorre sapere quale capitalizzazione deve essere adottata (se semplice o composta). Poiché i pagamenti sono, nella maggior parte dei casi, riferiti a periodi trimestrali, si adotta la capitalizzazione semplice.

Per ricavare i tassi a termine $f(t_0; t_i, t_{i+1})$ dalla curva dei tassi a pronti $r_\delta(t_0, t_i)$ si utilizza la seguente relazione di non arbitraggio:

$$(1 + r_\delta(t_0, t_i)(t_i - t_0))(1 + f(t_0; t_i, t_{i+1})(t_{i+1} - t_i))$$
$$= (1 + r_\delta(t_0, t_{i+1})(t_{i+1} - t_0)),$$

da cui si ha

$$f_\delta(t_0; t_i, t_{i+1}) = \left(\frac{1 + r_\delta(t_0, t_{i+1})(t_{i+1} - t_0)}{1 + r_\delta(t_0, t_i)(t_i - t_0)} - 1\right)\frac{1}{t_{i+1} - t_i}.$$

In capitalizzazione semplice il prezzo di uno zero-coupon è pari a

$$B(t_0, t_i) = \frac{1}{1 + r_\delta(t_0, t_i)(t_i - t_0)}, \qquad (19.4)$$

e dunque i tassi a termine possono anche essere scritti in termini di zero-coupon come

$$f_\delta(t_0; t_i, t_{i+1}) = \left(\frac{B(t_0, t_i)}{B(t_0, t_{i+1})} - 1\right) \frac{1}{t_{i+1} - t_i}. \qquad (19.5)$$

La formula (19.3) per il calcolo della rata fissa dell'IRS può assumere due forme diverse a seconda che il tasso di riferimento del periodo (t_i, t_{i+1}) sia da rilevarsi all'inizio del periodo (essendo, dunque, $r_\delta(t_i, t_{i+1})$) oppure alla fine del periodo (essendo, dunque, $r_\delta(t_{i+1}, t_{i+2})$). Vediamo i due casi.

1. Tasso rilevato all'inizio del periodo. In questo caso in t_i si rileva il tasso $r_\delta(t_i, t_{i+1})$ che, poi, verrà pagato in t_{i+1}. L'Equazione (19.3), quindi, diviene

$$\delta = \frac{\sum_{i=1}^{n-1} f_\delta(t_0, t_i, t_{i+1}) B(t_0, t_{i+1})}{\sum_{i=1}^{n-1} B(t_0, t_{i+1})}. \qquad (19.6)$$

Notiamo che qui non compare il lasso di tempo Δt. Questo è dovuto al fatto che esso si trova, uguale, sia al numeratore sia al denominatore e, dunque, può essere semplificato. Se, tuttavia, desiderassimo valutare solo la cosiddetta «gamba variabile» dell'IRS (cioè la parte che paga il tasso variabile), allora dovremmo scrivere

$$\Delta t \sum_{i=1}^{n-1} f_\delta(t_0, t_i, t_{i+1}) B(t_0, t_{i+1}).$$

2. Tasso rilevato alla fine del periodo (*in arrears*). In questo caso in t_{i+1} si rileva il tasso $r_\delta(t_{i+1}, t_{i+2})$ che viene pagato proprio in t_{i+1}. L'Equazione (19.3), quindi, diviene

$$\delta = \frac{\sum_{i=1}^{n-1} f_\delta(t_0, t_{i+1}, t_{i+2}) B(t_0, t_{i+1})}{\sum_{i=1}^{n-1} B(t_0, t_{i+1})}. \qquad (19.7)$$

In questo secondo caso, come si nota dalla formula, sarà necessario conoscere un tasso di interesse a pronti in più rispetto alla formula precedente.

In entrambi i casi, comunque, dobbiamo conoscere la curva dei tassi a pronti e i periodi a cui questi si riferiscono. Ciò significa che per la creazione di una funzione che calcoli il valore di δ occorre avere come *input* le date e la curva dei tassi *spot*. A questo scopo vediamo come trattare le date in Scilab.

19.3 Le date in Scilab ed Excel

Scilab non tratta le date in quanto tali ma, per effettuare calcoli sulle date, le deve trasformare in numeri (e lo stesso fa la maggior parte dei *software* matematici, anche Excel).

Il comando principale per consentire a Scilab di elaborare le date è datenum. Senza alcun argomento esso restituisce, in formato numerico, la data presente. Se si vuole inserire un argomento, invece, esso deve essere messo nella seguente forma:

```
datenum(anno,mese,giorno)
```

N.B. 19.1. Mentre il mese e il giorno si possono scrivere con una o due cifre, l'anno va sempre scritto con quattro cifre. Per Scilab, infatti, l'anno 07 è proprio il settimo anno dopo l'anno zero (Augusto era imperatore di Roma).

Vediamo, per esempio, come Scilab scrive il 15 luglio 2008 e il 20 luglio 2008.

```
-->d1=datenum(2008,7,15), d2=datenum(2008,7,20)
d1  =

    733604.
 d2 =

    733609.
-->
```

Tali valori, che sembrano decisamente bizzarri, indicano i giorni che intercorrono tra la data inserita all'interno del comando e il primo gennaio dell'anno zero. Per verificare che è proprio così, possiamo chiedere a Scilab di trasformare in numero la data del 10 gennaio dell'anno zero.

```
-->datenum(0,1,10)
 ans =

    10.
-->
```

In effetti, il 10 gennaio dell'annno zero è il decimo giorno del particolare calendario di Scilab.

Per poter calcolare quanti giorni trascorrono tra due dati è sufficiente fare la differenza tra i valori numerici corrispondenti a tali date. Nel nostro esempio precedente, avendo le date d1 e d2 (corrispondenti al 15 e al 20 luglio 2008 rispettivamente), possiamo effettuare il seguente calcolo.

```
-->d2-d1
ans =

    5.
-->
```

In effetti tra le due date intercorrono cinque giorni.

Anche se, a prima vista, può non sembrare così, Excel lavora sulle date esattamente come fa Scilab: nella sua memoria le date sono solo dei numeri. In particolare, si tratta del numero di giorni che intercorre tra una data iniziale, presa come riferimento, e la data che viene inserita dall'utilizzatore.

Il principale problema è che non esiste una data di riferimento unica per tutti i *software*. Nel caso di Scilab, lo abbiamo visto, la data iniziale è il primo gennaio dell'anno zero. Nel caso di Excel, invece, la data iniziale è il primo gennaio 1900 mentre in VBA si ha una data ancora diversa: il 30/12/1899 (scelta, questa, decisamente più insolita rispetto alla precedente).

Per verificare quanto affermato si può aprire un foglio Excel, scrivere il numero 1 in una cella e far trasformare questo numero in una data scegliendo «formato», poi «celle» e, infine, «data»; si dovrebbe ottenere 1/1/1900.

N.B. 19.2. Quando Scilab importa i dati da Excel, utilizza lo standard VBA e, dunque, la data iniziale è il 30/12/1899.

Questo significa che le date in Excel, una volta trasformate in numeri, sono tutte più piccole di quelle corrispondenti in Scilab. Ne vediamo un esempio creando, su Excel, un documento che contenga i dati dalla curva a pronti dell'Euribor (riportati nella Tabella 19.1) che, poi, utilizzeremo per calcoli di valutazione di un IRS. Chiamo questo documento «euribor.xls» e lo salvo nella directory `C:\Documenti`.

Tabella 19.1. Curva dei tassi a pronti Euribor (al 29/6/2007)

Date	*Euribor*
01/07/2007	0.04084
01/10/2007	0.04175
01/01/2008	0.04315
01/04/2008	0.04432
01/07/2008	0.04528

Vediamo su Scilab come richiamare questi dati.

```
-->euribor=readxls('C:\Documenti\tassi.xls')
  euribor =
    Foglio1: 5x2
    Foglio2: 0x0
    Foglio3: 0x0
-->euribor=euribor(1)
  euribor =
    !  39264     0.04084  !
    !  39356     0.04175  !
    !  39448     0.04315  !
    !  39539     0.04432  !
    !  39630     0.04528  !
-->
```

In Excel-VBA, dunque, il primo luglio 2007 corrisponde al numero 39264. Se abbiamo fatto bene i nostri conti, tale valore dovrebbe essere pari al numero di giorni che intercorrono tra il 30 dicembre 1899 e, appunto, il primo luglio 2007. Verifichiamolo.

```
-->datenum(2007,7,1)-datenum(1899,12,30)
  ans =

    39264.
-->
```

Ai nostri fini sarà necessario soltanto calcolare i giorni che trascorrono tra le date a cui i tassi di interesse si riferiscono. Non ci interessa, dunque, ritrasformare i numeri in date (in effetti, tale operazione non è effettuabile in Scilab mediante un comandi singolo e si dovrebbe utilizzare un funzione costruita ad hoc).

I giorni che separano due date sono gli stessi qualunque sia la data di riferimento da cui si parte e, dunque, il fatto che Scilab ed Excel-VBA inizino a contare da due date diverse non ci crea alcun problema.

Quando importiamo i dati della curva dei tassi, dunque, possiamo utilizzare direttamente i numeri che Scilab ottiene da Excel-VBA e calcolarne le differenze.

19.4 IRS con rilevamento anticipato

Costruiamo, qui, una funzione in Scilab che consenta di calcolare il valore della rata fissa (δ) nel caso si abbia un IRS in cui il tasso di interesse $r_\delta(t_i, t_{i+1})$ viene rilevato all'inizio del periodo (in t_i) e pagato alla fine del periodo stesso

19 Valutazione di un Interest Rate Swap

(in t_{i+1}). Facendo riferimento alla formula (19.6), osserviamo che la nostra funzione dovrà avere:

1. come *input* una matrice che abbia sulla prima colonna le date (già nella forma numerica, da t_1 finoa t_n) e sulla seconda colonna i tassi di interesse $r_\delta(t_0, t_i)$;
2. come *output* il valore della cedola fissa δ.

All'interno della funzione dovremo effettuare i seguenti passi:

1. calcolo della curva degli zero-coupon $B(t_0, t_i)$ che saranno utilizzati come fattori di sconto;
2. calcolo della curva dei tassi a termine $f_\delta(t_0; t_i, t_{i+1})$ sfruttando la relazione (19.5);
3. calcolo della rata fissa δ usando l'Equazione (19.6).

Una precisazione è particolarmente importante: la data t_0 è il momento in cui si sta effettuando la valutazione dell'IRS. Essa, dunque, non compare tra le date della curva dei tassi di interesse, ma si tratta di una data antecedente alla prima data t_1. Il vettore delle date, così, dovrà avere un elemento in più rispetto al vettore dei tassi di interesse.

Tra gli *input* della funzione, allora, occorrerà anche inserire la data t_0. Se vogliamo utilizzare la nostra notazione usuale per cui si inserisce prima il giorno, poi il mese e, infine, l'anno, allora t_0 dovrà essere un vettore (riga) di tre elementi i quali, poi, dovranno essere passati, nell'ordine «giusto», al comando **datenum**.

Vediamo, dunque, il testo della funzione che chiamerò **irsa**, ovvero *Interest Rate Swap Anticipato*.

```
function [delta]=irsa(t0,matrice);
    tempi=[datenum(t0(3),t0(2),t0(1))-datenum(1899,12,30);...
        matrice(:,1)];
    gg=diff(tempi);
    ggg=cumsum(gg);
    B=(1+matrice(:,2).*ggg/365).^(-1);
    f=(B(1:$-1)./B(2:$)-1)./gg(2:$)*365;
    delta=f'*B(2:$)/sum(B(2:$));
endfunction
```

Studiamo passo passo i comandi della funzione.

1. Il vettore dei tempi viene integrato con la data iniziale da cui partire. Ci ricordiamo, tuttavia, che Excel-VBA parte a contare i giorni dal 30 dicembre 1899 e, quindi, per uniformare la nuova data al vettore che già possediamo (e che abbiamo importato da Excel-VBA) dobbiamo sottrarre alla data in questione proprio il 30 dicembre 1899 (come già fatto nel paragrafo precedente).

19.4 IRS con rilevamento anticipato

2. Avendo a disposizione il vettore dei tempi, dunque, si può calcolare la variabile **gg** come i giorni che intercorrono tra ogni data e la successiva (si tratta, cioè, dei valori $t_{i+1} - t_i$) che sono utili per il calcolo della curva dei tassi a termine, come si vede nell'Equazione (19.5).
3. La variabile **ggg** contiene i valori cumulati del vettore **gg**. Si tratta dei giorni che intercorrono tra la data iniziale e ognuna delle date in cui si dovrà pagare una rata (ovvero $t_i - t_0$). Questi valori sono utili per il calcolo della curva degli zero-coupon, come si vede dall'Equazione (19.4).
4. I valori degli zero-coupon (contenuti nel vettore B) sono calcolati applicando l'Equazione (19.4) e utilizzando l'operatore punto in modo da «trasmettere» la stessa operazione a tutti gli elementi di un vettore. I giorni sono divisi per 365 poiché, nell'Equazione (19.4) le date t_i sono da intendersi in formato annuale. Per i tassi di interesse si prende la seconda colonna della matrice che contiene date e tassi.
5. I valori dei tassi a termine (contenuti nel vettore f) sono calcolati applicando l'Equazione (19.5) e usando, anche in questo caso, l'operatore punto. I tempi sono calcolati rispetto a 365 per lo stesso motivo del punto precedente. Gli elementi del vettore **gg** sono presi dal secondo fino all'ultimo poiché i giorni che intercorrono da t_0 a t_1 non ci sono necessari. Il tasso a termine $f_\delta(t_0; t_0, t_1)$, infatti, non è rilevante (e, inoltre, coincide con il tasso a pronti $r_\delta(t_0, t_1)$).
6. Il valore di δ, infine, è calcolato utilizzando l'Equazione (19.6). Al numeratore della formula si trova il prodotto (interno) del vettore f e del vettore B. Qui si utilizzano tutti i tassi a termine calcolati in precedenza, ma solo gli zero-coupon dal secondo fino all'ultimo. Non si tiene in conto del primo zero-coupon $B(t_0, t_1)$ poiché la prima rata si pagherà in t_2 e, dunque, andrà scontata con $B(t_0, t_2)$.

Vediamo un esempio di IRS che abbia le seguenti caratteristiche: il tasso di riferimento è l'Euribor a 3 mesi, viene sottoscritto il 29 giugno del 2007, ma entra in vigore il successivo primo luglio. Essendo posticipato, tuttavia, la prima rata è pagata dopo tre mesi (il primo ottobre 2007) quando si pagherà il tasso a pronti rilevato il primo luglio 2007. Il contratto dura tre anni e, dunque, fino al primo luglio 2010 quando pagherò l'ultima rata (calcolata sull'Euribor a 3 mesi rilevato il primo aprile 2010).

Nella Tabella 19.2 si mostra la curva dei tassi Euribor (*spot*), dalla data di inizio validità del contratto (1/7/2007) fino alla sua scadenza (1/7/2010). Nelle ultime due colonne si sono riportati i giorni che vanno da ogni data alla successiva (gg) e i giorni che vanno dalla data iniziale (t_0) fino a ogni scadenza delle rate (ggg). Possiamo, quindi, osservare che il primo tasso Euribor è quello a 2 giorni, il secondo è il tasso a 92 giorni e così via.

Nel sito www.euribor.org, la curva dei tassi Euribor *spot* è data per 15 scadenze diverse (1, 2 e 3 settimane e da 1 a 12 mesi). Per i tassi di interesse mancanti (cioè quelli superiori a un anno) si sono utilizzati i valori stimati nel capitolo precedente utilizzando il modello di Nelson-Siegel.

19 Valutazione di un Interest Rate Swap

Tabella 19.2. Curva dei tassi a pronti Euribor

	Date	Euribor (spot) $r_\delta(t_0, t_i)$	gg	ggg
t_0	29/06/2007			
t_1	01/07/2007	0.04084	2	2
t_2	01/10/2007	0.04175	92	94
t_3	01/01/2008	0.04315	92	186
t_4	01/04/2008	0.04432	91	277
t_5	01/07/2008	0.04528	91	368
t_6	01/10/2008	0.046	92	460
t_7	01/01/2009	0.04654	92	552
t_8	01/04/2009	0.04694	90	642
t_9	01/07/2009	0.04725	91	733
t_{10}	01/10/2009	0.0475	92	825
t_{11}	01/01/2010	0.0477	92	917
t_{12}	01/04/2010	0.04787	90	1007
t_{13}	01/07/2010	0.048	91	1098

Faccio ancora notare che alla prima data (29/6/2007) non corrisponde nessun tasso di interesse perché essa è solo la data di sottoscrizione del contratto per la quale, quindi, nessun tasso di interesse è rilevante. Essa ci serve, tuttavia, per calcolare il numero di giorni per cui occorre scontare i flussi futuri. Il calcolo del valore dell'IRS, infatti, va effettuato al 29/6/2007.

Ho impostato la funzione `irsa` in modo che funzioni importando valori da Excel. Supponendo, dunque, di avere su un file Excel (chiamato euribor.xls) i dati della Tabella 19.2, li si può importare nel modo seguente.

```
-->euribor=readxls('euribor.xls')
 euribor  =

 Foglio1: 13x2
 Foglio2: 0x0
 Foglio3: 0x0

-->euribor=euribor(1)
 euribor  =
    !39264  0.04084 !
    !39356  0.04175 !
    !39448  0.04315 !
    !39539  0.04432 !
    !39630  0.04528 !
    !39722  0.04600 !
```

```
    !39814 0.04654 !
    !39904 0.04694 !
    !39995 0.04725 !
    !40087 0.04750 !
    !40179 0.04770 !
    !40269 0.04787 !
    !40360 0.04800 !
-->
```

In questo modo la matrice **euribor** contiene: nella prima colonna le date trasformate in numeri e, nella seconda colonna, i tassi di interesse.

Adesso siamo pronti per utilizzare la funzione **irsa**.

```
-->irsa([29 6 2007],euribor)
 ans =
    0.0450940
-->
```

Questo risultato significa che l'IRS rappresenta uno scambio equo solo se il tasso fisso, che viene dato in cambio dell'Euribor a 3 mesi, è pari al 4.5%.

19.5 IRS con rilevamento posticipato

In questo paragrafo studiamo lo stesso esempio trattato nel paragrafo precedente con l'unica differenza che il tasso Euribor a 3 mesi da pagare trimestralmente per il periodo (t_i, t_{i+1}) è rilevato alla fine del periodo (e, dunque, in t_{i+1}). Dovendo applicare l'Equazione (19.7), dunque, diviene necessario conoscere un tasso a pronti in più rispetto al caso precedente. In particolare, al primo luglio 2010, data di scadenza dell'IRS, si dovrà rilevare l'Euribor a 3 mesi per il periodo 1/7/2010-1/10/2010. La Tabella 19.2, dunque, dovrà essere integrata con un'ulteriore riga che riporti il tasso a pronti $r_\delta\,(29/6/2007, 1/10/2010)$. Vediamo il dato aggiuntivo nella Tabella 19.3.

Tabella 19.3. Un dato in più sulla curva dei tassi a pronti Euribor

	Date	Euribor (spot) $r_\delta\,(t_0, t_i)$	gg	ggg
	...	...	...	...
t_{13}	01/07/2010	0.048	91	1098
t_{14}	01/10/2010	0.04812	92	1190

19 Valutazione di un *Interest Rate Swap*

Per aggiungere una riga alla matrice `euribor` possiamo usare i seguenti comandi.

```
-->euribor2=[euribor(:,1) euribor(:,2);...
-->datenum(2010,10,1)-datenum(1899,12,30) 0.04812]
euribor2 =

     39264.    0.04084
     39356.    0.04175
     39448.    0.04315
     39539.    0.04432
     39630.    0.04528
     39722.    0.046
     39814.    0.04654
     39904.    0.04694
     39995.    0.04725
     40087.    0.0475
     40179.    0.0477
     40269.    0.04787
     40360.    0.048
     40452.    0.04812
-->
```

A questo punto, per valutare l'IRS occorre effettuare gli stessi passaggi che si sono fatti nella funzione `irsa` esposta nel paragrafo precedente. L'unica differenza sta nel calcolo finale di δ. Nel caso qui in esame esso dovrà essere pari al prodotto tra i tassi a termine e gli zero-coupon dove, però:

1. dei tassi a termine ci interessano quelli che vanno dal secondo fino all'ultimo `f(2:$)`; questo accade perché il primo tasso a termine, cioè $f_\delta(t_0; t_1, t_2)$ non viene mai pagato. In t_2, infatti, verrà pagato $f_\delta(t_0; t_2, t_3)$ e, dunque, il primo tasso a termine non svolge nessun ruolo nel nostro modello;
2. degli zero-coupon ci interessano quelli che vanno dal secondo fino al penultimo `B(2:$-1)`; questo accade perché l'ultimo zero-coupon $B(t_0, t_{14})$ non deve svolgere alcun ruolo. In t_{14}, infatti, non vi è un flusso di cassa da scontare. Il tasso $r_\delta(t_0, t_{14})$ è stato utilizzato al solo scopo di costruire il tasso a termine $f_\delta(t_0; t_{13,14})$ che viene pagato in t_{13}.

In base a quanto appena argomentato, si può così scrivere una nuova funzione per il calcolo di δ nel caso di un IRS con rilevamento posticipato del tasso (la chiameremo, ovviamente, `irsp`, ovvero *Interest Rate Swap Posticipato*).

```
function [delta]=irsp(t0,matrice);
    tempi=[datenum(t0(3),t0(2),t0(1))-datenum(1899,12,30);...
        matrice(:,1)];
    gg=diff(tempi);
    ggg=cumsum(gg);
    B=(1+matrice(:,2).*ggg/365).^(-1);
    f=(B(1:$-1)./B(2:$)-1)./gg(2:$)*365;
    delta=f(2:$)'*B(2:$-1)/sum(B(2:$-1));
endfunction
```

Una volta salvata in memoria questa nuova funzione la possiamo applicare ai dati a cui abbiamo aggiunto i nuovi elementi a nostra disposizione.

```
-->irsp([29 6 2007],euribor2)
 ans  =
    0.0452527
-->
```

Osserviamo che il tasso fisso che rende equo l'IRS è piuttosto simile al precedente ma non identico. In tempi di tassi di interesse molto volatili, poi, i due tassi (ottenuti qui e nel paragrafo precedente) possono essere anche significativamente diversi.

19.6 Un approccio unificato

Nei paragrafi precedenti abbiamo osservato come le funzioni per il calcolo del valore di δ che rende equo un IRS siano molto simili per i casi di rilevamento anticipato e posticipato del tasso di riferimento. Può essere utile, dunque, scrivere una funzione unica anziché dover fare ricorso a due funzioni diverse. Abbiamo due possibilità:

1. scrivere una funzione che contenga una condizione (con il comando if) e nella quale, dunque, si specifichi, tra gli *input*, che tipo di rilevamento viene effettuato (se anticipato o posticipato);
2. scrivere una funzione tra i cui *input* si dia una variabile il cui valore possa essere significativo per il calcolo di δ nei due casi di rilevamento anticipato e posticipato.

Qui seguo la seconda via inserendo, tra gli *input*, la variabile ril (ovvero «rilevamento»). Ad essa daremo valore 0 in caso di rilevamento anticipato del tasso di interesse. Le daremo, invece, valore 1 nel caso di rilevamento posticipato.

La funzione irs (senza nessuna lettera aggiuntiva finale) si può, così, scrivere nel modo seguente.

```
function [delta]=irs(t0,matrice,ril);
    tempi=[datenum(t0(3),t0(2),t0(1))-datenum(1899,12,30);...
       matrice(:,1)];
    gg=diff(tempi);
    ggg=cumsum(gg);
    B=(1+matrice(:,2).*ggg/365).^(-1);
    f=(B(1:$-1)./B(2:$)-1)./gg(2:$)*365;
    delta=f(1+ril:$)'*B(2:$-ril)/sum(B(2:$-ril));
endfunction
```

L'unica parte che è stata modifica rispetto alle funzioni irsa e irsp è l'ultima formula (per il calcolo di δ). Quando ril=0 (rilevamento anticipato) essa diviene

$$\texttt{delta=f(1:\$)'*B(2:\$)/sum(B(2:\$));}$$

che è proprio la formula finale della funzione irsa, mentre, con ril=1 (rilevamento posticipato) essa diviene

$$\texttt{delta=f(2:\$)'*B(2:\$-1)/sum(B(2:\$-1));}$$

che è proprio la formula finale della funzione irsp.

Dopo aver salvato e richiamato in memoria la funzione irs, ne verifichiamo l'attendibilità con i seguenti comandi.

```
-->irs([29 6 2007],euribor,0)
 ans =
    0.0450940
-->irs([29 6 2007],euribor2,1)
 ans =
    0.0452527
-->
```

Ci è di conforto osservare che i valori di δ sono identici a quelli già calcolati in precedenza.

Riferimenti bibliografici

1. Acerbi, C.: Spectral Measures of Risk: a Coherent Representation of Subjective Risk Aversion. Journal of Banking and Finance, **26**, 1505–1518 (2002)
2. Artzner, Ph., Delbaen, F., Eber, J.M., Heath, D.: Coherent Measure of Risk. Mathematical Finance, **9**, 203–228 (1999)
3. Black, F., Scholes, M.: The Pricing of Options and Corporate Liabilities. Journal of Political Economy, **81**, 637–654 (1973)
4. Cox, J.C., Ingersoll, J.E. Jr., Ross S.A.: A Theory of the Term Strucutre of Interest Rates. Econometrica, **53**, 385–407 (1985)
5. Glasserman, P.: Monte Carlo Methods in Financial Engineering. Springer, New York (2003)
6. Kloeden, P.E., Platen, E.: Numerical Solution of Stochastic Differential Equations. Springer, Heidelberg (1999)
7. Markowitz, H.: Portfolio Selection. Journal of Finance, **7**, 77–91 (1952)
8. Martellini, L., Priaulet, Ph.: Fized-Income Securities: Dynamic Methods for Interest Rate Risk Pricing and Hedging. Wiley, Chichester (2000)
9. Menoncin, F.: Mercati finanziari e gestione del rischio. Isedi, Novara (2006a)
10. Menoncin, F.: Mercati finanziari e gestione del rischio – Esercizi. Isedi, Novara (2006b)
11. Menoncin, F.: Matematica per l'economia. Isedi, Novara (2007)
12. Merton, R.C.: A Dynamic General Equilibrium Model of the Asset Market and its Application to the Pricing of the Capital Structure of the Firm (1970). A. P. Sloan School of Management, working paper n. 497-70, MIT. Riprodotto come Capitolo 11 in Merton (1992)
13. Nelson C.R., Siegel A.F.: Parsimonious Modeling of Yield Curves. Journal of Business, **60**, 473-489 (1987)
14. Rockafellar, R. T., Uryasev, S.: Optimization of Conditional Value-at-Risk. Journal of Risk, **2**, 21–41 (2000)
15. Seydel, R.: Tools for Computational Finance. Third Edition. Springer, Heidelberg (2005)
16. Stojanovic, S.: Computational Financial Mathematics using MATHEMATICA® – Optimal Trading in Stocks and Options. Birkhäuser, Boston (2003)
17. Vasiček, O.: An Equilibrium Characterization of the Term Structure. Journal of Financial Economics, **5**, 177–188 (1977)

Indice analitico

', 16
*, 8
+, 7
., 27
  -*, 27
  .*., 30
  ./, 28
  .^, 28
..., 116
/, 9
:, 21
$, 23
&, 97
^, 10
—, 97

ans, 7
arrears, 279, 280

b percentuale, 74
backtesting, 180
binomial, 184
Black e Scholes, 239
Bollinger, bande di, 71
bool2s, 182
browsevar, 12

cdfnor, 240
ceil, 172
chdir, 12
chol, 106
Cholesky, scomposizione di, 106
CIR, tassi di interesse, 132
clc, 10

clear, 10
cmoment, 170
combinazioni, 176
cumsum, 92, 186

D, 10
datenum, 281
deff, 84, 224
Delta, 261
delta hedging, 112
det, 20, 36
diag, 48
diff, 88
disp, 116

endfunction, 57
evstr, 54
excel2sci, 53
exec, 60
Expected Shortfall, 162, 169, 174, 195, 196, 200, 201, 221

factorial, 178
find, 96
for, 66
fsolve, 224, 242
function, 57
funzioni
  backtest, 182
  bollinger, 72, 75
  bsoption, 241
  cfr, 98, 100
  cir, 135
  cir2, 136

Indice analitico

correlation, 110
default, 179
es, 163, 167
euler, 80
eulercfr, 94
evt, 233
excess, 237
frontiera, 141
geuler, 84
greche, 264
impvolcall, 242
irs, 290
irsa, 284
irsp, 289
markowitz, 151, 155, 157
merton, 127
merton2, 128
movav, 69
ns, 273
nss, 270
ols, 115
somdif, 57
spettrolin, 192
symoption, 253
symoptionva, 257
var, 173
vares, 200
varesevt, 236
varesoptim, 205, 208
varesoptimr, 214
vasicek, 130
vasicek2, 132
yahoo, 58

Gamma, 261
gradi di libertà, 113
grand, 77
gsort, 163

hedge ratio, 111
histplot, 62

if, 98, 156
input, 157
int, 166
Interest Rate Swap, 277
isequal, 59
isnan, 124

Kronecker, prodotto di, 29

leastsq, 268
legend, 270
linpro, 198
listvarinfile, 13
load, 13, 14

massima verosimiglianza, 222
mean, 68
media mobile, 66
media-ES, 207
media-varianza, 137, 154
Merton, tassi di interesse, 126
momento centrale, 170
Monte Carlo condizionato, 256
mvcorrel, 107
mvvacov, 86

omoschedasticità, 133
ones, 74
optim, 227

Pareto, funzione di, 220
plot, 61, 142
poly, 33

quapro, 149

rand, 77
rank, 20
readxls, 41
Ro, 262
roots, 34, 36

sample mean excess plot, 237
save, 13, 14
simulazione storica, 44, 161
size, 21
skewness, 171
spettrali, misure di rischio, 189
spettro lineare, 190
sqrt, 10
strcat, 84
string, 116
suplot, 75

teoria dei valori estremi, 219
Teta, 261
trace, 20

valori estremi, teoria dei, 220
value, 42

VaR, 171, 174, 200, 221
varargin, 100
variabili antitetiche, 255, 257
variabili di controllo, 254
variance, 86
varianza campionaria, 85
varianza statistica, 85

Vasicek, tassi di interesse, 129
Vega, 262

warrant, 116

xtitle, 63

zeros, 74

Finito di stampare nel mese di Gennaio 2009

MIX
Papier aus verantwortungsvollen Quellen
Paper from responsible sources
FSC® C105338

If you have any concerns about our products,
you can contact us on
ProductSafety@springernature.com

In case Publisher is established outside the EU,
the EU authorized representative is:
**Springer Nature Customer Service Center GmbH
Europaplatz 3, 69115 Heidelberg, Germany**

Printed by Libri Plureos GmbH
in Hamburg, Germany